高等工科数学系列课程教材

复变函数论与运算微积

第 3 版

总主编　孙振绮

主　编　孙振绮　丁效华

副主编　邹巾英　李晓芳　史　磊

U0258158

机 械 工 业 出 版 社

本书介绍了复变函数论与运算微积的基本理论和方法，取材适当，通俗易懂，便于教学．本书共 4 章，内容包括：复变函数论、拉普拉斯变换、离散的拉普拉斯变换和数学物理方程定解问题的运算微积解法，每一章都配有大量习题，书末还附有双向拉普拉斯交换用表、双向离散的拉普拉斯变换用表和部分习题参考答案．

　　本书可作为高等院校工科各专业复变函数与运算微积课程的教材，也可作为工程技术人员以及其他科技人员的参考书．

图书在版编目（CIP）数据

复变函数论与运算微积/孙振绮，丁效华主编 . —3 版 . —北京：机械工业出版社，2019.5（2021.6 重印）

高等工科数学系列课程教材

ISBN 978-7-111-62867-5

Ⅰ. ①复…　Ⅱ. ①孙…②丁…　Ⅲ. ①复变函数论 – 高等学校 – 教材②拉普拉斯变换 – 高等学校 – 教材　Ⅳ. ①O174.5②O177.6

中国版本图书馆 CIP 数据核字（2019）第 103505 号

机械工业出版社（北京市百万庄大街 22 号　邮政编码 100037）
策划编辑：郑　玫　责任编辑：郑　玫　汤　嘉
责任校对：潘　蕊　封面设计：鞠　杨
责任印制：常天培
北京虎彩文化传播有限公司印刷
2021 年 6 月第 3 版第 3 次印刷
184mm×260mm・11.75 印张・291 千字
标准书号：ISBN 978-7-111-62867-5
定价：29.80 元

电话服务　　　　　　　　　网络服务
客服电话：010-88361066　　机　工　官　网：www.cmpbook.com
　　　　　010-88379833　　机　工　官　博：weibo.com/cmp1952
　　　　　010-68326294　　金　书　网：www.golden-book.com
封底无防伪标均为盗版　　机工教育服务网：www.cmpedu.com

序

面对当今科学技术的发展和社会需求，从我国实际情况出发，吸收不同国家、不同学派的优点，更好地为我国培养高质量人才是广大数学教师的责任与愿望．虽然我国大多数工科数学教材的内容和体系是在 20 世纪 50 年代苏联相应教材的基础上演变发展而来的．当今不少教材在进行内容革新时非常注重北美发达国家的先进理念和经验，而对俄罗斯教材近年来的变化却注意不够．高等数学课程的教学要求、内容选取和体系编排等方面，俄罗斯教材与北美教材有很大的差异．孙振绮教授对俄罗斯的高等数学教学进行了长期深入的研究，发表了相关论文与研究报告十余篇．这对吸收不同学派所长，推动我国工科数学教学改革、建设具有中国特色的系列教材具有重要的参考价值．

长期以来，孙振绮教授与其他教授合作，以培养高素质创新型人才为目标，力图探讨一条提高本门课程教学质量的新途径．他们结合我国的实际情况，吸收俄罗斯高等数学课程教学的先进理念和经验，对教学过程进行了整体的优化设计，编写了一套工科数学系列教材共 9 部．该系列教材的取材考虑了现代科技发展的需要，提高了知识的起点，适当运用了现代数学的观点，增加了一些现代工程需要的应用数学方法，扩大了信息．同时，整合优化了教学体系，体现了数学有关分支间的相互交叉和渗透，加强了数学思想方法的阐述和运用数学知识解决问题能力的培养．

与当今出版的众多工科数学教材相比，该系列教材特色鲜明，颇有新意，其最突出的特点是：内容丰富，起点较高，体系优化，基础理论比较深厚，吸收了俄罗斯学派和教材的观点和特色，在国内独树一帜．对数学要求较高的专业和读者，该系列教材不失为一套颇有特色的教材和参考书．

该系列教材曾在作者所在学校和有关院校使用，反映良好，并于 2005 年获机械工业出版社科技进步一等奖．其中《工科数学分析教程》（上、下册）被列为普通高等教育"十一五"国家级规划教材．该校使用该教材的工科数学分析系列课程被评为 2005 年山东省精品课程，相关的改革成果和经验多次获校与省教学成果奖，在国内同行中有广泛良好的影响．笔者相信，该系列教材的出版，不仅有益于我国高质量人才的培养，也将会使广大师生集思广益，有助于本门课程教学改革的深入发展．

西安交通大学　马知恩

第3版前言

本书根据国内现行教学大纲对第2版教材进行修订. 在保持原教材的基本风貌的基础上增加了第4章数学物理方程定解问题的运算微积解法等，并对全书内容进行了核对，提高了本书的质量，扩大了本书的适用范围.

本书可作为本科学生的公共课教材，也可供报考硕士研究生的人员与科技人员参考.

孙振绮任全套系列教材的总主编，孙振绮、丁效华任本书的主编，负责策划、统编，邹巾英、李晓芳、史磊任副主编，参加本书修订的教师有：邹巾英（第4章）、王卫卫（第1章）、李晓芳（第2章）、史磊（第3章）.

金承日教授、伊晓东教授审阅了本书的各部分内容，并提出了修订的意见，在此深表谢意！

由于编者水平有限，不妥之处在所难免，恳请读者批评指正！

编　者

第2版前言

高等工科数学系列课程教材（第1版）曾获2005年机械工业出版社科技进步一等奖. 近年来，我们坚持以培养高素质创新型人才为目标，优化教学质量体系，全面深化教学改革，先后获省高等教育教学成果一、二等奖各一项，进一步推动了系列课程教材建设. 自2007年起，已陆续出版本系列教材（第2版）的部分教材.

本次修订出版的第2版在基本保持第1版风貌的基础上补充了部分内容，适当增加了数学建模内容比例与现代工程应用数学方法，精选了例题与习题，调整了某些内容顺序. 特别是增加了第3章：离散的拉普拉斯变换，其中介绍了离散拉普拉斯变换在解线性差分方程中的应用.

全套教材（第2版）仍由孙振绮任总主编，本书由孙振绮、丁效华任主编，参加本书修订的有邹巾英（第3章）、李晓芳、史磊（第1章）、王卫卫（第2章），此外还有曲荣宁参加了编写. 金承日、文松龙教授审阅了教材的各部分内容，并提出了有益的建议.

由于编者水平有限，缺点、疏漏之处在所难免，恳请读者批评指正！

编　者

第1版前言

为适应科学技术进步的要求，培养高素质人才，必须改革工科数学课程体系与教学方法．为此，我们进行了十多年的教学改革实践，先后在哈尔滨工业大学、黑龙江省教委立项，长期从事"高等工科数学教学过程的优化设计"课题的研究，该课题曾获哈尔滨工业大学优秀教学研究成果奖．本套系列课程教材正是这一研究成果的最新总结，包括：《工科数学分析教程》（上、下册）《空间解析几何与线性代数》《概率论与数理统计》《复变函数论与运算微积》《数学物理方程》《最优化方法》《计算技术与程序设计》等．

本套教材在编写上广泛吸取国内外知名大学的教学经验，特别是吸取了莫斯科理工学院、乌克兰人民科技大学（原基辅工业大学）等的教学改革经验，提高了知识起点，适当地扩大了知识信息量，加强了基础，并突出了对学生的数学素质与学习能力的培养．具体体现在：①加强了对传统内容的理论叙述；②适当运用近代数学观点来叙述古典工科数学内容，加强了对重要的数学思想方法的阐述；③加强了系列课程内容之间的相互渗透与交叉，注重培养学生综合运用数学知识解决实际问题的能力；④把精选教材内容与编写典型计算题有机结合起来，从而加强了知识间的联系，形成课程的逻辑结构，扩展了知识的深广度，使内容具备较高的系统性和逻辑性；⑤强化对学生的科学工程计算能力的培养；⑥加强对学生数学建模能力的培养；⑦突出工科特点，增加了许多现代工程应用数学方法；⑧注意到课程内容与工科研究生数学的衔接与区别．

本套教材由孙振绮任总主编．

本书在内容叙述上尽可能体现工科数学的特点，坚持理论联系实际的原则，书中有许多实用性很强的例子，同时对每一章的内容在工程技术的应用范围都做了概述．

本书可供工科大学自动控制、计算机、机电一体化、工程物理等对数学具有较高要求的专业的本科二年级学生使用，需用48学时．

本书的编写得到了哈尔滨工业大学（威海）教务处的大力支持，在此深表谢意．

本书由哈尔滨工业大学（威海）数学系孙振绮、丁效华任主编，金承日、邹巾英任副主编．参加本书编写的还有范德军、杨毅、孙建邵、伊晓东、李福梅、李宝家．文松龙教授仔细审阅了全书，并提出了许多宝贵意见和建议．

在此，对哈尔滨工业大学多年来一直支持这项教学改革的领导、专家、教授深表谢意！

由于编者水平有限，缺点、疏漏之处在所难免，恳请读者批评指正！

编　者

目　录

第 1 章

复变函数论

复变函数论是逻辑上和谐的数学学科，它允许在复数范围内进行数学运算．它不仅对纯数学（代数、微分方程、解析数论等）和各种应用数学学科（空气动力学和流体动力学、天体力学、弹性理论等）具有重大的意义，而且还被广泛用来解决许多工程问题．

复变函数论广泛地应用在电子技术和无线电技术中，特别是在有关交流电的分析与电磁场理论方面有重要应用．

1.1 复数 区域和边界

1.1.1 复数的基本定义

初等代数里，我们已经知道在实数范围内，方程 $x^2 = -1$ 是无解的．由于解方程的需要，人们引进一个新数 i，规定 $i^2 = -1$，并称 i 为**虚数单位**，从而扩充了实数域．

对于任意实数 a 与 b，称 $a + b\,i$ 或 $a + i\,b$ 为复数，即复数 z 可记为 $z = a + b\,i$（或 $z = a + i\,b$）形式，称 a 为复数 z 的**实部**，b 为复数 z 的**虚部**，分别记为 $a = \mathrm{Re}\,z$，$b = \mathrm{Im}\,z$．这些符号来自于法文 reel（实的）和 imaginaire（虚的）．

两个复数 $z_1 = a_1 + b_1 i$ 和 $z_2 = a_2 + b_2 i$ 相等，当且仅当 $a_1 = a_2$ 和 $b_1 = b_2$ 同时成立．对于两个复数 $z_1 = a_1 + b_1 i$ 和 $z_2 = a_2 + b_2 i$ 的代数运算定义如下：

加法按公式

$$z_1 + z_2 = (a_1 + b_1 i) + (a_2 + b_2 i) = (a_1 + a_2) + i(b_1 + b_2) \tag{1-1}$$

乘法按公式

$$z_1 \cdot z_2 = (a_1 + b_1 i)(a_2 + b_2 i) = (a_1 a_2 - b_1 b_2) + i(a_1 b_2 + b_1 a_2) \tag{1-2}$$

减法和除法则定义为加法和乘法的逆运算，即

$$z_1 - z_2 = (a_1 + b_1 i) - (a_2 + b_2 i) = (a_1 - a_2) + i(b_1 - b_2) \tag{1-3}$$

$$\frac{z_1}{z_2} = \frac{a_1 + b_1 i}{a_2 + b_2 i} = \frac{(a_1 + b_1 i)(a_2 - b_2 i)}{(a_2 + b_2 i)(a_2 - b_2 i)} = \frac{a_1 a_2 + b_1 b_2}{a_2^2 + b_2^2} + i\,\frac{a_2 b_1 - a_1 b_2}{a_2^2 + b_2^2} \tag{1-4}$$

不难证明，复数的运算和实数情形一样，也满足交换律、结合律、分配律等．

复数 $a + b\,i$ 与 $a - b\,i$ 称互为共轭复数，复数 $z = a + b\,i$ 的共轭复数常记为 $\bar{z}$，于是

$$\bar{z} = a - b\,i = \overline{a + b\,i},$$

容易证明共轭复数有如下性质：

（1）$\bar{\bar{z}} = z$，$\overline{z_1 \pm z_2} = \bar{z}_1 \pm \bar{z}_2$，$\overline{z_1 \cdot z_2} = \bar{z}_1 \cdot \bar{z}_2$，$\left(\overline{\dfrac{z_1}{z_2}}\right) = \dfrac{\bar{z}_1}{\bar{z}_2}$

（2）$z \cdot \bar{z} = (\mathrm{Re}\,z)^2 + (\mathrm{Im}\,z)^2$

（3）$z + \bar{z} = 2\operatorname{Re} z$，$z - \bar{z} = 2\mathrm{i}\operatorname{Im} z$

1.1.2　复数的几何表示与各种标记

在给定的笛卡儿直角坐标系的坐标平面上可以给出复数的几何表示. 横轴上的点代表实部，而纵轴上的点代表虚部. 这时的坐标平面称为复平面，而坐标轴相应地称为实轴和虚轴.

复数 $z = x + \mathrm{i} y$ 在复平面上或者用点 (x, y) 表示，或者用向量 $\overrightarrow{Oz} = (x, y)$ 表示. 这时向量的长度 $\rho = \sqrt{x^2 + y^2}$ 称为复数 z 的**模**，记为 $|z|$，即 $|z| = \sqrt{x^2 + y^2}$. 把从实轴正向开始旋转到向量 $\overrightarrow{Oz}$ 的转角 φ（图 1-1），称为复数 z 的**辐角**，记为 $\operatorname{Arg} z$，即 $\varphi = \operatorname{Arg} z$. 其中按逆时针方向转到向量 $\overrightarrow{Oz}$ 的转角是正的，按顺时针方向转到向量 $\overrightarrow{Oz}$ 的转角是负的. 把 $\operatorname{Arg} z$ 中满足 $-\pi < \operatorname{Arg} z \leqslant \pi$ 的辐角 φ 称为**辐角的主值**，记为 $\arg z$. 显然有 $\operatorname{Arg} z = \arg z + 2k\pi\,(k \in \mathbf{Z})$. 当 $z = 0$ 时，辐角没有意义.

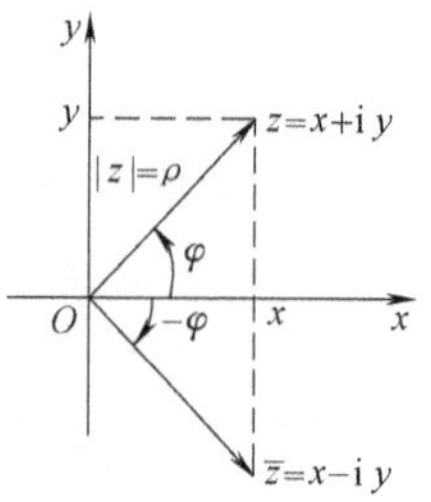

不难确定，$|z| = R\,(R = \mathrm{const})$ 表示一个以坐标原点为圆心，R 为半径的圆周（图 1-2a）；$|z| < R\,(R = \mathrm{const})$ 表示一个以坐标原点为圆心，R 为半径的开圆面（不包括圆周）（图 1-2b）；$|z - z_0| < R$ 表示一个以 z_0 为圆心，R 为半径的开圆面（图 1-2c）；$\arg z = \varphi\,(\varphi = \mathrm{const})$ 表示一条从坐标原点引出的极角为 φ 的射线（图 1-2d）.

图　1-1

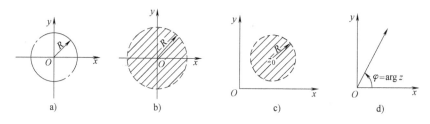

图　1-2

如果 x，y 是变量，那么 $z = x + \mathrm{i} y$ 也是变量，这时可以说 z 是复变量. 对于复变量仍然有模 $|z|$ 和辐角 $\operatorname{Arg} z$ 的概念，然而这些量也都是变量.

按照图 1-1 采用的标记，下面的关系成立

$$x = \rho \cos \varphi \quad \text{和} \quad y = \rho \sin \varphi \tag{1-5}$$

由此得出

$$z = \rho(\cos \varphi + \mathrm{i} \sin \varphi) \tag{1-6}$$

这样的表示称为复数的三角式.

欧拉证明了恒等式：$\mathrm{e}^{\mathrm{i}\varphi} = \cos \varphi + \mathrm{i} \sin \varphi$. 利用这个恒等式，公式（1-6）可记作 $z = \rho \mathrm{e}^{\mathrm{i}\varphi}$，这是复数的指数式. 于是两个复数 $z_1 = \rho_1(\cos \varphi_1 + \mathrm{i} \sin \varphi_1)$ 和 $z_2 = \rho_2(\cos \varphi_2 + \mathrm{i} \sin \varphi_2)$ 相等的充分必要条件是 $\rho_1 = \rho_2$，$\varphi_1 = \varphi_2 + 2k\pi\,(k \in \mathbf{Z})$（由三角函数的周期性得出）. 易见，$|z| = |\bar{z}|$，$\arg \bar{z} = -\arg z\,(\arg z \neq \pi)$.

如同复数代数式加、减法一样，三角式的复数也能进行加法和减法的运算. 它们的几何运算与向量的加、减法运算是相对应的.

复数 $z_1 = \rho_1(\cos \varphi_1 + \mathrm{i} \sin \varphi_1)$ 和 $z_2 = \rho_2(\cos \varphi_2 + \mathrm{i} \sin \varphi_2)$ 的乘法与通常一样. 然而已知的

复数的三角式可化简乘法法则：

$$z_1 \cdot z_2 = \rho_1(\cos \varphi_1 + \mathrm{i} \sin \varphi_1) \cdot \rho_2(\cos \varphi_2 + \mathrm{i} \sin \varphi_2)$$
$$= \rho_1 \cdot \rho_2 [\cos(\varphi_1 + \varphi_2) + \mathrm{i} \sin(\varphi_1 + \varphi_2)]$$
$$= \rho_1 \cdot \rho_2 \mathrm{e}^{\mathrm{i}(\varphi_1 + \varphi_2)}$$

即两个复数乘积的模等于它们的模的乘积：$|z_1 \cdot z_2| = |z_1| \cdot |z_2|$，而乘积的辐角等于它们的辐角之和：$\mathrm{Arg}(z_1 z_2) = \mathrm{Arg}\, z_1 + \mathrm{Arg}\, z_2$.

复数 z_1 乘以复数 z_2 在几何上归结为把向量 z_1 伸长 $|z_2|$ 倍并按逆时针方向旋转一个角度 $\varphi_2 = \arg z_2$（在图 1-3 中，$\triangle O1z_1 \backsim \triangle Oz_2 z$）.

复数乘法的直接推论如下：

复数的乘方法则

$$z^n = \rho^n(\cos \varphi + \mathrm{i} \sin \varphi)^n = \rho^n(\cos n\varphi + \mathrm{i} \sin n\varphi) = \rho^n \mathrm{e}^{\mathrm{i} n\varphi}$$

棣莫弗（De Moivre）公式

$$(\cos \varphi + \mathrm{i} \sin \varphi)^n = \cos n\varphi + \mathrm{i} \sin n\varphi$$

复数 $z_1 = \rho_1(\cos \varphi_1 + \mathrm{i} \sin \varphi_1)$ 和 $z_2 = \rho_2(\cos \varphi_2 + \mathrm{i} \sin \varphi_2)$ 的除法可作为乘法的逆运算

$$\frac{z_1}{z_2} = \frac{\rho_1}{\rho_2}[\cos(\varphi_1 - \varphi_2) + \mathrm{i} \sin(\varphi_1 - \varphi_2)] = \frac{\rho_1}{\rho_2} \mathrm{e}^{\mathrm{i}(\varphi_1 - \varphi_2)}$$

即两个复数的商的模等于它们的模的商：$\left|\dfrac{z_1}{z_2}\right| = \dfrac{|z_1|}{|z_2|}$，而商的辐角等于被除数与除数的辐角之差：$\mathrm{Arg}\, \dfrac{z_1}{z_2} = \mathrm{Arg}\, z_1 - \mathrm{Arg}\, z_2$.

复数 z_1 除以复数 z_2 在几何上归结为把向量 z_1 压缩 $|z_2|$ 倍并按顺时针方向旋转一个角度 $\varphi_2 = \arg z_2$，$\varphi_2 > 0$（图 1-4）.

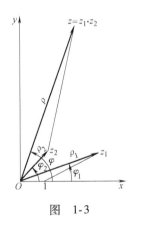

图　1-3

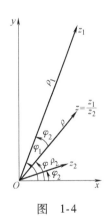

图　1-4

复数 z 开 n 次方可作为乘方的逆运算进行，考虑到三角函数的周期性，有

$$\sqrt[n]{z} = \sqrt[n]{\rho(\cos \varphi + \mathrm{i} \sin \varphi)} = \sqrt[n]{\rho}\left(\cos \frac{\varphi}{n} + \mathrm{i} \sin \frac{\varphi}{n}\right) = \sqrt[n]{\rho}\, \mathrm{e}^{\mathrm{i}\frac{\varphi}{n}}$$

其中，$\varphi = \varphi_0 + 2k\pi (k \in \mathbf{Z})$ 因此

$$\sqrt[n]{\rho(\cos \varphi + \mathrm{i} \sin \varphi)} = \sqrt[n]{\rho}\left(\cos \frac{\varphi_0 + 2k\pi}{n} + \mathrm{i} \sin \frac{\varphi_0 + 2k\pi}{n}\right)$$

$$=\sqrt[n]{\rho}\ \mathrm{e}^{\mathrm{i}\frac{\varphi_0+2k\pi}{n}}=\sqrt[n]{\rho}\ \mathrm{e}^{\mathrm{i}\frac{\varphi_0}{n}}\cdot\mathrm{e}^{\mathrm{i}\frac{2k\pi}{n}},\ k=0,1,2,\cdots,n-1$$

如果 $k=n$，那么 $\dfrac{\varphi}{n}=\dfrac{\varphi_0}{n}+2\pi$，从而得到一个与 $k=0$ 时相同的方根值. 这样也证明了复数的 n 次方根恰好有 n 个不同的值. 这些方根的模与辐角分别为 $\sqrt[n]{|z|}$ 和 $\dfrac{\varphi_0+2k\pi}{n}$，即这 n 个值就是以原点为中心，$\sqrt[n]{\rho}$ 为半径的圆的内接正 n 边形的 n 个顶点.

在电子技术中，复数 $a+b\mathrm{i}$ 的三角式和指数式为 $a+b\mathrm{i}=A(\cos\alpha+\mathrm{i}\sin\alpha)=A\mathrm{e}^{\mathrm{i}\alpha}$，其中，$A=\sqrt{a^2+b^2}$，$\alpha=\arctan\dfrac{b}{a}\left(-\dfrac{\pi}{2}<\alpha<\dfrac{\pi}{2}\right)$. 它们被广泛地用来计算交流电路问题.

如果把 a 和 b 看作变量 t 的函数，那么几何上表达式 $a(t)+\mathrm{i}\,b(t)$ 将代表变化的向量，当模是常量时，则表示具有定长的旋转着的向量. 现在考虑复向量函数

$$a(t)+\mathrm{i}\,b(t)=U_m[\cos(\omega t+\psi_u)+\sin(\omega t+\psi_u)]=U_m\mathrm{e}^{\mathrm{i}\psi_u}\cdot\mathrm{e}^{\mathrm{i}\omega t}$$

它是随正弦规律变化的.

当 $t=0$ 时，这个向量函数的初始位置为 U_m，辐角为 ψ_u（图1-5）.

实部 $U_m\cos(\omega t+\psi_u)$ 和虚部 $U_m\sin(\omega t+\psi_u)$ 分别是长为 U_m 的按定角速度 ω 旋转的向量在横轴和纵轴上的投影. 因为要研究正弦函数，所以只限制研究 $u=U_m\sin(\omega t+\psi_u)$，使它与整个的向量函数相对应，记作

$$u=U_m\sin(\omega t+\psi_u)\fallingdotseq^{\ominus}U_m\mathrm{e}^{\mathrm{i}\psi_u}\cdot\mathrm{e}^{\mathrm{i}\omega t}$$

这里没必要考虑 $U_m\cos(\omega t+\psi_u)$，这是因为

$$\cos(\omega t+\psi_u)=\sin\left[(\omega t+\psi_u)+\dfrac{\pi}{2}\right]$$

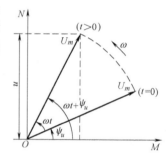

图 1-5

由于 $U_m\mathrm{e}^{\mathrm{i}\psi_u}$ 不依赖于时间 t，令 $\dot{U}_m=U_m\mathrm{e}^{\mathrm{i}\psi_u}$ 称作振幅（具有初相 ψ_u 的正弦电压 u 是已知的）. 因此 $u\fallingdotseq\dot{U}_m\mathrm{e}^{\mathrm{i}\omega t}$.

其次，在交流电路计算中只规定 $\dot{U}_m$ 是复常量，而不是时间的正弦函数. 所以，电路计算最终归结为一般的正弦函数的计算.

上述方法称为符号法. 这种方法的实质是把按正弦规律变化的复向量函数计算转化为与其相应的复常量的代数运算，且最终转化为一般的正弦函数计算.

1.1.3 球极投影

上面考虑的是复平面上的复数. 其实还存在着另一种复数的几何表示法，借助于它可引出无穷远点的概念，下面来介绍它.

取一个任意半径的球面使它与复平面在坐标原点相切（图1-6），切点称为球面的南极，而过南极的直径的另一端点称为北极. 复平面的坐标原点对应于球面的南极并记为 $z=0$. 从球面北极 P 引向复平面上任意一点 z 的射线与球面

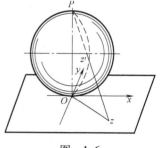

图 1-6

必交于一点 z'. 这样可建立复数平面与不含北极在内的球面之间的一一对应.

用球面表示复平面称为复平面的球极投影, 而球面称为复数球面.

为了实现复平面与全球面之间的一一对应关系, 把假定的无穷远点 ($z = \infty$) 引入复平面, 让它与球面的北极相对应. 这个点不能参加任何算术的或代数的运算, 然而对复数序列可以, 并且常常收敛于它. 复平面上每一条直线都通过 ∞, 同时没有一个半平面包含点 ∞. ∞ 的实部、虚部及辐角均无意义, $|\infty| = +\infty$.

引入了无穷远点的复平面称为全复平面, 而没有这个点的复平面称为开复平面.

1.1.4　区域和边界

考虑几个集合概念.

定义 1-1　复平面上的点集 D 称为**区域**, 如果 D 满足如下条件:

(1) 以 D 中的任意给定点为中心的足够小的圆周内的点全部属于这个集合 (开集的性质);

(2) 集合 D 中任意两点都能用折线把它们连接起来, 使得折线上所有点都属于这个集合 (连通的性质).

定义 1-2　满足定义 1-1 中的条件 (1) 的所有点称为区域的**内点**.

区域 D 的**外点**是指复平面上这样的点, 即以它为中心的一个足够小的圆周内的点全部不属于区域 D.

定义 1-3　含有某点 z_0 的任意区域称为这点的**邻域**. 通常取圆域作为点的邻域, 如果圆的半径为 $r(|z - z_0| < r)$, 那么称这个邻域为点 z_0 的 r **邻域**.

无穷远点的邻域应理解为以坐标原点为中心的任意圆域的外部, 即区域 $|z| > R$.

定义 1-4　点 M 称为区域的**边界点**, 如果以它为中心的任意足够小的邻域总有区域 D 中的点, 也有区域 D 外的点. 区域 D 的边界点的全体称为区域的**边界**. 譬如, 圆域 $|z| < 1$ 的边界是圆周 $|z| = 1$.

定义 1-5　由区域 D 及边界所组成的集合称为**闭区域**, 记作 $\overline{D}$.

后面要用到如下的数学分析的概念:

在 $[\alpha, \beta]$ 上连续的实变量 t 的函数 $z(t)$ 确定一条连续的曲线, 函数 $z(t)$ 的值称为曲线上的点的坐标, 称方程 $z = z(t)$ 是曲线方程或者称为参变量方程.

在每条曲线上都可确定两种方向中的一种, 即或为参变量增加的方向, 或为参变量减少的方向. 在第一种情况下, $z(\alpha)$ 是曲线的起点, 而 $z(\beta)$ 它的终点. 在第二种情况下相反. 如果曲线的起点和终点重合, 则称它是闭的.

只与一个参变量值相对应的点, 称为简单点; 与两个或更多的参变量的值相对应的点称为重点. 仅由简单点组成的曲线 (不含重点) 称为**简单曲线** (或若尔当 (Jordan) 曲线).

定义 1-6　区域 D 称为**单连通**的, 如果属于 D 的任意一条简单闭曲线, 在 D 内可以经过连续的变形而缩成一点.

从这个定义得出, 如果区域是**多连通**的, 那么它的边界不可能由一条简单闭曲线组成. 图 1-7 是单连通区域的例子, 而图 1-8 则表示多连通区域.

在今后将考虑区域边界是由一条或几条分段光滑的曲线所组成的情形, 特别地, 还可能退化成一点.

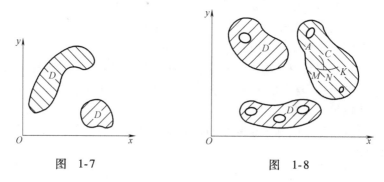

图 1-7　　　　　　　　　　　　图 1-8

例 1-1 把 $-1+\sqrt{3}\,\mathrm{i}$ 用三角式和指数式表示出来.

解 原式为代数式, 其模 $\rho=\sqrt{(-1)^2+(\sqrt{3})^2}=2$, 由于此点在第二象限, 所以辐角主值 $\varphi=\pi+\arctan\left(\dfrac{\sqrt{3}}{-1}\right)=\dfrac{2\pi}{3}$, 所以指数式为 $z=2\mathrm{e}^{\mathrm{i}\frac{2}{3}\pi}$, 三角式为 $z=2\left(\cos\dfrac{2\pi}{3}+\mathrm{i}\sin\dfrac{2\pi}{3}\right)$.

例 1-2 把 $\dfrac{2\,\mathrm{i}}{-1+\mathrm{i}}$ 用代数式、三角式和指数式表示出来.

解 化简原式 $\dfrac{2\,\mathrm{i}}{-1+\mathrm{i}}=\dfrac{2\,\mathrm{i}(-1-\mathrm{i})}{(-1+\mathrm{i})(-1-\mathrm{i})}=\dfrac{-2\,\mathrm{i}+2}{2}=1-\mathrm{i}$, 此即代数式, 其模 $\rho=\sqrt{(-1)^2+1^2}=\sqrt{2}$, 因此点在第四象限, 所以辐角主值 $\varphi=\arctan\left(\dfrac{-1}{1}\right)=-\dfrac{\pi}{4}$, 所以, 指数式为 $z=\sqrt{2}\,\mathrm{e}^{-\frac{\pi}{4}\mathrm{i}}$, 三角式为 $z=\sqrt{2}\left[\cos\left(-\dfrac{\pi}{4}\right)+\mathrm{i}\sin\left(-\dfrac{\pi}{4}\right)\right]$.

例 1-3 把 $1-\cos\alpha+\mathrm{i}\sin\alpha$($\alpha$ 是实常数) 用代数式、三角式和指数式表示出来.

解 原式已经为代数式, 其模 $\rho=\sqrt{(1-\cos\alpha)^2+\sin^2\alpha}=\sqrt{2-2\cos\alpha}=2\left|\sin\dfrac{\alpha}{2}\right|$, 易见此点在右半平面, 故辐角 $\varphi=\arctan\dfrac{\sin\alpha}{1-\cos\alpha}=\arctan\left(\cot\dfrac{\alpha}{2}\right)$, 所以 $\tan\varphi=\cot\dfrac{\alpha}{2}=\tan\left(\dfrac{\pi}{2}-\dfrac{\alpha}{2}\right)$, 所以辐角 $\varphi=n\pi+\dfrac{\pi}{2}-\dfrac{\alpha}{2}$($n\in\mathbf{Z}$), 所以其指数式为 $z=2\left|\sin\dfrac{\alpha}{2}\right|\mathrm{e}^{\mathrm{i}\left(n\pi+\frac{\pi}{2}-\frac{\alpha}{2}\right)}$, 三角式为 $z=2\left|\sin\dfrac{\alpha}{2}\right|\left[\cos\left(n\pi+\dfrac{\pi}{2}-\dfrac{\alpha}{2}\right)+\mathrm{i}\sin\left(n\pi+\dfrac{\pi}{2}-\dfrac{\alpha}{2}\right)\right]$. 特别地, 当 $0<\alpha\leqslant\pi$ 时辐角主值为 $\varphi=\dfrac{\pi}{2}-\dfrac{\alpha}{2}$, 三角式为

$$z=2\sin\dfrac{\alpha}{2}\left[\cos\left(\dfrac{\pi}{2}-\dfrac{\alpha}{2}\right)+\mathrm{i}\sin\left(\dfrac{\pi}{2}-\dfrac{\alpha}{2}\right)\right].$$

例 1-4 把 $\mathrm{e}^{1+\mathrm{i}}$ 用代数式、三角式和指数式表示出来.

解 由 $\mathrm{e}^{1+\mathrm{i}}=\mathrm{e}\cdot\mathrm{e}^{\mathrm{i}}$, 后者即为指数式. 显然模为 e, 辐角主值 $\varphi=1$, 三角式为 $z=\mathrm{e}(\cos 1+\mathrm{i}\sin 1)$, 代数式为 $z=\mathrm{e}\cos 1+\mathrm{i}\,\mathrm{e}\sin 1$.

例 1-5 计算 $(-1+\sqrt{3}\mathrm{i})^{10}$.

解 注意到 $-1+\sqrt{3}\,\mathrm{i}$ 为第二象限点, 辐角主值为 $\dfrac{2\pi}{3}$. 由例 1-1 及乘方定义, 可得

$$(-1 + \sqrt{3}\ \mathrm{i})^{10} = \left[2\left(\cos \frac{2\pi}{3} + \mathrm{i}\ \sin \frac{2\pi}{3} \right) \right]^{10} = 2^{10}\left(\cos \frac{20\pi}{3} + \mathrm{i}\ \sin \frac{20\pi}{3} \right)$$

$$= 1024\left(\cos \frac{2\pi}{3} + \mathrm{i}\ \sin \frac{2\pi}{3} \right) = -512 + 512\ \sqrt{3}\ \mathrm{i}$$

例 1-6　计算 $\left[2(\cos 25° + \mathrm{i}\ \sin 25°) \right]\left[5(\cos 110° + \mathrm{i}\ \sin 110°) \right]$.

解　原式 $= 10(\cos 135° + \mathrm{i}\ \sin 135°) = 10\left(-\frac{\sqrt{2}}{2} + \frac{\sqrt{2}}{2}\ \mathrm{i} \right) = -5\ \sqrt{2} + 5\ \sqrt{2}\ \mathrm{i}$

例 1-7　$0 \leqslant \mathrm{Re}\ z \leqslant 1$ 在复平面上具有怎样的意义？

解　设 $z = x + \mathrm{i}\ y$，$\mathrm{Re}\ z = x$，所以 $0 \leqslant \mathrm{Re}\ z \leqslant 1$ 即 $0 \leqslant x \leqslant 1$，这在复平面上表示为，直线 $x = 0$ 与 $x = 1$ 所构成的带形区域，并包括两条直线在内.

例 1-8　$2 \leqslant |z| \leqslant 3$ 在复平面上具有怎样的意义？

解　因为 $|z| = \sqrt{x^2 + y^2}$，所以 $2 \leqslant |z| \leqslant 3$，即为 $2 \leqslant \sqrt{x^2 + y^2} \leqslant 3$，亦即 $4 \leqslant x^2 + y^2 \leqslant 9$. 这在复平面上表示由圆周 $x^2 + y^2 = 4$ 和圆周 $x^2 + y^2 = 9$ 所围成的环形区域，并包括圆周（图 1-9）.

例 1-9　$0 < \arg \dfrac{z - \mathrm{i}}{z + \mathrm{i}} < \dfrac{\pi}{4}$ 在复平面上具有怎样的意义？

解　因为

$$\frac{z - \mathrm{i}}{z + \mathrm{i}} = \frac{x + \mathrm{i}(y - 1)}{x + \mathrm{i}(y + 1)} = \frac{[x + \mathrm{i}(y - 1)][x - \mathrm{i}(y + 1)]}{[x + \mathrm{i}(y + 1)][x - \mathrm{i}(y + 1)]}$$

$$= \frac{x^2 + y^2 - 1}{x^2 + (y + 1)^2} + \mathrm{i}\ \frac{-2x}{x^2 + (y + 1)^2}$$

$$= X + \mathrm{i}\ Y = Z$$

所以原式等价于 $0 < \arg Z < \dfrac{\pi}{4}$. 如果以 X 轴为实轴，Y 轴为虚轴，上式在复平面 Z 上表示为 $X > 0$ 和 $Y > 0$，即要求 $\dfrac{x^2 + y^2 - 1}{x^2 + (y + 1)^2} > 0$ 和 $\dfrac{-2x}{x^2 + (y + 1)^2} > 0$. 亦即

$$\begin{cases} x < 0 \\ x^2 + y^2 - 1 > 0 \end{cases} \qquad ①$$

上式①表示复平面 z 上的左半平面除去单位圆周及其内部.

又由 $0 < \arg Z < \dfrac{\pi}{4}$ 得 $0 < \arctan \dfrac{Y}{X} < \dfrac{\pi}{4}$，即 $0 < \arctan\left(\dfrac{-2x}{x^2 + y^2 - 1} \right) < \dfrac{\pi}{4}$，亦即 $0 < \dfrac{-2x}{x^2 + y^2 - 1} < 1$，考虑到式①，则

$$\begin{cases} -2x > 0 \\ -2x < x^2 + y^2 - 1 \end{cases}, \quad 即 \begin{cases} x < 0 \\ x^2 + y^2 + 2x - 1 > 0 \end{cases} \qquad ②$$

在 $x < 0$ 的条件下，凡满足 $x^2 + y^2 + 2x - 1 > 0$ 的点必定也满足 $x^2 + y^2 - 1 > 0$. 所以，无需单独提出，而式②表示复平面 z 上的左半平面 $x < 0$，但除去圆周 $(x + 1)^2 + y^2 = 2$ 及其内部（图 1-10）.

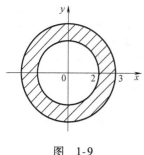

图　1-9

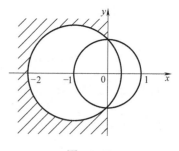

图　1-10

例1-10　$|z_1+z_2|^2+|z_1-z_2|^2=2|z_1|^2+2|z_2|^2$ 在复数平面上具有怎样的意义？

解　设 $z_1=x_1+\mathrm{i}\,y_1$，$z_2=x_2+\mathrm{i}\,y_2$，x_1，x_2，y_1，y_2 均为实数，则

$$
\begin{aligned}
|z_1+z_2|^2+|z_1-z_2|^2 &= (x_1+x_2)^2+(y_1+y_2)^2+(x_1-x_2)^2+(y_1-y_2)^2\\
&= 2x_1^2+2x_2^2+2y_1^2+2y_2^2\\
&= 2|z_1|^2+2|z_2|^2
\end{aligned}
$$

这是一个恒等式，对于复平面中任意的 z_1 和 z_2 都成立，它表示平行四边形对角线的平方和等于两邻边平方和的两倍．如果把 z_1 和 z_2 表示成复平面上的向量，那么 z_1 和 z_2 的加减运算与相应的向量的加减运算（平行四边形法则）是相同的，这可由图 1-11 清楚地看出．

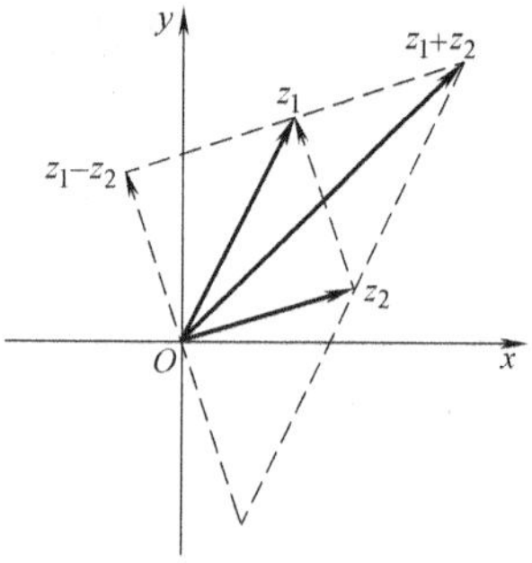

例1-11　求下列根式的值：

(1) $\sqrt[2]{-\dfrac{1}{8}}$　　(2) $\sqrt[3]{\dfrac{\mathrm{i}}{8}}$　　(3) $\sqrt[4]{-128-128\sqrt{3}\,\mathrm{i}}$

图　1-11

解　(1)
$$
-\frac{1}{8}=\frac{1}{(\sqrt{8})^2}(\cos\pi+\mathrm{i}\sin\pi)
$$

$$
\sqrt[2]{-\frac{1}{8}}=\frac{1}{\sqrt{8}}\left(\cos\frac{\pi+2k\pi}{2}+\mathrm{i}\sin\frac{\pi+2k\pi}{2}\right)\quad(k=0,1)
$$

$$
z_1=\frac{1}{\sqrt{8}}\mathrm{i}=\frac{\sqrt{2}}{4}\mathrm{i},\ z_2=-\frac{1}{\sqrt{8}}\mathrm{i}=-\frac{\sqrt{2}}{4}\mathrm{i}
$$

(2)
$$
\frac{\mathrm{i}}{8}=\frac{1}{2^3}\left(\cos\frac{\pi}{2}+\mathrm{i}\sin\frac{\pi}{2}\right)
$$

$$
\sqrt[3]{\frac{\mathrm{i}}{8}}=\frac{1}{2}\left(\cos\frac{\dfrac{\pi}{2}+2k\pi}{3}+\mathrm{i}\sin\frac{\dfrac{\pi}{2}+2k\pi}{3}\right)\quad(k=0,1,2)
$$

$$
z_1=\frac{\sqrt{3}}{4}+\frac{\mathrm{i}}{4},\ z_2=-\frac{\sqrt{3}}{4}+\frac{\mathrm{i}}{4},\ z_3=-\frac{1}{2}\mathrm{i}
$$

(3)
$$
-128-128\sqrt{3}\,\mathrm{i}=4^4\left[\cos\left(-\frac{2\pi}{3}\right)+\mathrm{i}\sin\left(-\frac{2\pi}{3}\right)\right]
$$

$$\sqrt[4]{-128-128\sqrt{3}\,\mathrm{i}}=4\left(\cos\frac{-\dfrac{2\pi}{3}+2k\pi}{4}+\mathrm{i}\sin\frac{-\dfrac{2\pi}{3}+2k\pi}{4}\right)\quad(k=0,1,2,3)$$

$$z_1=2\sqrt{3}-2\,\mathrm{i},\quad z_2=2+2\sqrt{3}\,\mathrm{i},\quad z_3=-2\sqrt{3}+2\,\mathrm{i},\quad z_4=-2-2\sqrt{3}\,\mathrm{i}$$

例 1-12 确定下列曲线的形状:

(1) $z=t-2+\mathrm{i}(t^2-4t+5)$ (2) $z=2\mathrm{e}^{\mathrm{i}t}+\dfrac{1}{2\mathrm{e}^{\mathrm{i}t}}$

(3) $z=3\sec t+2\mathrm{i}\tan t\,(t\in\mathbf{R})$

解 若令 $x=\mathrm{Re}\,z$,$y=\mathrm{Im}\,z$,消去共同的参数 t,即可求出关于变元 x,y 的表达式,此表达式即为所求.

(1) $x=t-2$,$y=t^2-4t+5$,显然 $x^2=t^2-4t+4=y-1$,所以 $y=x^2+1\,(y\geqslant1)$ 是抛物线.

(2) $z=2\cos t+2\mathrm{i}\sin t+\dfrac{1}{2}\cos t-\dfrac{1}{2}\mathrm{i}\sin t$

于是 $x=\dfrac{5}{2}\cos t$,$y=\dfrac{3}{2}\sin t$,故 $\left(\dfrac{2}{5}x\right)^2+\left(\dfrac{2}{3}y\right)^2=1$ 是椭圆.

(3) $x=3\sec t$,$y=2\tan t$,消去 t 得 $\left(\dfrac{x}{3}\right)^2-\left(\dfrac{y}{2}\right)^2=1$,是双曲线.

例 1-13 设 a,b 和 c 是复常数,且 $a\neq0$. 证明:方程

$$az^2+bz+c=0 \qquad\qquad ①$$

的解由(通常的)二次公式

$$z=\frac{-b\pm\sqrt{b^2-4ac}}{2a} \qquad\qquad ②$$

给出,其中 $\sqrt{b^2-4ac}$ 表示 $(b^2-4ac)^{\frac{1}{2}}$ 的值之一.

证 用 $4a$ 去乘式①的两端后,变形为

$$4a^2z^2+4abz+b^2=b^2-4ac$$

即 $(2az+b)^2=b^2-4ac$,得 $2az+b=(b^2-4ac)^{\frac{1}{2}}=\pm\sqrt{b^2-4ac}$,解出 z,即为式②.

习　题　1

1. 求下列各式的值:

(1) $\left|\dfrac{1+2\mathrm{i}}{-2-\mathrm{i}}\right|$ (2) $\left|\overline{(1+\mathrm{i})}(2-3\mathrm{i})(4\mathrm{i}-3)\right|$

(3) $\left|\dfrac{\mathrm{i}(2+\mathrm{i})^3}{(1-\mathrm{i})^2}\right|$ (4) $\mathrm{Arg}(\sqrt{3}-\mathrm{i})$

2. 求下列根式的值:

(1) $\sqrt[2]{\mathrm{i}}$ (2) $\sqrt[2]{\dfrac{-1+\sqrt{3}\,\mathrm{i}}{2}}$ (3) $\sqrt[3]{27}$

(4) $\sqrt[3]{-4-4\sqrt{3}\,\mathrm{i}}$ (5) $(-16)^{\frac{1}{4}}$ (6) $\left(\dfrac{2\mathrm{i}}{1+\mathrm{i}}\right)^{\frac{1}{4}}$

3. 将复数 $\dfrac{(\cos5\theta+\mathrm{i}\sin5\theta)^2}{(\cos3\theta-\mathrm{i}\sin3\theta)^3}$ 化为指数式和三角式.

4. 解方程：$z^2 - (3-2\mathrm{i})z + 1 - 3\mathrm{i} = 0$

习 题 2

1. 画出由下列不等式所确定的平面区域：

(1) $|z+\mathrm{i}| \geqslant 1$, $|z| < 2$ (2) $|z-1+\mathrm{i}| \geqslant 1$, $\mathrm{Re}\, z < 1$, $\mathrm{Im}\, z \leqslant -1$

(3) $0 < \arg(z-1) < \dfrac{\pi}{4}$, 且 $2 \leqslant \mathrm{Re}\, z \leqslant 3$

(4) $|z| \leqslant 1$, $\arg(z+\mathrm{i}) > \dfrac{\pi}{4}$

2. 确定下列曲线的形状：

(1) $z = \dfrac{t-1+\mathrm{i}\, t}{t(t-1)}$ (2) $z = \cot t - 2\mathrm{i}\csc t$

(3) $z = 2\mathrm{e}^{2\mathrm{i}t} - \dfrac{1}{\mathrm{e}^{2\mathrm{i}t}}$ (4) $z = \dfrac{2+t}{2-t} + \mathrm{i}\dfrac{1+t}{1-t}$

1.2 复变函数

本节的许多问题都是实函数的数学分析教程中的已知结论的推广. 这里，先给出基本定义和概念.

定义 1-7 若对于复数集合 M 的每一点 z，都能按照一定的规律找到一个或几个点 w 和它对应，那么称 w 是 z 的复数集合 M 上的**复变函数**，记作 $w = f(z)$. 如果 z 的一个值对应着一个 w，那么称函数 $w = f(z)$ 是**单值**的；如果 z 的一值对应着两个或两个以上的 w 值，那么称函数 $w = f(z)$ 是**多值**的.

易见，函数 $w = |z|$，$w = \bar{z}$，$w = z^2$，$w = \dfrac{z+1}{z-1}$ $(z \neq 1)$ 均为 z 的单值函数；而 $w = \sqrt[n]{z}$ $(z \neq 0$，$n \geqslant 2$ 且为整数$)$ 及 $w = \mathrm{Arg}\, z$ $(z \neq 0)$ 均为 z 的多值函数. 今后如果不加特别说明，所提到的函数均指单值函数.

以整数为变元的复函数称为序列.

对于函数 $w = f(z)$，和对任意复变量一样，保留模 $|w|$ 和辐角主值 $\arg w$(或辐角 $\mathrm{Arg}\, w$)的概念.

如果 $z = x + \mathrm{i}y$，并假定 $w = u + \mathrm{i}v$，那么每一个确定的函数 w 完全确定了两个实变函数：$u = u(x,y)$ 和 $v = v(x,y)$.

例 1-14 设函数 $f(z) = 3\bar{z} + 1$，$z = x + \mathrm{i}y$，则 $f(z) = 3(x - \mathrm{i}y) + 1 = 3x + 1 - 3\mathrm{i}y$，因而实部 $u(x,y) = 3x + 1$，虚部 $v(x,y) = -3y$.

引入第二个复平面 $W(uO_1v)$ 可得到函数 $w = f(z)$ 的几何表示. 这里变量 z 表示 $Z(xOy)$ 平面上的点，w 表示 uO_1v 平面上的点. 平面 Z 上的集合 M 称为原象. 而与它对应的 $W(uO_1v)$ 平面上的点 w 的集合 N 称为映象.

设函数 $w = f(z)$ 把集合 M 映射成集合 N. 若对于集合 N 内的每一点 w 都有一个或几个集合 M 中的点 z(给定函数 $w = f(z)$ 把它映射成 w)相对应，那么称这个函数为函数 $w = f(z)$ 的**反函数**，记作 $z = f^{-1}(w)$. 在今后，集合 M 上的单值函数 $w = f(z)$ 和它的集合 N 上的单值反函数 $z = f^{-1}(w)$ 起着特别重要的作用. 在这种情况下，映射 $w = f(z)$ 是从集合 M 到集合 N 的一一对应，即 M 上的两个不同的点总是映射成 N 上的两个不同的点，反之 N 上的两个不同

的点总是对应着 M 上的两个不同的点(图 1-12).

如果函数 $w = f(z)$ 把集合 M 映射成集合 N,而函数 $\omega = g(w)$ 把集合 N 映射成集合 P,那么函数 $\omega = h(z) = g(f(z))$ 称为由 f 和 g 构成的复合函数. 称集合 M 到集合 P 的映射 h 为映射 f 和 g 的复合.

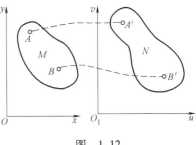

图 1-12

现在引进复变函数的极限概念.

定义 1-8 如果对于预先给定的任意小的正数 ε,都存在一个正数 δ,使当 $0 < |z - z_0| < \delta$ 时,就有 $|f(z) - w_0| < \varepsilon$,则称复数 $w_0 = u_0 + \mathrm{i}\, v_0$ 为复变量 $z = x + \mathrm{i}\, y$ 的函数 $w = u(x, y) + \mathrm{i}\, v(x, y) = f(z)$ 当 $z \to z_0$ 时的**极限**. 记作 $\lim\limits_{z \to z_0} f(z) = w_0$.

由定义可得,如果 w_0 是函数 $w = f(z)$ 当 $z \to z_0$ 时的极限,那么这个值 w_0 不依赖于 z 趋近于 z_0 的方式. 由定义还得出,如果这个极限存在,那么有

$$\lim_{\substack{x \to x_0 \\ y \to y_0}} u(x, y) = u_0 \text{ 和} \lim_{\substack{x \to x_0 \\ y \to y_0}} v(x, y) = v_0.$$

类似地,$f(z)$ 的实部和虚部的连续等价于 $f(z)$ 连续.

实变函数的极限的四则运算,对于复变函数同样是成立的. 即如果下述极限存在,则

$$\lim_{z \to z_0} [c_1 f_1(z) \pm c_2 f_2(z)] = c_1 \lim_{z \to z_0} f_1(z) \pm c_2 \lim_{z \to z_0} f_2(z) \quad (c_1 \text{ 和 } c_2 \text{ 是复常数})$$

$$\lim_{z \to z_0} [f_1(z) f_2(z)] = \left[\lim_{z \to z_0} f_1(z) \right] \cdot \left[\lim_{z \to z_0} f_2(z) \right]$$

$$\lim_{z \to z_0} \frac{f_1(z)}{f_2(z)} = \frac{\lim\limits_{z \to z_0} f_1(z)}{\lim\limits_{z \to z_0} f_2(z)} \quad (\lim_{z \to z_0} f_2(z) \neq 0)$$

定义 1-9 如果函数 $f(z)$ 在点 z_0 的某个邻域内有定义,且 $\lim\limits_{z \to z_0} f(z) = f(z_0)$,则称 $f(z)$ 在点 z_0 处**连续**.

如果函数 $f(z)$ 在区域 D 内的每一点都是连续的,那么称它在 D 内连续. 若函数 $f(z)$,$g(z)$ 都在 z_0 点连续,则 $f(z) \pm g(z)$ 与 $f(z)g(z)$ 在 z_0 点也连续. 当 $g(z_0) \neq 0$ 时,$\dfrac{f(z)}{g(z)}$ 在 z_0 点也连续.

易证,关于 z 的多项式函数 $a_0 + a_1 z + a_2 z^2 + \cdots + a_n z^n$($a_i$ 是常数)在整个平面上连续. z 的有理函数,即由两个多项式的商定义的函数 $\dfrac{a_0 + a_1 z + a_2 z^2 + \cdots + a_n z^n}{b_0 + b_1 z + b_2 z^2 + \cdots + b_m z^m}$ 在分母不等于零的每个点上都是连续的.

复变连续函数具有和实变连续函数类似的性质.

性质 1 函数 $w = f(z)$ 在有界闭区域 $\overline{D}$ 上连续,则 $w = f(z)$ 满足:

(1) 按模有界;

(2) 按模可达到其最小值和最大值;

(3) 在有界闭区域 $\overline{D}$ 上一致连续.

此外,还有下面的连续复变函数的重要性质.

性质 2 如果函数 $w = f(z)$ 在有界闭区域 $\overline{D}$ 上连续,并实现了从这个区域到 W 平面上某个集合 Δ 的一一映射,那么 Δ 也是一个区域,且反函数 $z = f^{-1}(w)$ 在区域 Δ 上连续.

例 1-15 求下列极限：

（1）$\lim\limits_{n\to\infty} z^n$　　（2）$\lim\limits_{n\to\infty}(1+z+z^2+\cdots+z^{n-1})$

解　（1）讨论 $|z|$ 为不同值的情形：

若 $|z|<1$，则 $\lim\limits_{n\to\infty}|z^n|=\lim\limits_{n\to\infty}|z|^n=0$，故 $\lim\limits_{n\to\infty}z^n=0$；

若 $|z|>1$，则 $\lim\limits_{n\to\infty}|z^n|=\lim\limits_{n\to\infty}|z|^n=\infty$，故 $\lim\limits_{n\to\infty}z^n=\infty$；

若 $|z|=1$，且 $z\neq1$ 时，可取 $\varepsilon_0<|z-1|$，则对任意的 N，有

$$|z^{N+1}-z^N|=|z^N|\,|z-1|=|z-1|>\varepsilon_0$$

由柯西审敛原理知，$\lim\limits_{n\to\infty}z^n$ 不存在；

若 $z=1$，则 $\lim\limits_{n\to\infty}z^n=1$.

（2）因为

$$1+z+z^2+\cdots+z^{n-1}=\begin{cases}\dfrac{1-z^n}{1-z} & z\neq1 \\[2mm] n & z=1\end{cases}$$

所以由（1）可得

$$\lim_{n\to\infty}(1+z+z^2+\cdots+z^{n-1})=\begin{cases}\dfrac{1}{1-z} & |z|<1 \\[2mm] \infty & |z|>1\ \text{或}\ z=1 \\[2mm] \text{不存在} & |z|=1,\ z\neq1\end{cases}$$

例 1-16　证明：函数 $f(z)=\dfrac{1}{2\mathrm{i}}\left(\dfrac{z}{\bar z}-\dfrac{\bar z}{z}\right)$ 当 $z\to0$ 时极限不存在.

证法 1　令 $z=r\,\mathrm{e}^{\mathrm{i}\theta}$，$\bar z=r\,\mathrm{e}^{-\mathrm{i}\theta}$，则

$$f(z)=\frac{1}{2\mathrm{i}}\left(\frac{r\mathrm{e}^{\mathrm{i}\theta}}{r\mathrm{e}^{-\mathrm{i}\theta}}-\frac{r\mathrm{e}^{-\mathrm{i}\theta}}{r\mathrm{e}^{\mathrm{i}\theta}}\right)=\frac{1}{2\mathrm{i}}(\mathrm{e}^{\mathrm{i}2\theta}-\mathrm{e}^{-\mathrm{i}2\theta})=\sin2\theta$$

因为

$$\lim_{\substack{|z|\to0 \\ \arg z=0}}f(z)=0,\qquad \lim_{\substack{|z|\to0 \\ \arg z=\frac{\pi}{4}}}f(z)=1$$

所以 $f(z)$ 在 $z=0$ 处无极限.

证法 2　$f(z)=\dfrac{1}{2\mathrm{i}}\dfrac{z^2-\bar z^2}{z\bar z}=\dfrac{2(\operatorname{Re}z)\cdot2\mathrm{i}\operatorname{Im}z}{2\mathrm{i}|z|^2}=\dfrac{2(\operatorname{Re}z)\operatorname{Im}z}{|z|^2}=\dfrac{2xy}{x^2+y^2}$

令 z 沿直线 $y=kx$ 趋向于零，有

$$\lim_{\substack{x\to0 \\ y=kx}}u(x,y)=\lim_{\substack{x\to0 \\ y=kx}}\frac{2xy}{x^2+y^2}=\lim_{\substack{x\to0 \\ y=kx}}\frac{2kx^2}{x^2(1+k^2)}=\frac{2k}{1+k^2}$$

显然，当 k 取不同值时，$u(x,y)$ 趋向于不同的值. 所以 $f(z)$ 在 $z=0$ 处无极限.

习　题　3

1. 求下列极限：

（1）$\lim\limits_{z\to0}\dfrac{\operatorname{Re}z}{z}$　（2）$\lim\limits_{z\to\infty}\dfrac{1}{1+z^2}$　（3）$\lim\limits_{z\to\mathrm{i}}\dfrac{z-\mathrm{i}}{z(1+z^2)}$　（4）$\lim\limits_{z\to1}\dfrac{z\bar z+2z-\bar z-2}{z^2-1}$

2. 讨论函数 $\arg z$ 的连续性.

1.3 复变函数的可微性与解析性

定义 1-10 设函数 $f(z)$ 在点 z 的某个邻域内有定义. 若极限

$$\lim_{\Delta z \to 0} \frac{f(z + \Delta z) - f(z)}{\Delta z} = f'(z)$$

存在，则称它是函数 $f(z)$ 关于复变量 z 的**导数**.

在点 z 处导数存在的必要条件是函数在这点连续.

定义 1-11 如果函数 $f(z)$ 在点 z 处的增量 $\Delta f = f(z + \Delta z) - f(z)$ 能表示为 Δz 的线性主部与高阶无穷小的和，即

$$f(z + \Delta z) - f(z) = c \cdot \Delta z + \gamma(\Delta z) \cdot \Delta z$$

并且当 $\Delta z \to 0$ 时，$\gamma(\Delta z) \to 0$，则称函数 $f(z)$ 在点 z 处是**可微**的. 由定义得出

$$\frac{f(z + \Delta z) - f(z)}{\Delta z} = c + \gamma(\Delta z) \to c \quad (当 \Delta z \to 0 时)$$

这意味着在点 z 可微的函数必在该点可导，导数 $f'(z) = c$. 容易证明相反的论断：如果函数 $f(z)$ 在某点有导数，则它必在这点可微.

定理 1-1 如果函数 $f(z) = u(x,y) + \mathrm{i}\, v(x,y)$ 在点 $z = x + \mathrm{i}\, y$ 的某个邻域内有定义，并且函数 $u(x,y)$ 和 $v(x,y)$ 在这点可微，则 $f(z)$ 在点 z 可微的充要条件是在这点处有下述等式成立：

$$\frac{\partial u}{\partial x} = \frac{\partial v}{\partial y}, \qquad \frac{\partial u}{\partial y} = -\frac{\partial v}{\partial x}$$

这些等式称为**柯西-黎曼方程**.

证 必要性：假设函数 $f(z)$ 在点 z 可微，即存在

$$f'(z) = \lim_{\Delta z \to 0} \frac{f(z + \Delta z) - f(z)}{\Delta z}$$

由于极限不依赖于 $\Delta z \to 0$ 的方式，因而可首先假设 Δz 是实数，即 $\Delta z = \Delta x$，$\Delta y = 0$. 此时

$$
\begin{aligned}
f'(z) &= \lim_{\Delta x \to 0} \frac{[u(x + \Delta x, y) + \mathrm{i}\, v(x + \Delta x, y)] - [u(x,y) + \mathrm{i}\, v(x,y)]}{\Delta x} \\
&= \lim_{\Delta x \to 0} \frac{[u(x + \Delta x, y) - u(x,y)] + \mathrm{i}[v(x + \Delta x, y) - v(x,y)]}{\Delta x} \\
&= \frac{\partial u}{\partial x} + \mathrm{i}\, \frac{\partial v}{\partial x}
\end{aligned}
$$

现在假设 Δz 是一个纯虚数，即 $\Delta z = \mathrm{i}\Delta y$，$\Delta x = 0$. 在这种情况下，

$$
\begin{aligned}
f'(z) &= \lim_{\Delta y \to 0} \frac{[u(x, y + \Delta y) + \mathrm{i}\, v(x, y + \Delta y)] - [u(x,y) + \mathrm{i}\, v(x,y)]}{\mathrm{i}\Delta y} \\
&= \lim_{\Delta y \to 0} \frac{[u(x, y + \Delta y) - u(x,y)] + \mathrm{i}[v(x, y + \Delta y) - v(x,y)]}{\mathrm{i}\Delta y} \\
&= -\mathrm{i}\, \frac{\partial u}{\partial y} + \frac{\partial v}{\partial y} = \frac{\partial v}{\partial y} - \mathrm{i}\, \frac{\partial u}{\partial y}
\end{aligned}
$$

比较上述极限得

$$\frac{\partial u}{\partial x} + \mathrm{i}\,\frac{\partial v}{\partial x} = \frac{\partial v}{\partial y} - \mathrm{i}\,\frac{\partial u}{\partial y}$$

即

$$\frac{\partial u}{\partial x} = \frac{\partial v}{\partial y}, \qquad \frac{\partial u}{\partial y} = -\frac{\partial v}{\partial x}$$

充分性：现在假设在点 z 的某个邻域内 $f(z)$ 满足柯西-黎曼条件 $\dfrac{\partial u}{\partial x} = \dfrac{\partial v}{\partial y}$，$\dfrac{\partial u}{\partial y} = -\dfrac{\partial v}{\partial x}$．因为定理条件规定函数 $u(x,y)$ 和 $v(x,y)$ 是可微的，所以它们的全增量可表示为

$$\Delta u = \frac{\partial u}{\partial x}\Delta x + \frac{\partial u}{\partial y}\Delta y + \alpha_1 \mid \Delta z \mid$$

$$\Delta v = \frac{\partial v}{\partial x}\Delta x + \frac{\partial v}{\partial y}\Delta y + \alpha_2 \mid \Delta z \mid$$

其中 $\mid \Delta z \mid = \sqrt{(\Delta x)^2 + (\Delta y)^2}$，当 $\mid \Delta z \mid \to 0$ 时，$\alpha_1 \to 0$，$\alpha_2 \to 0$．由于 $\Delta f = \Delta u + \mathrm{i}\Delta v$，$\Delta z = \Delta x + \mathrm{i}\Delta y$，从而

$$\frac{\Delta f}{\Delta z} = \frac{\Delta u + \mathrm{i}\Delta v}{\Delta x + \mathrm{i}\Delta y}$$

$$= \frac{\dfrac{\partial u}{\partial x}\Delta x + \dfrac{\partial u}{\partial y}\Delta y + \alpha_1 \mid \Delta z \mid + \mathrm{i}\left(\dfrac{\partial v}{\partial x}\Delta x + \dfrac{\partial v}{\partial y}\Delta y + \alpha_2 \mid \Delta z \mid\right)}{\Delta x + \mathrm{i}\Delta y}$$

$$= \frac{\left(\dfrac{\partial u}{\partial x}\Delta x + \mathrm{i}\dfrac{\partial v}{\partial x}\Delta x\right) + \left(\dfrac{\partial u}{\partial y}\Delta y + \mathrm{i}\dfrac{\partial v}{\partial y}\Delta y\right)}{\Delta x + \mathrm{i}\Delta y} + (\alpha_1 + \mathrm{i}\,\alpha_2)\frac{\mid \Delta z \mid}{\Delta z}$$

$$= \frac{\left(\dfrac{\partial u}{\partial x} + \mathrm{i}\dfrac{\partial v}{\partial x}\right)\Delta x + \mathrm{i}\left(\mathrm{i}\dfrac{\partial v}{\partial x} + \dfrac{\partial u}{\partial x}\right)\Delta y}{\Delta x + \mathrm{i}\Delta y} + (\alpha_1 + \mathrm{i}\,\alpha_2)\frac{\mid \Delta z \mid}{\Delta z}$$

$$= \frac{\left(\dfrac{\partial u}{\partial x} + \mathrm{i}\dfrac{\partial v}{\partial x}\right)(\Delta x + \mathrm{i}\Delta y)}{\Delta x + \mathrm{i}\Delta y} + (\alpha_1 + \mathrm{i}\,\alpha_2)\frac{\mid \Delta z \mid}{\Delta z}$$

$$= \left(\frac{\partial u}{\partial x} + \mathrm{i}\frac{\partial v}{\partial x}\right) + (\alpha_1 + \mathrm{i}\,\alpha_2)\frac{\mid \Delta z \mid}{\Delta z}$$

由此得 $f'(z) = \lim\limits_{\Delta z \to 0}\dfrac{\Delta f}{\Delta z} = \dfrac{\partial u}{\partial x} + \mathrm{i}\dfrac{\partial v}{\partial x}$．定理证毕．

根据柯西-黎曼条件导数 $f'(z)$ 可写成如下任一种形式：

$$f'(z) = \frac{\partial u}{\partial x} + \mathrm{i}\frac{\partial v}{\partial x},\ f'(z) = \frac{\partial v}{\partial y} - \mathrm{i}\frac{\partial u}{\partial y},\ f'(z) = \frac{\partial v}{\partial y} + \mathrm{i}\frac{\partial v}{\partial x},\ f'(z) = \frac{\partial u}{\partial x} - \mathrm{i}\frac{\partial u}{\partial y}$$

由于实变函数的代数运算性质和求极限法则可推广到复变函数上来，因此，实变函数的微分法则对复变函数也是正确的．从而有

$$[f(z) \pm \varphi(z)]' = f'(z) \pm \varphi'(z)$$

$$[f(z)\varphi(z)]' = f'(z)\varphi(z) + f(z)\varphi'(z)$$

$$\left[\frac{f(z)}{\varphi(z)}\right]' = \frac{f'(z)\varphi(z) - f(z)\varphi'(z)}{\varphi^2(z)} \qquad (\varphi(z) \neq 0)$$

$$[f(\varphi(z))]' = f'(\varphi)\varphi'(z)$$

$$f'(z) = \frac{1}{[f^{-1}(w)]'}, \text{ 其中 } f^{-1}(w) \text{ 是函数 } f(z) \text{ 的反函数, 且 } [f^{-1}(w)]' \neq 0.$$

定义 1-12 在区域 D 内的每一点处都是可微的单值函数称为在这个区域上的**解析(正则)函数**.

因此, 如果 f 在开集 D 内解析, 那么柯西-黎曼方程必然在 D 内的每一点成立.

例 1-17 证明函数 $f(z) = (x^2 + y) + i(y^2 - x)$ 处处都不解析.

证 由于 $u(x, y) = x^2 + y$, $v(x, y) = y^2 - x$, 故有 $\frac{\partial u}{\partial x} = 2x$, $\frac{\partial v}{\partial y} = 2y$, $\frac{\partial u}{\partial y} = 1$, $\frac{\partial v}{\partial x} = -1$, 因此, 柯西-黎曼方程仅在 $x = y$ 上同时满足, 而不存在使柯西-黎曼方程同时成立的开集, 所以, $f(z)$ 处处不解析.

注意 (1) 在某个区域 D 内满足拉普拉斯微分方程 $\frac{\partial^2 \varphi}{\partial x^2} + \frac{\partial^2 \varphi}{\partial y^2} = 0$ 的每一个函数 $\varphi(x, y)$ 都称为这个区域内的调和函数.

不难证明, 如果 $f(z) = u(x, y) + i v(x, y)$ 是可微的函数, 那么函数 $u(x, y)$ 和 $v(x, y)$ 都是调和函数. 以后将证明这些函数的高阶导数的存在性, 而在这里形式上暂时承认上述论断的正确性.

将柯西-黎曼方程中的第一个方程对 y 微分, 第二个方程对 x 微分, 得

$$\frac{\partial^2 u}{\partial x \, \partial y} = \frac{\partial^2 v}{\partial y^2}, \quad -\frac{\partial^2 u}{\partial x \, \partial y} = \frac{\partial^2 v}{\partial x^2}$$

由此推出

$$\frac{\partial^2 v}{\partial x^2} + \frac{\partial^2 v}{\partial y^2} = 0$$

(2) 由柯西-黎曼条件, 已知函数 u 和 v 中的一个就可确定出另一个, 至多相差一个任意常数, 因而可建立函数 $f(z) = u(x, y) + i v(x, y)$.

(3) 根据直角坐标与极坐标的关系 $\begin{cases} x = \rho \cos \theta \\ y = \rho \sin \theta \end{cases}$, 可得极坐标系下的柯西-黎曼方程

$$\begin{cases} \dfrac{\partial u}{\partial \rho} = \dfrac{1}{\rho} \dfrac{\partial v}{\partial \theta} \\ \dfrac{\partial v}{\partial \rho} = -\dfrac{1}{\rho} \dfrac{\partial u}{\partial \theta} \end{cases}$$

另外, 由数学分析中可微的充分条件也容易得出:

定理 1-2 设函数 $f(z) = u(x, y) + i v(x, y)$ 在包含 z_0 的某个开集 D 内有定义. 若 $u(x, y)$ 和 $v(x, y)$ 的一阶偏导数在 D 内存在且在 z_0 处连续, 并且在 z_0 处满足柯西-黎曼方程, 则 $f(z)$ 在 z_0 可微. 如果 $u(x, y)$ 和 $v(x, y)$ 的一阶偏导数在 D 内连续, 且柯西-黎曼方程在 D 内成立, 则 $f(z)$ 在 D 内解析.

定理 1-3 若函数 $f(z)$ 在区域 D 内解析且其导数处处为零, 则 $f(z)$ 在 D 内为一常数.

证 由于 $f(z)$ 在 D 内导数处处为零, 所以 $\frac{\partial u}{\partial x} = \frac{\partial u}{\partial y} = \frac{\partial v}{\partial x} = \frac{\partial v}{\partial y} = 0$, 故 $u(x, y)$ 和 $v(x, y)$ 在 D 内都是常数, 所以 $f(z)$ 在 D 内也是常数.

注意到区域的连通性, 则与下例并不矛盾. 若函数 $f(z)$ 由下式定义:

$$f(z) = \begin{cases} -1 & |z| < 1 \\ 1 & |z| > 2 \end{cases}$$

则 $f(z)$ 在它的定义域（不是区域）上解析，但 $f(z)$ 不是一个常数.

例 1-18 若 $f(z) = \bar{z}$，证明 $f'(z)$ 处处不存在（$\bar{z}$ 是 z 的共轭复数）.

证法 1 按导数定义，有

$$\lim_{\Delta z \to 0} \frac{f(z + \Delta z) - f(z)}{\Delta z} = \lim_{\Delta z \to 0} \frac{(\bar{z} + \overline{\Delta z}) - \bar{z}}{\Delta z} = \lim_{\substack{\Delta x \to 0 \\ \Delta y \to 0}} \frac{\Delta x - i \Delta y}{\Delta x + i \Delta y}$$

当 Δz 沿实轴逼近于零时，

$$\Delta y \equiv 0, \quad \lim_{\substack{\Delta x \to 0 \\ \Delta y \to 0}} \frac{\Delta x - i \Delta y}{\Delta x + i \Delta y} = \lim_{\substack{\Delta x \to 0 \\ \Delta y \to 0}} \frac{\Delta x}{\Delta x} = 1$$

当 Δz 沿虚轴逼近于零时，

$$\Delta x \equiv 0, \quad \lim_{\substack{\Delta x \to 0 \\ \Delta y \to 0}} \frac{\Delta x - i \Delta y}{\Delta x + i \Delta y} = \lim_{\substack{\Delta x \to 0 \\ \Delta y \to 0}} \frac{-i \Delta y}{i \Delta y} = -1$$

上述极限说明此极限与 $\Delta z \to 0$ 的方式有关，故 $f(z) = \bar{z}$ 的导数处处不存在.

证法 2 复变函数可导的必要条件是满足柯西-黎曼条件. 在本例中，$f(z) = x - i\,y$，而 $\frac{\partial u}{\partial x} = 1 \neq \frac{\partial v}{\partial y} = -1$，所以不满足柯西-黎曼条件，所以 $f'(z)$ 处处不存在.

例 1-19 证明函数 $e^z = u(x,y) + i\,v(x,y)$ 是解析函数，并求出它的导数.

解 给出的实部和虚部：$u(x,y) = e^x \cos y$，$v(x,y) = e^x \sin y$，就确定了函数 e^z，即 $e^x \cos y + i\,e^x \sin y$.

要证明函数 e^z 在复平面 Z 上处处可导，对 e^z 验证柯西-黎曼条件的正确性，因为

$$\frac{\partial u}{\partial x} = e^x \cos y = \frac{\partial v}{\partial y}, \quad \frac{\partial u}{\partial y} = -e^x \sin y = -\frac{\partial v}{\partial x}$$

可见满足柯西-黎曼条件，所以 e^z 是复平面 Z 上的解析函数，且其导数为

$$f'(z) = (e^z)' = \frac{\partial u}{\partial x} + i\,\frac{\partial v}{\partial x} = e^x \cos y + i\,e^x \sin y = e^z$$

例 1-20 已知函数 $f(z) = z^4$，

（1）求实函数 u 和 v 使得 $f(z) = u + i\,v$；

（2）验证 u 和 v 满足柯西-黎曼方程；

（3）求 $\dfrac{df}{dz}$.

解（1）根据二项展开公式

$$z^4 = (x + i\,y)^4 = x^4 - 6x^2y^2 + y^4 + i(4x^3y - 4xy^3)$$

所以

$$u = x^4 - 6x^2y^2 + y^4, \quad v = 4x^3y - 4xy^3$$

（2）因

$$\frac{\partial u}{\partial x} = 4x^3 - 12xy^2, \quad \frac{\partial u}{\partial y} = -12x^2y + 4y^3, \quad \frac{\partial v}{\partial x} = 12x^2y - 4y^3, \quad \frac{\partial v}{\partial y} = 4x^3 - 12xy^2$$

由此可见 $\dfrac{\partial u}{\partial x} = \dfrac{\partial v}{\partial y}$，$\dfrac{\partial u}{\partial y} = -\dfrac{\partial v}{\partial x}$，所以 u 和 v 满足柯西-黎曼方程.

(3) $\dfrac{\mathrm{d}f}{\mathrm{d}z} = \dfrac{\partial u}{\partial x} + \mathrm{i}\,\dfrac{\partial v}{\partial x} = 4x^3 - 12xy^2 + \mathrm{i}(12x^2y - 4y^3) = 4z^3$

例 1-21 讨论下列函数的可导性与解析性：

(1) $f(z) = x^3 + 3\mathrm{i}\,x^2y - 3xy^2 - \mathrm{i}\,y^3$　　　(2) $f(z) = |z|^2 z$

解 (1) $u(x,y) = x^3 - 3xy^2$，$v(x,y) = 3x^2y - y^3$ 在全平面处处可导，且

$$\dfrac{\partial u}{\partial x} = 3x^2 - 3y^2,\quad \dfrac{\partial u}{\partial y} = -6xy,\quad \dfrac{\partial v}{\partial x} = 6xy,\quad \dfrac{\partial v}{\partial y} = 3x^2 - 3y^2$$

所以满足柯西-黎曼方程 $\dfrac{\partial u}{\partial x} = \dfrac{\partial v}{\partial y}$，$\dfrac{\partial v}{\partial x} = -\dfrac{\partial u}{\partial y}$，故 $f(z)$ 在全平面处处可导，处处解析.

(2) $u(x,y) = x(x^2 + y^2)$，$v(x,y) = y(x^2 + y^2)$ 在全平面上可微，且

$$\dfrac{\partial u}{\partial x} = 3x^2 + y^2,\quad \dfrac{\partial u}{\partial y} = 2xy,\quad \dfrac{\partial v}{\partial x} = 2xy,\quad \dfrac{\partial v}{\partial y} = x^2 + 3y^2$$

可见柯西-黎曼方程仅在 $(0,0)$ 处满足，故 $f(z)$ 仅在 $(0,0)$ 点可导，处处不解析.

例 1-22 已知解析函数 $f(z)$ 的实部 $u(x,y) = \mathrm{e}^{-x}(x\cos y + y\sin y)$，且 $f(0) = 0$. 求该解析函数.

解 $\dfrac{\partial v}{\partial x} = -\dfrac{\partial u}{\partial y} = \mathrm{e}^{-x}(x\sin y - \sin y - y\cos y)$

$\dfrac{\partial v}{\partial y} = \dfrac{\partial u}{\partial x} = \mathrm{e}^{-x}(\cos y - x\cos y - y\sin y)$

$\mathrm{d}v = \dfrac{\partial v}{\partial x}\mathrm{d}x + \dfrac{\partial v}{\partial y}\mathrm{d}y$

　　$= \mathrm{e}^{-x}(x\sin y - \sin y - y\cos y)\mathrm{d}x + \mathrm{e}^{-x}(\cos y - x\cos y - y\sin y)\mathrm{d}y$

　　$= \mathrm{d}\big[\,\mathrm{e}^{-x}(y\cos y - x\sin y)\,\big]$

因此，$v = \mathrm{e}^{-x}(y\cos y - x\sin y) + c$

由于 $f(0) = 0$，所以 $v(0,0) = 0 + c = 0$，故 $c = 0$，得

$$\begin{aligned}
f(z) &= \mathrm{e}^{-x}(x\cos y + y\sin y) + \mathrm{i}\mathrm{e}^{-x}(y\cos y - x\sin y) \\
&= \mathrm{e}^{-x}\big[\,(x\cos y + y\sin y) + \mathrm{i}(y\cos y - x\sin y)\,\big] \\
&= \mathrm{e}^{-x}\big[\,\mathrm{i}\,y(\cos y - \mathrm{i}\sin y) + x(\cos y - \mathrm{i}\sin y)\,\big] \\
&= \mathrm{e}^{-x}(x\mathrm{e}^{-\mathrm{i}y} + \mathrm{i}\,y\mathrm{e}^{-\mathrm{i}y}) = z\mathrm{e}^{-x}\cdot\mathrm{e}^{-\mathrm{i}y} = z\mathrm{e}^{-z}
\end{aligned}$$

例 1-23 已知解析函数 $f(z)$ 的虚部 $v(x,y) = 4x^3y - 4xy^3$，且 $f(0) = 0$，求该解析函数；并证明 u 和 v 是调和函数.

解法 1 采用直角坐标系上的柯西-黎曼方程，有

$$\dfrac{\partial v}{\partial y} = 4x^3 - 12xy^2 = \dfrac{\partial u}{\partial x} \tag{①}$$

$$-\dfrac{\partial v}{\partial x} = -12x^2y + 4y^3 = \dfrac{\partial u}{\partial y} \tag{②}$$

在式①中暂且把 y 当作参数，对 x 积分得

$$u = \int^{(x)}(4x^3 - 12xy^2)\mathrm{d}x = x^4 - 6x^2y^2 + c(y)$$

再对 y 求偏导数，得

$$\frac{\partial u}{\partial y} = -12x^2 y + c'(y)$$

比较式②和上式，得 $c'(y) = 4y^3$，故 $c(y) = y^4 + D$.

于是　　　$f(z) = x^4 - 6x^2 y^2 + y^4 + D + i(4x^3 y - 4xy^3) = (x + i\,y)^4 + D = z^4 + D$

由条件 $f(0) = 0$，确定出 $D = 0$，所以 $f(z) = z^4$.

因为
$$\begin{cases} \dfrac{\partial u}{\partial x} = 4x^3 - 12xy^2 \\ \dfrac{\partial u}{\partial y} = -12x^2 y + 4y^3 \end{cases},\ 得 \begin{cases} \dfrac{\partial^2 u}{\partial x^2} = 12x^2 - 12y^2 \\ \dfrac{\partial^2 u}{\partial y^2} = -12x^2 + 12y^2 \end{cases},\ 故 \dfrac{\partial^2 u}{\partial x^2} + \dfrac{\partial^2 u}{\partial y^2} = 0，所以 u 是调和函数.$$

又
$$\begin{cases} \dfrac{\partial v}{\partial x} = 12x^2 y - 4y^3 \\ \dfrac{\partial v}{\partial y} = 4x^3 - 12xy^2 \end{cases},\ 得 \begin{cases} \dfrac{\partial^2 v}{\partial x^2} = 24xy \\ \dfrac{\partial^2 v}{\partial y^2} = -24xy \end{cases},\ 故 \dfrac{\partial^2 v}{\partial x^2} + \dfrac{\partial^2 v}{\partial y^2} = 0，所以 v 也是调和函数.$$

解法 2　采用极坐标系下的柯西-黎曼方程，把 v 化成三角式：
$$v = 4\rho^4(\cos^3\theta \sin\theta - \cos\theta \sin^3\theta) = 4\rho^4 \cos\theta \sin\theta(\cos^2\theta - \sin^2\theta)$$
$$= 2\rho^4 \cos 2\theta \sin 2\theta = \rho^4 \sin 4\theta$$

于是
$$\frac{\partial u}{\partial \rho} = \frac{1}{\rho}\frac{\partial v}{\partial \theta} = \frac{1}{\rho}4\rho^4 \cos 4\theta = 4\rho^3 \cos 4\theta \qquad ①$$

$$\frac{\partial u}{\partial \theta} = -\rho\frac{\partial v}{\partial \rho} = -\rho^4\rho^3 \sin 4\theta = -4\rho^4 \sin 4\theta \qquad ②$$

在式①中暂且把 θ 当作参数，对 ρ 积分得
$$u = \int^{(\rho)} 4\rho^3 \cos 4\theta \mathrm{d}\rho = \rho^4 \cos 4\theta + c(\theta)$$

再对 θ 求偏导数，得
$$\frac{\partial u}{\partial \theta} = -4\rho^4 \sin 4\theta + c'(\theta)$$

比较式②和上式，得 $c'(\theta) = 0$，故 $c(\theta) = c$.　于是
$$f(z) = \rho^4(\cos 4\theta + i \sin 4\theta) + c = \rho^4(\cos\theta + i \sin\theta)^4 + c = z^4 + c$$
由条件 $f(0) = 0$，确定 $c = 0$，所以 $f(z) = z^4$.

例 1-24　已知解析函数 $f(z)$ 的虚部 $v(x, y) = e^{\rho x}\sin y\,(p \neq 0)$，且 $f(0) = 0$，求该解析函数，并求出 p 的值.

解
$$\frac{\partial v}{\partial y} = e^{\rho x}\cos y = \frac{\partial u}{\partial x} \qquad ①$$

$$\frac{\partial v}{\partial x} = \rho e^{\rho x}\sin y = -\frac{\partial u}{\partial y} \qquad ②$$

在式①中暂且把 y 当作参数，对 x 积分得
$$u = \int^{(x)} e^{\rho x}\cos y\,\mathrm{d}x = \frac{1}{\rho}e^{\rho x}\cos y + c(y)$$

再对 y 求偏导数，得
$$\frac{\partial u}{\partial y} = -\frac{1}{\rho}e^{\rho x}\sin y + c'(y)$$

比较式②和上式，得 $c'(y) = 0, c(y) = c$，且有 $\rho - \dfrac{1}{\rho} = 0$，故 $\rho = \pm 1$. 所以

$$\begin{cases} u = e^x \cos y + c \\ v = e^x \sin y \end{cases} \quad 或 \quad \begin{cases} u = -e^{-x} \cos y + c \\ v = e^{-x} \sin y \end{cases}$$

$\rho = 1$ 时，$f(z) = e^x(\cos y + i \sin y) + c = e^x \cdot e^{iy} + c = e^z + c$

$\rho = -1$ 时，$f(z) = e^{-x}(-\cos y + i \sin y) + c = -e^{-x} \cdot e^{-iy} + c = -e^{-z} + c$

在上式中分别代入 $f(0) = 0$，确定出 $c = -1(\rho = 1)$ 或 $c = 1(\rho = -1)$；

于是 $f(z) = e^z - 1(\rho = 1)$ 或 $f(z) = -e^{-z} + 1(\rho = -1)$.

例 1-25　若 $f(z) = u(x,y) + i v(x,y)$ 在某区域 D 内是解析的，证明：单参数曲线族 $u(x,y) = c_1$ 和 $v(x,y) = c_2$ 是正交曲线族.

证　若选定该曲线族中任意两条曲线：$u(x,y) = u_0$，$v(x,y) = v_0$，它们相交于 (x_0, y_0) 点.

对于 $u(x,y) = u_0$，微分得 $du = \dfrac{\partial u}{\partial x} dx + \dfrac{\partial u}{\partial y} dy = 0$，故

$$\frac{dy}{dx} = -\frac{\dfrac{\partial u}{\partial x}}{\dfrac{\partial u}{\partial y}}$$

对于 $v(x,y) = v_0$，微分得 $dv = \dfrac{\partial v}{\partial x} dx + \dfrac{\partial v}{\partial y} dy = 0$，故

$$\frac{dy}{dx} = -\frac{\dfrac{\partial v}{\partial x}}{\dfrac{\partial v}{\partial y}}$$

其中 $\dfrac{dy}{dx}$ 分别表示这两条曲线在交点 (x_0, y_0) 处的斜率. 根据柯西-黎曼方程 $\dfrac{\partial u}{\partial x} = \dfrac{\partial v}{\partial y}, \dfrac{\partial u}{\partial y} = -\dfrac{\partial v}{\partial x}$，可得到交点 (x_0, y_0) 处的这两个斜率的乘积为

$$\left(-\frac{\dfrac{\partial u}{\partial x}}{\dfrac{\partial u}{\partial y}}\right) \cdot \left(-\frac{\dfrac{\partial v}{\partial x}}{\dfrac{\partial v}{\partial y}}\right) = -1$$

这正是两曲线相互正交的条件. 所以，从这两个曲线族中分别选取任意两条曲线都是正交的，从而这两个曲线族是正交的.

习　题　4

1. 讨论下列函数的可导性与解析性，若可导，求出其导数.

(1) $f(z) = \mathrm{Im}\, z$

(2) $f(z) = |z|^2$

(3) $f(z) = 3 - z + 2z^2$

(4) $f(z) = xy^2 + i\, x^2 y$

(5) $f(z) = \bar{z} z^2$

(6) $f(z) = \dfrac{x+y}{x^2+y^2} + i \dfrac{x-y}{x^2+y^2}$

2. 已知在点 z_0 的邻域内解析函数 $f(z)$ 的实部或虚部，试确定 $f(z)$.

(1) $u = x^2 - y^2 + x,\ f(0) = 0$

(2) $u = x^3 - 3xy^2 + 1,\ f(0) = 1$

(3) $v = e^x(y \cos y + x \sin y),\ f(0) = 0$

(4) $u = \dfrac{e^{2x} + 1}{e^x} \cdot \cos y,\ f(0) = 2$

(5) $u = \dfrac{x}{x^2 + y^2},\ f(1) = 1 + i$

(6) $v = e^{-y} \cdot \sin x + y,\ f(0) = 1$

3. 证明：若解析函数 f 和 g 在区域 D 内有相同的导数，则它们只相差一个常数.

4. 证明：若函数 f 在区域 D 内解析，$\operatorname{Re} f(z)$ 或 $\operatorname{Im} f(z)$ 在 D 内为常数，则 $f(z)$ 在区域 D 内必为常数.

5. 证明：$f(z) = \begin{cases} \dfrac{x^3(1+i) - y^3(1-i)}{x^2 + y^2} & z \neq 0 \\ 0 & z = 0 \end{cases}$ 在 $z = 0$ 满足柯西-黎曼条件，但不可导.

1.4 复变函数积分法 积分的定义及其基本性质

1.4.1 复变函数积分与柯西定理

本书提到的曲线一般都指光滑或逐段光滑的平面曲线. 若曲线参数方程为 $z(t) = x(t) + iy(t)\ (\alpha \leqslant t \leqslant \beta)$，则光滑指的是 $x'(t)$ 和 $y'(t)$ 连续，且对于 t 的每一值，有 $[x'(t)]^2 + [y'(t)]^2 \neq 0$. 若是光滑闭曲线，还要求 $x(\alpha) = x(\beta)$，$y(\alpha) = y(\beta)$，$x'(\alpha) = x'(\beta)$，$y'(\alpha) = y'(\beta)$. 由有限条光滑曲线衔接而成的曲线称为**逐段光滑曲线**. 折线就是最简单的逐段光滑曲线. 自身不交(没有重点)的曲线称为**简单曲线**. 曲线的方向定义如下：

定义 1-13 **有向曲线**是指规定了正向的曲线. 如果曲线是闭的且没有自交点，则这样的方向规定为正向，即沿着它运动时，由这条曲线围成的区域的内部总在行进方向的左侧.

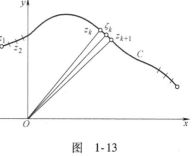

图 1-13

定义 1-14 设平面 Z 上给定一条有向曲线和在它上面定义的函数 $f(z)$. 把曲线 C 任意分成几个弧段，$\Delta z_k = z_{k+1} - z_k$(图 1-13)，在每个弧段上，任选一点 ζ_k，计算这点的函数值 $f(\zeta_k)$，并做出积分和 $\sum\limits_{k=1}^{n} f(\zeta_k) \Delta z_k$. 当 $\max |\Delta z_k| \to 0$ 时，如果这个积分和的极限存在且不依赖于曲线 C 的分法及 ζ_k 的取法，那么称这极限值为函数 $f(z)$ 沿曲线 C 的**积分**，并记作 $\displaystyle\int_C f(z)\,\mathrm{d}z$.

与在数学分析中证明实变函数的曲线积分的存在性类似，也可证明：如果 $f(z)$ 是逐段连续函数，而曲线 C 是逐段光滑曲线，则积分总存在.

若设 $f(z) = u(x, y) + iv(x, y)$，其中 $u(x, y)$ 和 $v(x, y)$ 是实变函数，则能给出积分 $\displaystyle\int_C f(z)\,\mathrm{d}z$ 的另一种形式. 首先给出下列记法：

$$z_k = x_k + iy_k,\quad x_{k+1} - x_k = \Delta x_k,\quad y_{k+1} - y_k = \Delta y_k,\quad \Delta z_k = \Delta x_k + i\Delta y_k$$

$$\zeta_k = \xi_k + \mathrm{i}\,\eta_k,\ u(\xi_k,\eta_k) = u_k,\ v(\xi_k,\eta_k) = v_k, f(\zeta_k) = u_k + \mathrm{i}\,v_k$$

因此，
$$\begin{aligned}
\sum_{k=1}^n f(\zeta_k)\Delta z_k &= \sum_{k=1}^n (u_k + \mathrm{i}\,v_k)(\Delta x_k + \mathrm{i}\,\Delta y_k)\\
&= \sum_{k=1}^n \big[(u_k\Delta x_k - v_k\Delta y_k) + \mathrm{i}(v_k\Delta x_k + u_k\Delta y_k)\big]\\
&= \sum_{k=1}^n (u_k\Delta x_k - v_k\Delta y_k) + \mathrm{i}\sum_{k=1}^n (v_k\Delta x_k + u_k\Delta y_k)
\end{aligned}$$

令 $\max|\Delta z_k| \to 0$，取极限得

$$\int_C f(z)\,\mathrm{d}z = \int_C u\,\mathrm{d}x - v\,\mathrm{d}y + \mathrm{i}\int_C u\,\mathrm{d}y + v\,\mathrm{d}x \tag{1-7}$$

这样，把复变函数积分的计算化为实变量的实函数曲线积分的计算.

首先指出，如果 $w(t) = x(t) + \mathrm{i}\,y(t)$ 是实变量的复函数，那么它的导数和积分分别等于实部函数和虚部函数的导数和积分的线性组合

$$w'(t) = x'(t) + \mathrm{i}\,y'(t)$$

$$\int_{t_1}^{t_2} w(t)\,\mathrm{d}t = \int_{t_1}^{t_2} x(t)\,\mathrm{d}t + \mathrm{i}\int_{t_1}^{t_2} y(t)\,\mathrm{d}t$$

其次，如果曲线 C 是由参变量形式 $z(t) = x(t) + \mathrm{i}\,y(t)$ 给出的，并且 $t_1 \le t \le t_2$，那么将参数方程代入式(1-7)可得

$$\int_C f(z)\,\mathrm{d}z = \int_{t_1}^{t_2} f(z(t))z'(t)\,\mathrm{d}t$$

最后，应着重指出，实变量的实函数的曲线积分的所有性质对于复变量复函数的积分也是正确的. 其中有

(1) $\displaystyle\int_C [A_1 f_1(z) + A_2 f_2(z)]\,\mathrm{d}z = A_1\int_C f_1(z)\,\mathrm{d}z + A_2\int_C f_2(z)\,\mathrm{d}z$

(2) $\displaystyle\int_C f(z)\,\mathrm{d}z = \int_{C1} f(z)\,\mathrm{d}z + \int_{C2} f(z)\,\mathrm{d}z$

(3) $\displaystyle\int_{C^-} f(z)\,\mathrm{d}z = -\int_C f(z)\,\mathrm{d}z$

(4) 如果在曲线 C 上满足 $|f(z)| \le M(M>0)$，那么

$$\left|\int_C f(z)\,\mathrm{d}z\right| \le ML$$

其中 A_1 和 A_2 是复常数；C_1 和 C_2 组成曲线 C，C^- 是形状与位置和曲线 C 相同而方向相反的一条曲线；L 是曲线 C 的弧长.

例 1-26 计算积分 $\displaystyle\int_{|z-a|=\rho} \frac{\mathrm{d}z}{(z-a)^n}$，其中 $n \in \mathbf{Z}$，a 是某个复常数.

解 圆周 $|z-a|=\rho$ 的参数方程为 $z(\theta) = a + \rho\mathrm{e}^{\mathrm{i}\theta}\ \ (0 \le \theta \le 2\pi)$.
当 $n=1$ 时，

$$\int_{|z-a|=\rho} \frac{\mathrm{d}z}{z-a} = \int_0^{2\pi} \frac{\mathrm{i}\rho\mathrm{e}^{\mathrm{i}\theta}}{\rho\mathrm{e}^{\mathrm{i}\theta}}\,\mathrm{d}\theta = 2\pi\mathrm{i}$$

当 $n \ne 1$ 时，

$$\int_{|z-a|=\rho} \frac{\mathrm{d}z}{(z-a)^n} = \int_0^{2\pi} \frac{\mathrm{i}\rho\mathrm{e}^{\mathrm{i}\theta}}{\rho^n\mathrm{e}^{\mathrm{i}n\theta}}\,\mathrm{d}\theta = \frac{\mathrm{i}}{\rho^{n-1}}\int_0^{2\pi} \mathrm{e}^{-\mathrm{i}(n-1)\theta}\,\mathrm{d}\theta$$

$$= \frac{i}{\rho^{n-1}}\Big[\int_0^{2\pi} \cos(n-1)\theta\,d\theta - i\int_0^{2\pi} \sin(n-1)\theta\,d\theta\Big] = 0$$

于是

$$\int_{|z-a|=\rho} \frac{dz}{(z-a)^n} = \begin{cases} 2\pi i & n=1 \\ 0 & n\neq 1 \text{ 的整数} \end{cases} \quad (\text{注意：此积分值与 } a,\rho \text{ 均无关})$$

除了上面提到的性质外，对于解析函数还有下面的定理．

定理 1-4（柯西定理） 如果函数 $f(z)$ 在单连通区域 D 内解析，曲线 C 是 D 内任一曲线，那么积分 $\int_C f(z)\,dz$ 与路线 C 无关．

证 为使定理的证明简单起见，假设导数 $f'(z)$ 是连续的．

设 $f(z) = u(x,y) + i v(x,y)$，由导数 $f'(z)$ 连续可得偏导数 $\dfrac{\partial u}{\partial x}$, $\dfrac{\partial u}{\partial y}$, $\dfrac{\partial v}{\partial x}$, $\dfrac{\partial v}{\partial y}$ 连续．已知

$$\int_C f(z)\,dz = \int_C u\,dx - v\,dy + i\int_C u\,dy + v\,dx$$

如果上式右边的积分与路径无关，那么 $\int_C f(z)\,dz$ 也与路径无关，而

$$\int_C u\,dx - v\,dy + i\int_C u\,dy + v\,dx$$

的实部与虚部是两个实变量的实函数的曲线积分，它与路径无关的充分必要条件是

$$\frac{\partial(-v)}{\partial x} = \frac{\partial u}{\partial y}, \quad \frac{\partial u}{\partial x} = \frac{\partial v}{\partial y}$$

由函数解析性，可知上面的等式成立（这正是柯西-黎曼条件）．因此积分不依赖于积分路径．定理证毕．

由柯西定理可以得出：如果函数 $f(z)$ 在单连通区域 D 内解析，而当 z_1 和 z_2 是曲线 C 的始点和终点时，有形式 $\int_C f(z)\,dz = \int_{z_1}^{z_2} f(z)\,dz$．还可得出：

定理 1-5 如果 $f(z)$ 在单连通区域 D 内解析，那么函数 $F(z) = \int_{z_0}^{z} f(\zeta)\,d\zeta$ 也在 D 内解析（$z_0 \in D$ 固定，$z \in D$ 任意），并且

$$F'(z) = \frac{d}{dz}\int_{z_0}^{z} f(\zeta)\,d\zeta = f(z)$$

证 设 $z, z+\Delta z \in D$，由积分与路径无关得

$$\frac{\Delta F}{\Delta z} = \frac{F(z+\Delta z) - F(z)}{\Delta z} = \frac{1}{\Delta z}\int_z^{z+\Delta z} f(\zeta)\,d\zeta$$

因而，

$$\left|\frac{\Delta F}{\Delta z} - f(z)\right| = \left|\frac{1}{\Delta z}\int_z^{z+\Delta z} f(\zeta)\,d\zeta - f(z)\right| = \left|\frac{1}{\Delta z}\int_z^{z+\Delta z} [f(\zeta) - f(z)]\,d\zeta\right|$$

由于 $f(z)$ 在区域 D 内连续，对于任意的 $\varepsilon > 0$，存在 $\delta > 0$，使当 $|\zeta - z| < \delta$ 时，有 $|f(\zeta) - f(z)| < \varepsilon$，所以当 $|\Delta z| < \delta$ 时，就有

$$\left|\frac{\Delta F}{\Delta z} - f(z)\right| = \left|\frac{1}{\Delta z}\int_z^{z+\Delta z} [f(\zeta) - f(z)]\,d\zeta\right| \leqslant \varepsilon\,\frac{|\Delta z|}{|\Delta z|} = \varepsilon$$

即得

$$F'(z) = \lim_{\Delta z \to 0} \frac{F(z + \Delta z) - F(z)}{\Delta z} = f(z)$$

利用这个结果可以得出，如果 $F(z)$ 是函数 $f(z)$ 的任一原函数（$F'(z) = f(z)$），那么 $\int_{z_0}^{z} f(\zeta)\,\mathrm{d}\zeta = F(z) + c$，将 $z = z_0$ 代入即得 $c = -F(z_0)$，于是

$$\int_{z_0}^{z} f(\zeta)\,\mathrm{d}\zeta = F(z) - F(z_0)$$

由柯西定理可得出与柯西定理等价的推论：

推论 1　在单连通区域上解析的函数沿任何一条封闭曲线的积分为零.

事实上，每一条简单闭曲线 C 总可用两点 z_1 和 z_2 将它分成两段 C_1 和 C_2（图 1-14）. 此时，

$$\oint_C f(z)\,\mathrm{d}z = \int_{C_1} f(z)\,\mathrm{d}z + \int_{C_2^-} f(z)\,\mathrm{d}z = \int_{C_1} f(z)\,\mathrm{d}z - \int_{C_2} f(z)\,\mathrm{d}z = 0$$

这是由于曲线 C_1 和 C_2 的端点重合，有 $\int_{C_1} f(z)\,\mathrm{d}z = \int_{C_2} f(z)\,\mathrm{d}z$. （符号 $\oint$ 常常表示闭路积分）. 而对于非简单闭曲线，可以分解成若干条简单闭曲线.

在单连通区域内，柯西定理的逆定理也成立. 在多连通区域内，上述的柯西定理一般来说不成立. 下面的例子可证实这一点.

函数 $f(z) = \dfrac{1}{z}$ 在环形区域 $\dfrac{1}{2} < |z| < 2$（图 1-15）内解析，在这个双连通区域内取一条闭曲线 C：圆周 $|z| = 1$，并取其上两点 $z_1 = -1$，$z_2 = 1$. 设 C_1，C_2 分别是连接 z_1 与 z_2 两点上半圆周和下半圆周，分别计算沿曲线 C_1 和 C_2 的积分.

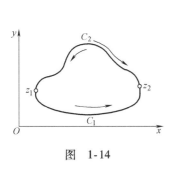

图　1-14　　　　　　　　　图　1-15

在圆周 C 上有 $|z| = 1$，$z = \mathrm{e}^{\mathrm{i}\varphi}$，$\mathrm{d}z = \mathrm{i}\mathrm{e}^{\mathrm{i}\varphi}\,\mathrm{d}\varphi$. 所以

$$\oint_{C_1} \frac{\mathrm{d}z}{z} = \int_{\pi}^{0} \frac{\mathrm{i}\mathrm{e}^{\mathrm{i}\varphi}\,\mathrm{d}\varphi}{\mathrm{e}^{\mathrm{i}\varphi}} = \int_{\pi}^{0} \mathrm{i}\,\mathrm{d}\varphi = -\mathrm{i}\pi$$

$$\oint_{C_2} \frac{\mathrm{d}z}{z} = \int_{-\pi}^{0} \frac{\mathrm{i}\mathrm{e}^{\mathrm{i}\varphi}\,\mathrm{d}\varphi}{\mathrm{e}^{\mathrm{i}\varphi}} = \int_{-\pi}^{0} \mathrm{i}\,\mathrm{d}\varphi = \mathrm{i}\pi$$

$$\oint_{C_1} \frac{\mathrm{d}z}{z} \neq \oint_{C_2} \frac{\mathrm{d}z}{z}$$

由此得
$$\oint_C = \frac{\mathrm{d}z}{z} \neq 0$$

对多连通区域 D 下述论断正确:

推论2 如果函数 $f(z)$ 是解析的,而闭曲线 C 位于 D 内且围成一个单连通区域 D_1,那么

$$\oint_C f(z)\mathrm{d}z = 0$$

所以,对于多连通区域也能简述柯西定理如下.

定理1-6 设函数 $f(z)$ 在多连通区域 D 内解析,在闭多连通区域 $\overline{D}$ 上连续,并设曲线 C 是这个区域的闭合的边界. 如果沿着边界 C 进行积分使区域总是位于一侧,那么函数 $f(z)$ 沿边界 C 的积分等于零.

1.4.2 柯西积分 柯西公式

定理1-7 设 D 是由逐段光滑的曲线 C 围成的单连通区域,函数 $f(z)$ 在 D 内解析,在闭域 $\overline{D} = D + C$ 上连续,则有下面的**柯西积分公式**成立:

$$f(z) = \frac{1}{2\pi\mathrm{i}} \int_C \frac{f(\zeta)\mathrm{d}\zeta}{\zeta - z}$$

其中 z 是 C 内任一点,而积分是按回路 C 的正向进行的.

证 在曲线 C 内任意选定一点 z,则函数 $F(\zeta) = \dfrac{f(\zeta)}{\zeta - z}$ 在 D 内除 z 外处处解析. 现以 z 为圆心,充分小的 $r > 0$ 为半径作圆周 C_r,使 C_r 及其内部均含于 D 内(图1-16).

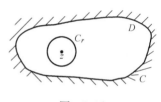

图 1-16

函数 $F(\zeta)$ 在闭曲线 $C + C_r^-$ 围成的区域内解析,由柯西定理得

$$\int_C \frac{f(\zeta)}{\zeta - z} \mathrm{d}\zeta = \int_{C_r} \frac{f(\zeta)}{\zeta - z} \mathrm{d}\zeta$$

上式表明右端的积分与 C_r 的半径 r 无关,因此只需证

$$\lim_{r \to 0} \int_{C_r} \frac{f(\zeta)}{\zeta - z} \mathrm{d}\zeta = 2\pi\mathrm{i} f(z) \tag{1-8}$$

注意到 $2\pi\mathrm{i} = \int_{C_r} \dfrac{1}{\zeta - z} \mathrm{d}\zeta$,于是

$$\left| \int_{C_r} \frac{f(\zeta)}{\zeta - z} \mathrm{d}\zeta - 2\pi\mathrm{i} f(z) \right| = \left| \int_{C_r} \frac{f(\zeta)}{\zeta - z} \mathrm{d}\zeta - \int_{C_r} \frac{f(z)}{\zeta - z} \mathrm{d}\zeta \right| = \left| \int_{C_r} \frac{f(\zeta) - f(z)}{\zeta - z} \mathrm{d}\zeta \right|$$

根据 f 的连续性,对任意的 $\varepsilon > 0$,存在 $\delta > 0$,只要 $|\zeta - z| < \delta$,就有

$$|f(\zeta) - f(z)| < \frac{\varepsilon}{2\pi}$$

因此只要 $r < \delta$,就有

$$\left| \int_{C_r} \frac{f(\zeta)}{\zeta - z} \mathrm{d}\zeta - 2\pi\mathrm{i} f(z) \right| = \left| \int_{C_r} \frac{f(\zeta) - f(z)}{\zeta - z} \mathrm{d}\zeta \right| \leqslant \frac{\varepsilon}{2\pi r} \cdot 2\pi r = \varepsilon$$

于是证明了式(1-8),定理得证.

这个公式能推广到多连通区域 D 中,设 D 的边界 Γ 是由有限个分段光滑的曲线所组成

的闭合回路. 如果 $f(z)$ 是闭区域 $\overline{D}$ 上的解析函数, 那么

$$f(z) = \frac{1}{2\pi i} \int_{\Gamma} \frac{f(\zeta) \mathrm{d}\zeta}{\zeta - z}$$

其中 z 是区域 D 内任一点, 而积分是沿着复合回路的正向进行的. 表达式 $\dfrac{1}{2\pi i} \int_{\Gamma} \dfrac{f(\zeta) \mathrm{d}\zeta}{\zeta - z}$ 称作

柯西积分. 其中 $f(z)$ 是闭域 $\overline{D}$ 上的解析函数, 复合回路 Γ 是 $\overline{D}$ 的边界.

柯西积分表示了 $\overline{D}$ 上给定的解析函数, 可用它在边界 Γ 上的值表示它在内部的每一点的值. 在闭区域 $\overline{D}$ 外的每一点, 柯西积分都等于零, 这是因为函数 $\dfrac{f(\zeta)}{\zeta - z}$ 对于区域 $\overline{D}$ 外的每一点 z 都是 ζ 的解析函数.

设 L 是任一条闭的或非闭的逐段光滑曲线, $\varphi(z)$ 是一个给定的沿 L 连续的函数, 则表达式 $\dfrac{1}{2\pi i} \int_L \dfrac{\varphi(\zeta)}{\zeta - z} \mathrm{d}\zeta$ 对于每一个不在 L 上的点 z 都有一个确定的值, 并对所有不在 L 上的点 z 确定一个单值函数 $F(z)$. 这个表达式称为**柯西型积分**.

假如 L 是一条闭曲线, 而 $\varphi(z)$ 在 L 的内部及 L 上解析, 它便是柯西积分.

定理 1-8 由柯西型积分 $F(z) = \dfrac{1}{2\pi i} \int_L \dfrac{\varphi(\zeta)}{\zeta - z} \mathrm{d}\zeta$ 确定的函数 $F(z)$ 在任何一个不含曲线 L 上的点的单连通区域内都是解析的, 并且它的导函数是

$$F'(z) = \frac{1}{2\pi i} \int_L \frac{\varphi(\zeta) \mathrm{d}\zeta}{(\zeta - z)^2}$$

证 设 z 为 L 外一点. 为证结论只需证明当 $\Delta z \to 0$ 时, 差值

$$J = \frac{F(z + \Delta z) - F(z)}{\Delta z} - \frac{1}{2\pi i} \int_L \frac{\varphi(\zeta) \mathrm{d}\zeta}{(\zeta - z)^2}$$

也趋于零. 为此, 将左端分式改写为

$$\frac{F(z + \Delta z) - F(z)}{\Delta z} = \frac{1}{2\pi i} \cdot \frac{1}{\Delta z} \cdot \int_L \left[\frac{1}{\zeta - (z + \Delta z)} - \frac{1}{\zeta - z} \right] \varphi(\zeta) \mathrm{d}\zeta$$

$$= \frac{1}{2\pi i} \cdot \int_L \frac{\varphi(\zeta) \mathrm{d}\zeta}{(\zeta - z - \Delta z)(\zeta - z)}$$

其中选取 Δz 充分小, 使得 $z + \Delta z$ 不在 L 上. 则

$$J = \frac{1}{2\pi i} \cdot \int_L \frac{\varphi(\zeta) \mathrm{d}\zeta}{(\zeta - z - \Delta z)(\zeta - z)} - \frac{1}{2\pi i} \int_L \frac{\varphi(\zeta) \mathrm{d}\zeta}{(\zeta - z)^2}$$

$$= \frac{1}{2\pi i} \cdot \Delta z \int_L \frac{\varphi(\zeta) \mathrm{d}\zeta}{(\zeta - z - \Delta z)(\zeta - z)^2}$$

为证明当 $\Delta z \to 0$ 时 $J \to 0$, 对上式进行估计. 为此, 设 M 为 $|\varphi(\zeta)|$ 在 L 上的最大值, 令 d 为 z 到 L 的最短距离, 从而对 $\forall \zeta \in L$, 有 $|\zeta - z| \geqslant d > 0$. 因 $\Delta z \to 0$, 所以可假设 $|\Delta z| < \dfrac{d}{2}$, 于是,

$$|\zeta - z - \Delta z| \geqslant |\zeta - z| - |\Delta z| \geqslant d - \frac{d}{2} = \frac{d}{2} \quad (\zeta \in L)$$

从而对 $\forall \zeta \in L$, 有

$$\left| \frac{\varphi(\zeta)}{(\zeta - z - \Delta z)(\zeta - z)^2} \right| \leqslant \frac{M}{\dfrac{d}{2} \cdot d^2} = \frac{2M}{d^3}$$

因而

$$|J| = \left| \frac{1}{2\pi i} \cdot \Delta z \int_L \frac{\varphi(\zeta)\, \mathrm{d}\zeta}{(\zeta - z - \Delta z)(\zeta - z)^2} \right| \leqslant \frac{1}{2\pi} \frac{2M\, l(L)}{d^3}$$

其中 $l(L)$ 为 L 的长度. 所以 $\Delta z \to 0$ 时 $J \to 0$, 证毕.

由这个公式看出, 要得到函数 $F(z)$ 的导函数只要在柯西型积分号下对参变量 z 形式的微分就可以了.

柯西型积分所确定的函数 $F(z)$ 在 L 外的每一点都是有任意阶的导数, 并且有

$$F^{(n)}(z) = \frac{n!}{2\pi i} \int_L \frac{\varphi(\xi)\, \mathrm{d}\xi}{(\xi - z)^{n+1}}$$

1.4.3 解析函数的任意阶导函数的存在性

对于实变函数, 只根据一阶导函数的存在性, 无论怎样也推不出高阶导函数的存在性, 但对复变函数却有下面定理成立.

定理 1-9 假如单值函数 $f(z)$ 在区域 D 内处处都有一阶导数, 那么它在这个区域内就有任意阶的导数.

证 设 z 是区域 D 内的任意一点, 而 C 是环绕点 z 的一条逐段光滑闭合曲线, 并且 C 和它的内部所有的点都在区域 D 内, 根据柯西公式, 有

$$f(z) = \frac{1}{2\pi i} \int_C \frac{f(\xi)\, \mathrm{d}\xi}{\xi - z}$$

于是, 柯西积分所表达的函数 $f(z)$ 在点 z 任意多次可导, 且

$$f^{(n)}(z) = \frac{n!}{2\pi i} \int_C \frac{f(\xi)\, \mathrm{d}\xi}{(\xi - z)^{n+1}}$$

从而定理得证.

由柯西公式直接得到下面的结论.

推论 1 如果曲线 C 是圆周 $|\xi - z| = r$, 引入替换 $\xi - z = r\mathrm{e}^{\mathrm{i}\varphi}$, 则由柯西公式得到

$$f(z) = \frac{1}{2\pi} \int_0^{2\pi} f(z + r\mathrm{e}^{\mathrm{i}\varphi})\, \mathrm{d}\varphi$$

这个公式表达了解析函数的中值定理, 它可简述如下:

如果函数 $f(z)$ 在圆域内解析, 在闭圆域上连续, 那么函数 $f(z)$ 在圆心处的值等于它在圆周上的算术平均值(函数在圆周上的解析性这里不作假定).

推论 2(最大模定理) 在区域 D 内解析并在 $\overline{D}$ 上连续的函数的模, 在区域 D 内任何一点都不能达到最大值, 除非函数恒等于常数.

对于解析函数还有如下定理:

定理 1-10(刘维尔定理) 假如 $f(z)$ 在整个平面上都是解析的并且按模一致有界, 那么它就是一个常数.

定理 1-11(莫累拉定理) 假如单连通区域 D 内的连续函数 $f(z)$, 对于 D 内的每一条逐

段光滑闭合曲线 Γ 都适合等式 $\int_\Gamma f(z)\mathrm{d}z = 0$,则 $f(z)$ 是区域 D 内的解析函数.

例1-27 计算积分 $\int_{1+\mathrm{i}}^{2+4\mathrm{i}} z^2\mathrm{d}z$,积分线路取作(1)沿抛物线 $x = t$,$y = t^2$,其中 $1 \leqslant t \leqslant 2$;(2)沿连接 $1+\mathrm{i}$ 与 $2+4\mathrm{i}$ 的直线;(3)沿从 $1+\mathrm{i}$ 到 $2+\mathrm{i}$,然后再到 $2+4\mathrm{i}$ 的直线.

解

$$
\begin{aligned}
I &= \int_{1+\mathrm{i}}^{2+4\mathrm{i}} z^2\mathrm{d}z = \int_{(1,1)}^{(2,4)} (x+\mathrm{i}y)^2(\mathrm{d}x+\mathrm{i}\,\mathrm{d}y) \\
&= \int_{(1,1)}^{(2,4)} (x^2 - y^2 + 2\mathrm{i}\,xy)(\mathrm{d}x+\mathrm{i}\,\mathrm{d}y) \\
&= \int_{(1,1)}^{(2,4)} (x^2 - y^2)\mathrm{d}x - 2xy\,\mathrm{d}y + \\
&\quad \mathrm{i}\int_{(1,1)}^{(2,4)} 2xy\,\mathrm{d}x + (x^2 - y^2)\mathrm{d}y
\end{aligned}
$$

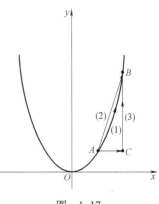

图 1-17

其中积分路径如图 1-17 所示.

(1) 抛物线方程是 $y = x^2$,对应于 $t = 1$ 和 $t = 2$ 的点分别是(1,1)和(2,4),所以上面的线积分变为

$$
I = \int_1^2 \left[(t^2 - t^4)\mathrm{d}t - 2t\cdot t^2\cdot 2t\,\mathrm{d}t \right] + \mathrm{i}\int_1^2 \left[2t\cdot t^2\mathrm{d}t + (t^2 - t^4)2t\,\mathrm{d}t \right]
$$

$$
= -\frac{86}{3} - 6\mathrm{i}
$$

(2) 根据直线方程的两点式 $\dfrac{y - y_1}{y_2 - y_1} = \dfrac{x - x_1}{x_2 - x_1}$,点 $A(1,1)$ 与点 $B(2,4)$ 的连线的方程为 $y = 3x - 2$,故上面的线积分变为

$$
I = \int_1^2 \left\{ \left[x^2 - (3x - 2)^2 \right]\mathrm{d}x - 2x(3x - 2)3\,\mathrm{d}x \right\} + \mathrm{i}\int_1^2 \left\{ 2x(3x - 2)\mathrm{d}x + \right.
$$

$$
\left. \left[x^2 - (3x - 2)^2 \right]3\,\mathrm{d}x \right\} = -\frac{86}{3} - 6\mathrm{i}
$$

(3) 从 $1+\mathrm{i}$ 到 $2+\mathrm{i}$[或从点 $A(1,1)$ 到点 $C(2,1)$ 时,$y = 1$,$\mathrm{d}y = 0$(平行于实轴的直线 AC)],所以有

$$
I_1 = \int_1^2 (x^2 - 1)\mathrm{d}x + \mathrm{i}\int_1^2 2x\,\mathrm{d}x = \frac{4}{3} + 3\mathrm{i}
$$

从 $2+\mathrm{i}$ 到 $2+4\mathrm{i}$[或点 $C(2,1)$ 到点 $B(2,4)$ 时,$x = 2$,$\mathrm{d}x = 0$(平行于虚轴的直线 CB)],所以有

$$
I_2 = \int_1^4 (-4y)\mathrm{d}y + \mathrm{i}\int_1^4 (4 - y^2)\mathrm{d}y = -30 - 9\mathrm{i}
$$

因全路径上的积分等于各段上积分之和,故

$$
I = I_1 + I_2 = -\frac{86}{3} - 6\mathrm{i}
$$

必须指出,对于闭区域上的解析函数,只要起点和终点保持不变,函数的线积分值与(连续变形的)积分路径无关. 因为本例的被积函数在全平面上解析,所以该积分沿不同路径(1)、(2)、(3)所得的值相同.

例 1-28 计算积分 $\int_{-1}^{1} \bar{z}\,\mathrm{d}z$,积分路线取作(1)沿单位圆的上半圆周;(2)沿单位圆的下半圆周.

解 根据 $z = x + \mathrm{i}\,y$,有
$$I = \int_{-1}^{1} \bar{z}\,\mathrm{d}z = \int_{-1}^{1} (x - \mathrm{i}\,y)(\mathrm{d}x + \mathrm{i}\,\mathrm{d}y)$$
其积分路径分别如图 1-18 所示.

（1）因为积分路径是半圆,故采用平面极坐标系
$$x = \cos\varphi,\quad y = \sin\varphi$$
即
$$z = \mathrm{e}^{\mathrm{i}\varphi},\quad \mathrm{d}z = \mathrm{i}\mathrm{e}^{\mathrm{i}\varphi}\,\mathrm{d}\varphi,\quad \bar{z} = \mathrm{e}^{-\mathrm{i}\varphi}$$
所以上面的积分变为
$$I_1 = \int_{\pi}^{0} \mathrm{e}^{-\mathrm{i}\varphi}\mathrm{i}\mathrm{e}^{\mathrm{i}\varphi}\,\mathrm{d}\varphi = \mathrm{i}\int_{\pi}^{0}\mathrm{d}\varphi = -\pi\mathrm{i}$$

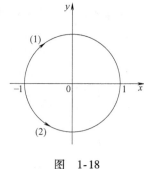

图 1-18

（2）同于（1）的方法,上面的积分变为
$$I_2 = \int_{\pi}^{2\pi} \mathrm{e}^{-\mathrm{i}\varphi}\mathrm{i}\mathrm{e}^{\mathrm{i}\varphi}\,\mathrm{d}\varphi = \mathrm{i}\int_{\pi}^{2\pi}\mathrm{d}\varphi = \pi\mathrm{i}$$

$I_1 \neq I_2$,这是因为函数 $f(z) = \bar{z}$ 不是单位圆上的解析函数（$f(z) = \bar{z}$ 在任意一点都没有导数）.事实上,逆时针方向沿单位圆的线积分
$$I_3 = I_2 - I_1 = 2\pi\mathrm{i}\ \text{或}\ I_3 = \oint_{|z|=1}\bar{z}\,\mathrm{d}z = \oint_{|z|=1}\frac{1}{z}\,\mathrm{d}z = 2\pi\mathrm{i}$$

例 1-29 计算例 1-27 的积分 $I = \int_{1+\mathrm{i}}^{2+4\mathrm{i}} z^2\,\mathrm{d}z$.

解 因为被积函数在全平面上解析,所以该函数的积分值与积分路径无关（这也是该积分在例 1-27 中（1）、（2）、（3）不同路径上所得的积分值相同的原因）.在这种情况下,该积分可如实变函数一样直接计算.
$$I = \int_{1+\mathrm{i}}^{2+4\mathrm{i}} z^2\mathrm{d}z = \frac{1}{3}z^3\Big|_{1+\mathrm{i}}^{2+4\mathrm{i}} = \frac{(2+4\mathrm{i})^3}{3} - \frac{(1+\mathrm{i})^3}{3}$$
$$= -\frac{86}{3} - 6\mathrm{i}$$

例 1-30 计算积分 $I = \int_{1}^{-1} (z^2 - z + 2)\,\mathrm{d}z$,积分路径为单位圆的上半圆周（图 1-19）.

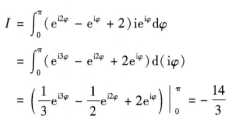

图 1-19

解法 1 采用例 1-28 的解法,有
$$I = \int_{0}^{\pi} (\mathrm{e}^{\mathrm{i}2\varphi} - \mathrm{e}^{\mathrm{i}\varphi} + 2)\mathrm{i}\mathrm{e}^{\mathrm{i}\varphi}\mathrm{d}\varphi$$
$$= \int_{0}^{\pi} (\mathrm{e}^{\mathrm{i}3\varphi} - \mathrm{e}^{\mathrm{i}2\varphi} + 2\mathrm{e}^{\mathrm{i}\varphi})\mathrm{d}(\mathrm{i}\varphi)$$
$$= \left(\frac{1}{3}\mathrm{e}^{\mathrm{i}3\varphi} - \frac{1}{2}\mathrm{e}^{\mathrm{i}2\varphi} + 2\mathrm{e}^{\mathrm{i}\varphi}\right)\Big|_{0}^{\pi} = -\frac{14}{3}$$

解法 2 如图 1-19 所示,补上一段（虚线）C_2 后,C_1 和 C_2 形成一闭合回路,根据柯西定理,因为被积函数在该回路 $C_1 + C_2$ 所围闭单通区域上解析,所以

$$\int_{C_1 + C_2} (z^2 - z + 2)\,\mathrm{d}z = \left(\int_{C_1} + \int_{C_2} \right)(z^2 - z + 2)\,\mathrm{d}z = 0$$

即

$$I = \int_{C_1} (z^2 - z + 2)\,\mathrm{d}z = -\int_{C_2} (z^2 - z + 2)\,\mathrm{d}z = \int_1^{-1} (z^2 - z + 2)\,\mathrm{d}z$$

$$= \int_1^{-1} (x^2 - x + 2)\,\mathrm{d}x = -\frac{14}{3}$$

复变函数积分变为沿实轴的实变函数积分.

解法3 被积函数在全平面上解析,所以该积分仅与路径的起点和终点有关,而与路径无关,故直接积分,得

$$I = \int_1^{-1} (z^2 - z + 2)\,\mathrm{d}z = \left(\frac{1}{3}z^3 - \frac{1}{2}z^2 + 2z \right)\Big|_1^{-1} = -\frac{14}{3}$$

例1-31 计算积分 $I = \oint_L \dfrac{3z^2 - z + 1}{(z - 1)^3}\,\mathrm{d}z$,其中 L 是包围 $z = 1$ 的任意简单闭曲线.

解法1 根据柯西公式,若 $n = 2$,$f(\xi) = 3\xi^2 - \xi + 1$,$f''(1) = (3z^2 - z + 1)''\big|_{z=1} = 6$,故

$$6 = \frac{2!}{2\pi\mathrm{i}} \oint_L \frac{3\xi^2 - \xi + 1}{(\xi - 1)^3}\,\mathrm{d}\xi$$

即 $I = 6\pi\mathrm{i}$

解法2 因 $3z^2 - z + 1 = 3(z-1)^2 + 5(z-1) + 3$,所以

$$\oint_L \frac{3z^2 - z + 1}{(z-1)^3}\,\mathrm{d}z = \oint_L \frac{3(z-1)^2}{(z-1)^3}\,\mathrm{d}z + \oint_L \frac{5(z-1)}{(z-1)^3}\,\mathrm{d}z + \oint_L \frac{3}{(z-1)^3}\,\mathrm{d}z$$

$$= \oint_L \frac{3}{(z-1)}\,\mathrm{d}z + \oint_L \frac{5}{(z-1)^2}\,\mathrm{d}z + \oint_L \frac{3}{(z-1)^3}\,\mathrm{d}z$$

$$= 3 \cdot 2\pi\mathrm{i} + 0 + 0 = 6\pi\mathrm{i}$$

例1-32 计算下列积分:

(1) $\oint_C \dfrac{\mathrm{e}^z\mathrm{d}z}{z(z^2 - 1)}$,$C: |z| = 3$ (2) $\oint_C \dfrac{\sin z\,\mathrm{d}z}{z^2 + 9}$,$C: |z - 2\mathrm{i}| = 2$

(3) $\oint_C \dfrac{\mathrm{d}z}{(z^2 - 4)\cos z}$,$C: x^2 + y^2 = 4x$

解 (1) 先将函数化为部分分式再应用柯西积分公式,因为被积函数有奇点 0,-1,1 在 C 内,故

$$\oint_C \frac{\mathrm{e}^z\mathrm{d}z}{z(z^2 - 1)} = \oint_C \mathrm{e}^z \left(-\frac{1}{z} + \frac{\frac{1}{2}}{z - 1} + \frac{\frac{1}{2}}{z + 1} \right)\mathrm{d}z$$

$$= -\oint_C \frac{\mathrm{e}^z}{z}\,\mathrm{d}z + \frac{1}{2}\oint_C \frac{\mathrm{e}^z}{z - 1}\,\mathrm{d}z + \frac{1}{2}\oint_C \frac{\mathrm{e}^z}{z + 1}\,\mathrm{d}z$$

$$= -2\pi\mathrm{i}\left[\mathrm{e}^z\right]_{z=0} + \frac{1}{2}2\pi\mathrm{i}\left[\mathrm{e}^z\right]_{z=1} + \frac{1}{2}2\pi\mathrm{i}\left[\mathrm{e}^z\right]_{z=-1}$$

$$= \pi\mathrm{i}(\mathrm{e} + \mathrm{e}^{-1} - 2)$$

(2) 函数有两个奇点 $z = \pm 3\mathrm{i}$,仅 $z = 3\mathrm{i}$ 在 C 内,所以

$$\oint_C \frac{\sin z \, dz}{z^2 + 9} = \oint_C \frac{\sin z}{z + 3i} \cdot \frac{dz}{z - 3i} = 2\pi i \left[\frac{\sin z}{z + 3i}\right]_{z=3i} = 2\pi i \frac{\sin 3i}{6i} = \frac{\pi i}{3} \operatorname{sh}3$$

（3）化 $x^2 + y^2 = 4x$ 为 $(x - 2)^2 + y^2 = 4$，即 $|z - 2| = 2$.

C 内有奇点 $\frac{\pi}{2}$ 和 2，分别作以 $\frac{\pi}{2}$ 和 2 为圆心的位于 C 内的互不相交且互不包含的小圆周 C_1，C_2. 依复合闭路上的柯西定理，有

$$\oint_C \frac{dz}{(z^2 - 4)\cos z} = \oint_{C_1} \frac{dz}{(z^2 - 4)\cos z} + \oint_{C_2} \frac{dz}{(z^2 - 4)\cos z}$$

$$= 2\pi i \left[\frac{1}{z^2 - 4}\right]_{z=\frac{\pi}{2}} + 2\pi i \left[\frac{1}{(z + 2)\cos z}\right]_{z=2}$$

$$= 2\pi i \left(\frac{4}{\pi^2 - 16} + \frac{1}{4\cos 2}\right)$$

例 1-33 已知函数 $\psi(t, x) = e^{2tx - t^2}$，把 x 当作参数，把 t 认为是复变量.

（1）试用柯西公式把 $\left.\dfrac{\partial^n \psi}{\partial t^n}\right|_{t=0}$ 表为回路积分；

（2）对回路积分进行积分变量的代换 $t = x - z$，然后证明 $\left.\dfrac{\partial^n \psi}{\partial t^n}\right|_{t=0} = (-1)^n e^{x^2} \dfrac{d^n}{dx^n} e^{-x^2}$.

（1）**解** 把 $\left.\dfrac{\partial^n \psi}{\partial t^n}\right|_{t=0}$ 表为回路积分，即

$$\left.\frac{\partial^n \psi}{\partial t^n}\right|_{t=0} = \frac{n!}{2\pi i} \oint_L \frac{e^{2\xi x - \xi^2}}{(\xi - 0)^{n+1}} \, d\xi = \frac{n!}{2\pi i} \oint_L \frac{e^{2\xi x - \xi^2}}{\xi^{n+1}} \, d\xi$$

（2）**证** 上式中的积分变量为 ξ，以积分变量的代换 $\xi = x - z$ 代入上式，得

$$\left.\frac{\partial^n \psi}{\partial t^n}\right|_{t=0} = \frac{n!}{2\pi i} \oint_L \frac{e^{x^2 - z^2}}{(x - z)^{n+1}} \, d(-z) = \frac{n!}{2\pi i} \oint_L \frac{e^{x^2} e^{-z^2}}{(x - z)^{n+1}} \, d(-z)$$

$$= \frac{n!}{2\pi i} \oint_L \frac{e^{x^2} e^{-z^2}}{(-1)^n (z - x)^{n+1}} \, dz = e^{x^2} \frac{n!}{2\pi i} \oint_L \frac{(-1)^n e^{-z^2}}{(z - x)^{n+1}} \, dz$$

$$= (-1)^n e^{x^2} \frac{d^n}{dx^n} e^{-x^2}$$

习　题　5

1. 计算下列沿已知曲线的复变函数的积分：

（1）$\displaystyle\int_{AB} \bar{z}^2 \, dz, AB:\{y = x^2; z_A = 0, z_B = 1 + i\}$

（2）$\displaystyle\int_L (z + 1)e^z \, dz, L:\{|z| = 1, \operatorname{Re} z \geq 0\}$ 逆时针方向

（3）$\displaystyle\int_{ABC} |z| \, dz, ABC:\{折线段, z_A = 0, z_B = -1 + i, z_C = 1 + i\}$

（4）$\displaystyle\int_{ABC} \operatorname{Re} \frac{\bar{z}}{z} \, dz, AB:\{|z| = 1, \operatorname{Im} z \geq 0\}, BC:\{直线段, z_B = 1, z_C = 2\}$

（5）$\displaystyle\int_{AB} e^{|z|^2} \operatorname{Im} z \, dz, AB:\{直线段, z_A = 1 + i, z_B = 0\}$

（6）$\displaystyle\int_L |z| \, dz, L:\left\{|z| = \sqrt{2}, \frac{3\pi}{4} \leq \arg z \leq \frac{5\pi}{4}\right\}$ 逆时针方向

（7）$\int_L (z^3 + \sin z)\,\mathrm{d}z, L_:\{\,|z|\,=1, \mathrm{Re}\,z \geq 0\}$ 逆时针方向

（8）$\int_L z\,|z|\,\mathrm{d}z, L_:\{\,|z|\,=1, \mathrm{Im}\,z \geq 0\}$ 顺时针方向

2. 计算下列积分：

（1）$\oint_C \dfrac{\mathrm{d}z}{z^4+1}, C_:x^2+y^2=2x$ 　　　　（2）$\dfrac{1}{2\pi\mathrm{i}}\oint_{|z|=5} \dfrac{3z-1}{z^2-2z-3}\,\mathrm{d}z$

（3）$\oint_{|z|=1} \dfrac{\mathrm{e}^{5z}}{z^3}\,\mathrm{d}z$ 　　　　　　　　　　（4）$\int_\Gamma \dfrac{\mathrm{e}^z+\sin z}{z}\,\mathrm{d}z, \Gamma_:|z-2|=3$

（5）$\int_\Gamma \dfrac{z^2\mathrm{e}^z}{2z+\mathrm{i}}\,\mathrm{d}z, \Gamma_:|z|=1$ 顺时针方向

1.5　解析函数的级数

1.5.1　数项级数与函数项级数

定义 1-15　假如 $a_k = \alpha_k + \beta_k\mathrm{i}(k \in \mathbf{N})$ 是复常数，那么级数 $\sum\limits_{k=1}^{\infty} a_k = \sum\limits_{k=1}^{\infty}(\alpha_k+\beta_k\mathrm{i})$ 是具有复数项的**数项级数**，a_k 是**通项**. 称

$$S_n = \sum_{k=1}^{n} a_k = \sum_{k=1}^{n}(\alpha_k+\beta_k\mathrm{i}) = \sum_{k=1}^{n}\alpha_k + \mathrm{i}\sum_{k=1}^{n}\beta_k$$

为级数的**部分和**.

称

$$r_n = \sum_{k=n+1}^{\infty} a_k = \sum_{k=n+1}^{\infty}(\alpha_k+\beta_k\mathrm{i}) = \sum_{k=n+1}^{\infty}\alpha_k + \mathrm{i}\sum_{k=n+1}^{\infty}\beta_k$$

为级数的**余项**.

如果部分和序列的极限存在，即

$$S = \lim_{n\to\infty} S_n = \lim_{n\to\infty}\sum_{k=1}^{n}\alpha_k + \mathrm{i}\lim_{n\to\infty}\sum_{k=1}^{n}\beta_k$$

那么称级数是**收敛**的，而 S 称作级数的**和**.

可见，级数 $\sum\limits_{k=1}^{\infty} a_k$ 收敛,当且仅当级数 $\sum\limits_{k=1}^{\infty}\alpha_k$ 和级数 $\sum\limits_{k=1}^{\infty}\beta_k$ 都收敛. 这就允许我们根据实数项级数的收敛性来研究复数项级数的收敛性. 所以这里将广泛地运用实变函数分析中级数比较准则、达朗贝尔准则、柯西准则和其他的级数收敛的充分准则. 另外，应用类似于数学分析的办法，容易得出复数项级数 $\sum\limits_{k=1}^{\infty} a_k$ 具有下列性质：

（1）收敛级数 $\sum\limits_{k=1}^{\infty} a_k$ 的余项 r_n 随 n 趋于无穷大而趋于零，即对任给 $\varepsilon>0$，都存在一个正整数 N，使当 $n\geq N$ 时，就有 $|r_n|<\varepsilon$.

（2）假若级数 $\sum\limits_{k=1}^{\infty} a_k$ 收敛，那么它的通项 a_k 随 k 趋于无穷大而趋于零：$\lim\limits_{k\to\infty} a_k = 0$（收敛的必要条件）.

（3）在级数的前面增加或去掉有限项，不会改变级数的收敛性.

复数项级数也有收敛的柯西准则:

定理 1-12 对于级数 $\sum\limits_{k=1}^{\infty} a_k$, 如果任给 $\varepsilon > 0$, 都存在一个正整数 N, 使当 $n > N$ 且 $m \geqslant 0$ 时, 就有 $\left| \sum\limits_{k=n}^{n+m} a_k \right| < \varepsilon$, 则级数 $\sum\limits_{k=1}^{\infty} a_k$ 收敛(级数收敛的充分条件).

定义 1-16 如果实正项级数 $\sum\limits_{k=1}^{\infty} |a_k|$ 收敛, 则称 $\sum\limits_{k=1}^{\infty} a_k$ 为**绝对收敛级数**, 此时级数 $\sum\limits_{k=1}^{\infty} a_k$ 也收敛.

易见, 在级数 $\sum\limits_{k=1}^{\infty} a_k (a_k = \alpha_k + \beta_k \mathrm{i})$ 绝对收敛的情况下, 级数 $\sum\limits_{k=1}^{\infty} \alpha_k$ 和级数 $\sum\limits_{k=1}^{\infty} \beta_k$ 都绝对收敛.

定义 1-17 级数 $\sum\limits_{k=1}^{\infty} u_k(z)$ 的各项都是复变量 z 的函数, 则称这个级数为**函数项级数**. 如果数项级数 $\sum\limits_{k=1}^{\infty} u_k(z_0)$ 收敛, 则称 z_0 点为 $\sum\limits_{k=1}^{\infty} u_k(z)$ 的**收敛点**.

定义 1-18 如果函数项级数在区域 D 内每一点都是收敛的, 则称它在 D 内**收敛**. 所有收敛点的集合称为该函数项级数的**收敛域**. 通常收敛域可以是多连通的, 还可能是闭的.

在区域 D 内收敛的函数项级数 $\sum\limits_{k=1}^{\infty} u_k(z)$ 能确定一个单值函数, 它在区域 D 内每一个固定点 z_0 的值等于对应的数值项级数的和:

$$f(z_0) = \sum_{k=1}^{\infty} u_k(z_0)$$

这样确定的函数 $f(z)$ 称为函数项级数的**和**

$$f(z) = \sum_{k=1}^{\infty} u_k(z)$$

即在任一固定的点 $z \in D$ 上, 对任一预先给定的 $\varepsilon > 0$, 都存在一个正整数 N, 使当 $n \geqslant N$ 时, 就有

$$\left| f(z) - \sum_{k=1}^{n} u_k(z) \right| < \varepsilon$$

通常 N 依赖于 ε 和 z 的选取, 而如果 N 仅依赖于 ε 而与 z 无关, 则称级数在区域 D 上**一致收敛**于函数 $f(z)$. 记作

$$\sum_{k=1}^{\infty} u_k(z) \rightrightarrows f(z)$$

下述的函数项级数一致收敛的充分条件是重要的.

定理 1-13(维尔斯特拉斯准则) 如果复变函数项级数 $\sum\limits_{k=1}^{\infty} u_k(z)$ 的所有项在区域 D 内都满足条件 $|u_k(z)| \leqslant a_k$, 其中 a_k 都是正常数, 而且数值项级数 $\sum\limits_{k=1}^{\infty} a_k$ 收敛, 那么级数 $\sum\limits_{k=1}^{\infty} u_k(z)$ 在区域 D 内是一致收敛的.

一致收敛级数有以下几个性质:

(1) 在区域 D 内一致收敛的连续函数项级数, 其和仍是 D 内的一个连续函数.

第 1 章 复变函数论 | 33

（2）区域 D 内一致收敛的连续函数项级数可沿 D 内每一条逐段光滑曲线 C 逐项积分，即如果所有的 $u_k(z)(k \in \mathbf{N})$ 在 D 内连续且 $\sum\limits_{k=1}^{\infty} u_k(z) \rightrightarrows f(z)$，那么

$$\int_C \left[\sum_{k=1}^{\infty} u_k(z) \right] \mathrm{d}z = \sum_{k=1}^{\infty} \int_C u_k(z)\,\mathrm{d}z = \int_C f(z)\,\mathrm{d}z$$

（3）维尔斯特拉斯定理：若级数各项都是区域 D 内的解析函数并在 D 内任一闭区域 $\overline{D'}$ 内一致收敛，则级数可以逐项求任意阶的导函数，即如果 $u_k(z)(k \in \mathbf{N})$ 在区域 D 内解析并且 $\sum\limits_{k=1}^{\infty} u_k(z) \rightrightarrows f(z)$ 在 $\overline{D'} \subset D$ 内成立，那么 $f(z)$ 在区域 D 内解析，并且

$$\frac{\mathrm{d}^n}{\mathrm{d}z^n} \left[\sum_{k=1}^{\infty} u_k(z) \right] = \sum_{k=1}^{\infty} u_k^{(n)}(z) \rightrightarrows f^{(n)}(z)$$

在 $\overline{D'} \subset D$ 内成立.

1.5.2 幂级数

定义 1-19　形如

$$\sum_{k=0}^{\infty} c_k (z - z_0)^k$$

的级数称为**幂级数**，其中 c_k 是复常数（又称级数的系数）.

定理 1-14（阿贝尔定理）　如果幂级数 $\sum\limits_{k=0}^{\infty} c_k (z - z_0)^k$ 在点 z_1 上收敛，那么它在所有满足条件 $|z - z_0| < |z_1 - z_0|$ 的点 z 上绝对收敛；如果幂级数在点 z_2 上发散，那么它在所有满足条件 $|z - z_0| > |z_2 - z_0|$ 的点 z 上发散.

由阿贝尔定理得出重要的推论：

推论 1　对于既有收敛点（z_0 除外，在 z_0 点级数总收敛）又有发散点的幂级数

$$\sum_{k=0}^{\infty} c_k (z - z_0)^k$$

总存在这样一个实数 $R > 0$，使得 $|z - z_0| < R$ 时，幂级数收敛；当 $|z - z_0| > R$ 时幂级数发散.

在半径为 $\rho < R$ 的圆内级数 $\sum\limits_{k=0}^{\infty} c_k (z - z_0)^k$ 一致收敛，则称区域 $|z - z_0| < R$ 为**收敛圆**，而数 R 称为幂级数的**收敛半径**. 收敛半径 R 的计算可按柯西-阿达玛公式或阿贝尔判别法.

1. 柯西-阿达玛公式

$$R = \frac{1}{\varlimsup\limits_{k \to \infty} \sqrt[k]{|c_k|}}$$

其中 $\varlimsup\limits_{k \to \infty} \sqrt[k]{|c_k|} = l$ 是序列 $\left\{ \sqrt[k]{|c_k|} \right\}$ 的上极限.

假如 $l = \infty$，那么 $R = 0$，意味着幂级数仅在 z_0 点收敛；假如 $l = 0$，那么 $R = \infty$，意味着幂级数在全复平面上收敛.

2. 阿贝尔判别法

若极限 $\lim\limits_{n \to \infty} \left| \dfrac{c_n}{c_{n+1}} \right|$ 存在，则收敛半径

$$R = \lim_{n \to \infty} \left| \frac{c_n}{c_{n+1}} \right| = l$$

推论 2 在收敛圆内幂级数收敛于解析函数.

推论 3 收敛圆内的幂级数(同所有一致收敛的级数一样)可逐项积分和逐项求任意阶的导函数. 同时,每个新得到的级数的收敛半径等于原级数的收敛半径,可在级数和上进行与级数相同的运算.

推论 4 幂级数的系数 c_k 可由级数和的导函数在收敛圆的中心 z_0 上的值算出来,即

$$c_0 = f(z_0), \quad c_k = \frac{f^{(k)}(z_0)}{k!} \quad (k \in \mathbf{N}_+)$$

例 1-34 求级数 $\sum_{k=0}^{\infty} (z - z_0)^k$ 的和.

解 级数的每个系数都等于 1,所以收敛半径 $R = 1$. 给定的级数是**几何级数**,其部分和

$$S_n(z) = 1 + (z - z_0) + \cdots + (z - z_0)^n = \frac{1 - (z - z_0)^{n+1}}{1 - (z - z_0)}$$

所以级数和是解析函数

$$f(x) = \lim_{n \to \infty} S_n(z) = \frac{1}{1 - (z - z_0)}$$

1.5.3 泰勒级数

幂级数在其收敛圆内确定一个解析函数,即它的和. 它的逆命题也成立,即在圆 $|z - z_0| < R$ 内解析的函数可表示为在这个圆内收敛的幂级数 $\sum_{k=0}^{\infty} c_k (z - z_0)^k$,并且这个级数的系数可由下述公式唯一确定:

$$c_0 = f(z_0), \quad c_k = \frac{f^{(k)}(z_0)}{k!} \quad (k \in \mathbf{N}_+)$$

需要指出,因为 $f^{(k)}(z_0) = \frac{k!}{2\pi i} \oint_C \frac{f(\xi)}{(\xi - z_0)^{k+1}} \, d\xi$,所以

$$c_k = \frac{1}{2\pi i} \oint_C \frac{f(\xi) \, d\xi}{(\xi - z_0)^{k+1}}$$

其中 C 是圆 $|z - z_0| < R$ 内任一条绕 z_0 的闭曲线.

在圆 $|z - z_0| < R$ 内把解析函数 $f(z)$ 展成收敛的幂级数 $f(z) = \sum_{k=0}^{\infty} c_k (z - z_0)^k$ 称为**泰勒展开式**,而相应的级数称为函数 $f(z)$ 的**泰勒级数**.

如果函数 $f(z)$ 在点 a 的某个邻域内可以展成关于 $z - a$ 的幂级数,则称 $f(z)$ 在点 a 是**全纯的**. 函数在点 a 的全纯性等价于它在这点的解析性. 因为 $f(z)$ 在点 a 是全纯的,所以存在以点 a 为中心的圆域,在它的内部 $f(z)$ 可展成幂级数,$f(z)$ 作为幂级数的和是这个圆域内的解析函数,从而在点 a 上解析.

如果 $f(z)$ 在点 a 上是解析的,那么存在以这点为中心的圆,在它的内部 $f(z)$ 是解析函数. 此时 $f(z)$ 是圆内收敛的幂级数的和,从而,$f(z)$ 在点 z 上是全纯的.

如果函数在区域 D 内每一点都是全纯的,则称它在区域 D 内是**全纯的**.

这样,如果 $f(z)$ 在区域 D 内是全纯的,那么在区域 D 内也是解析的.

1.5.4　函数的零点

若 $f(z_0) = 0$，则称点 z_0 为函数 $f(z)$ 的**零点**，而解析函数 $f(z)$ 在点 z_0 的邻域内可展成幂级数

$$f(z) = c_1(z - z_0) + c_2(z - z_0)^2 + \cdots + c_k(z - z_0)^k + \cdots$$

如果不仅 $c_0 = f(z_0) = 0$，且有 $c_1 = c_2 = \cdots = c_{k-1} = 0$，而 $c_k \neq 0$，那么把点 z_0 称为函数 $f(z)$ 的 **k 阶零点**. 在这种情形下，函数 $f(z)$ 在点 z_0 的邻域内可展成幂级数

$$f(z) = c_k(z - z_0)^k + c_{k+1}(z - z_0)^{k+1} + \cdots$$

其实，当 $f(z_0) = f'(z_0) = \cdots = f^{(k-1)}(z_0) = 0$，而 $f^{(k)}(z_0) \neq 0$ 时即可做到这一点.

定理 1-15　假设函数 $f(z)$ 在区域 D 内解析，且在 D 内的互不相同的点 z_1，z_2，$\cdots$，z_n，$\cdots$ 上取零值. 如果存在极限 $\lim\limits_{n \to \infty} z_n = a$ 且点 $a \in D$，那么在 D 内有 $f(z) \equiv 0$.

推论 1　每一个在区域 D 内不恒等于零的解析函数 $f(z)$ 在区域 D 的任一闭子域 $\overline{D'}$ 上 ($\overline{D'} \subset D$) 只有有限个零点；解析函数只在开区域或无界区域内才会有无穷多个零点.

定义 1-20　在全复平面上 ($z \neq \infty$) 解析的函数称为**整函数**.

推论 2　任意有界区域上的整函数只有有限个零点，可按一定的顺序把这些零点记上号码 (如按模增大的顺序). 所以，在全复平面上存在整函数零点的可数集，而这个集合的极限点是无穷远点.

1.5.5　唯一性定理

定理 1-16(唯一性定理)　如果区域 D 内存在一个不同点的序列 z_1，z_2，$\cdots$，z_n，$\cdots$ 且 $\lim\limits_{n \to \infty} z_n = a \in D$，使得区域 D 内的两个解析函数 $f(z)$ 和 $\varphi(z)$ 在此序列的所有点上的值相等，那么在区域 D 内有

$$f(z) \equiv \varphi(z)$$

不难发现，唯一性定理可由定理 1-15 推出. 这是由于差 $\phi(z) = f(z) - \varphi(z)$ 满足定理 1-15 的条件，因而 $\phi(z) \equiv 0$.

唯一性定理在复变函数论中有着重要的作用. 特别是它能指出，在每一个区域 D 内只能存在唯一的解析函数，在区域 D 内的点列 z_1，z_2，$\cdots$，z_n，$\cdots$ 上 (其中 $\lim\limits_{n \to \infty} z_n = a \in D$) 取给定的值.

推论 1　如果区域 D 内的两个解析函数 $f_1(z)$ 和 $f_2(z)$ 在 D 内某条曲线上值相等，那么在区域 D 内有 $f_1(z) \equiv f_2(z)$.

推论 2　如果函数 $f_1(z)$ 在区域 D_1 内解析，而函数 $f_2(z)$ 在区域 D_2 内解析，并且区域 D_1 和区域 D_2 有公共的子区域 D'，在 D' 上 $f_1(z) \equiv f_2(z)$，那么存在着唯一的解析函数 $F(z)$ 的**解析开拓**. 同时也可把函数 $f_2(z)$ 称为函数 $f_1(z)$ 在 D_2 上的解析开拓，而函数 $f_1(z)$ 称为函数 $f_2(z)$ 在 D_1 上的解析开拓.

例 1-35　z 为何值时，幂级数 $\sum\limits_{k=0}^{\infty} \dfrac{(-1)^k (z-1)^k}{k!}$ 收敛.

解　已知幂级数的收敛半径

$$R = \lim_{k \to \infty} \left| \frac{(-1)^k (k+1)!}{(-1)^{k+1} k!} \right| = \infty$$

故该幂级数在全复平面上收敛. 其实，把函数 $f(z) = e^{1-z}$ 在点 $z_0 = 1$ 处展开为泰勒级数

$$e^{1-z} = e^{-(z-1)} = \sum_{k=0}^{\infty} \frac{(-1)^k (z-1)^k}{k!}$$

后，即知该幂级数就代表 e^{1-z}.

例 1-36 z 为何值时，幂级数 $\displaystyle\sum_{k=0}^{\infty} \left(\frac{z-i}{2} \right)^{k+1}$ 收敛.

解 该幂级数的收敛半径

$$R = \lim_{k \to \infty} \left| \frac{2^{k+1}}{2^k} \right| = 2$$

故当 $|z-i| < 2$ 时，该幂级数收敛；当 $|z-i| > 2$ 时，该幂级数发散；当 $z-i = 2e^{i\varphi}$，原幂级数变为

$$\sum_{k=0}^{\infty} e^{i(k+1)\varphi}$$

这个幂级数在 $k \to \infty$ 时，第 k 项不趋近于零，故原幂级数发散.

例 1-37 在 $z_0 = i$ 和 $z_0 = 1$ 的邻域上，把函数 $f(z) = \dfrac{z-1}{z+1}$ 展开为泰勒级数，并指出它的收敛半径.

解法 1 由于函数 $f(z) = \dfrac{z-1}{z+1}$ 有一个奇点 $z_0 = -1$，

它到 $z_0 = i$ 的距离为 $R_1 = \sqrt{2}$，它到 $z_0 = 1$ 的距离为 $R_2 = 2$，所以在没有把 $f(z)$ 展开成泰勒级数之前就可确定其收敛半径分别为 $R_1 = \sqrt{2}$ 和 $R_2 = 2$. 故 $f(z)$ 在以 $z_0 = i$ 为圆心、R_1 为半径的圆 C_{R_1} 内是解析的；它在以 $z_0 = 1$ 为圆心、R_2 为半径的圆 C_{R_2}（图 1-20）内也是解析的，对于圆内的所有点 z，$f(z)$ 可展开为泰勒级数，其中 $f^{(k)}(z_0)$ 可通过下面的计算求得：

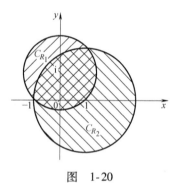

图 1-20

$$f(z) = \frac{z-1}{z+1}, \qquad f(i) = i, \qquad f(1) = 0$$

$$f'(z) = \frac{1}{z+1} - \frac{z-1}{(z+1)^2}, \qquad f'(i) = -i, \qquad f'(1) = \frac{1}{2}$$

$$f''(z) = -\frac{2}{(z+1)^2} - \frac{2(z-1)}{(z+1)^3}, \qquad f''(i) = 1+i, \qquad f''(1) = -\frac{1}{2}$$

$$f'''(z) = \frac{6}{(z+1)^3} - \frac{6(z-1)}{(z+1)^4}, \qquad f'''(i) = -3, \qquad f'''(1) = \frac{3}{4}$$

$$f^{(4)}(z) = \frac{-24}{(z+1)^4} - \frac{24(z-1)}{(z+1)^5}, \qquad f^{(4)}(i) = 6(1-i), \qquad f^{(4)}(1) = -\frac{3}{2}$$

$$\vdots \qquad\qquad\qquad \vdots \qquad\qquad\qquad \vdots$$

所以泰勒级数分别为

在 $z_0 = i$,

$$f(z) = i - i(z-i) + \frac{1+i}{2}(z-i)^2 - \frac{1}{2}(z-i)^3 + \frac{1-i}{4}(z-i)^4 - \cdots \quad (|z-i| < \sqrt{2})$$

在 $z_0 = 1$,

$$f(z) = \frac{z-1}{2} - \frac{(z-1)^2}{4} + \frac{(z-1)^3}{8} - \frac{(z-1)^4}{16} + \cdots \quad (|z-1| < 2)$$

解法 2　已知几何级数的展开式为

$$\frac{1}{1-z} = 1 + z + z^2 + z^3 + \cdots + z^k + \cdots \quad (|z| < 1)$$

对于有理分式函数，一般都可借助于几何级数进行展开，本例可展开如下：

在 $z_0 = i$,

$$\frac{z-1}{z+1} = \frac{(z-i) - (1-i)}{(z-i) + (1+i)} = \frac{z-i}{1+i} \frac{1}{1 + \left(\frac{z-i}{1+i}\right)} - \frac{1-i}{1+i} \frac{1}{1 + \left(\frac{z-i}{1+i}\right)}$$

$$= \frac{z-i}{1+i}\left[1 - \frac{z-i}{1+i} + \left(\frac{z-i}{1+i}\right)^2 - \left(\frac{z-i}{1+i}\right)^3 + \cdots\right] -$$

$$\frac{1-i}{1+i}\left[1 - \frac{z-i}{1+i} + \left(\frac{z-i}{1+i}\right)^2 - \left(\frac{z-i}{1+i}\right)^3 + \cdots\right]$$

$$= \frac{1-i}{2}(z-i)\left[1 - \frac{1-i}{2}(z-i) + \frac{(1-i)^2}{4}(z-i)^2 - \frac{(1-i)^3}{8}(z-i)^3 + \cdots\right]$$

$$= i - i(z-i) + \frac{1+i}{2}(z-i)^2 - \frac{1}{2}(z-i)^3 + \frac{1-i}{4}(z-i)^4 - \cdots \quad (|z-i| < \sqrt{2})$$

该级数必须在 $\left|\frac{z-i}{1+i}\right| < 1$ 时才收敛，即 $|z-i| < |1+i|$，即 $|z-i| < \sqrt{2}$，亦即收敛半径 $R_1 = \sqrt{2}$.

在 $z_0 = 1$,

$$\frac{z-1}{z+1} = \frac{z-1}{2 + (z-1)} = \frac{z-1}{2} \frac{1}{1 + \left(\frac{z-1}{2}\right)} = \frac{z-1}{2}\left[1 - \frac{z-1}{2} + \frac{(z-1)^2}{4} - \frac{(z-1)^3}{8} + \cdots\right]$$

$$= \frac{z-1}{2} - \frac{(z-1)^2}{4} + \frac{(z-1)^3}{8} - \frac{(z-1)^4}{16} + \cdots (|z-1| < 2)$$

该级数必须在 $\left|\frac{z-1}{2}\right| < 1$ 时才收敛，即 $|z-1| < 2$，亦即收敛半径 $R_2 = 2$.

在上述两种解法中，解法 1 是基本的；但借助于已知级数（如几何级数），往往更方便些，这在下面的三个例题中亦体现出来.

例 1-38　在 $z_0 = 0$ 的邻域上把函数 $f(z) = e^{z/(z-1)}$ 展开为泰勒级数，并指出它的收敛半径.

解法 1　$f(z) = e^{z/(z-1)}$ 有一个奇点 $z_0 = 1$，因为 $z_0 = 1$ 到 $z_0 = 0$ 的距离为 1，故其收敛半径 $R = 1$. 又因

$$f(z) = e^{z/(z-1)}, \qquad f(0) = 1$$

$$f'(z) = e^{z/(z-1)}\left[\frac{1}{z-1} - \frac{z}{(z-1)^2}\right], \qquad f'(0) = -1$$

$$f''(z) = e^{z/(z-1)}\left[\frac{1}{z-1} - \frac{z}{(z-1)^2}\right]^2 + e^{z/(z-1)}\left[-\frac{2}{(z-1)^2} + \frac{2z}{(z-1)^3}\right], \qquad f''(0) = -1$$

$$f'''(z) = e^{z/(z-1)}\left[\frac{1}{z-1} - \frac{z}{(z-1)^2}\right]^3 + 2e^{z/(z-1)}\left[\frac{1}{z-1} - \frac{z}{(z-1)^2}\right]\left[-\frac{2}{(z-1)^2} + \frac{2z}{(z-1)^3}\right] +$$

$$e^{z/(z-1)}\left[\frac{1}{z-1} - \frac{z}{(z-1)^2}\right]\left[-\frac{2}{(z-1)^2} - \frac{2z}{(z-1)^3}\right]^2 + e^{z/(z-1)}\left[\frac{6}{(z-1)^3} - \frac{6z}{(z-1)^4}\right], \quad f'''(0) = -1$$

$$\vdots$$

所以
$$f(z) = 1 - z - \frac{1}{2!}z^2 - \frac{1}{3!}z^3 + \cdots \qquad (|z| < 1)$$

解法 2 已知 e^z 的泰勒级数

$$e^z = 1 + z + \frac{z^2}{2!} + \frac{z^3}{3!} + \frac{z^4}{4!} + \cdots + \frac{z^k}{k!} + \cdots \quad (|z| < \infty)$$

把 $f(z)$ 展开如下

$$f(z) = e^{z/(z-1)} = e^{-z[1/(1-z)]} = e^{-z(1+z+z^2+\cdots)} = e^{(-z-z^2-z^3-\cdots)}$$

$$= 1 + (-z - z^2 - z^3 - z^4 - \cdots) + \frac{1}{2!}(-z - z^2 - z^3 - z^4 - \cdots)^2 +$$

$$\frac{1}{3!}(-z - z^2 - z^3 - z^4 - \cdots)^3 + \frac{1}{4!}(-z - z^2 - z^3 - z^4 - \cdots)^4 + \cdots$$

$$= 1 - z - z^2 - z^3 - z^4 - \cdots + \frac{1}{2!}(z^2 + 2z^3 + 3z^4 + \cdots) +$$

$$\frac{1}{3!}(-z^3 - 3z^4 - \cdots) + \frac{1}{4!}(z^4 + \cdots) + \cdots$$

$$= 1 - z - \frac{1}{2!}z^2 - \frac{1}{3!}z^3 + \frac{1}{4!}z^4 - \cdots \qquad (|z| < 1)$$

或

$$e^{z/(z-1)} = 1 + \frac{z}{z-1} + \frac{1}{2!}\left(\frac{z}{z-1}\right)^2 + \frac{1}{3!}\left(\frac{z}{z-1}\right)^3 + \frac{1}{4!}\left(\frac{z}{z-1}\right)^4 + \cdots$$

$$= 1 - z\left(\frac{1}{1-z}\right) + \frac{z^2}{2!}\left(\frac{1}{1-z}\right)^2 - \frac{z^3}{3!}\left(\frac{1}{1-z}\right)^3 + \frac{z^4}{4!}\left(\frac{1}{1-z}\right)^4 - \cdots$$

$$= 1 - z\left(\frac{1}{1-z}\right) + \frac{z^2}{2!}\frac{d}{dz}\left(\frac{1}{1-z}\right) - \frac{z^3}{3!}\frac{1}{2!}\frac{d^2}{dz^2}\left(\frac{1}{1-z}\right) + \frac{z^4}{4!}\frac{1}{3!}\frac{d^3}{dz^3}\left(\frac{1}{1-z}\right) - \cdots$$

$$= 1 - z\sum_{k=0}^{\infty}z^k + \frac{z^2}{2!}\sum_{k=1}^{\infty}kz^{k-1} - \frac{z^3}{3!2!}\sum_{k=2}^{\infty}(k-1)kz^{k-2} +$$

$$\frac{z^4}{4!3!}\sum_{k=3}^{\infty}(k-2)(k-1)kz^{k-3} - \cdots$$

$$= 1 + \sum_{k=0}^{\infty}\left[-1 + \frac{k}{2!} - \frac{(k-1)k}{3!2!} + \frac{(k-2)(k-1)k}{4!3!} - \cdots\right]z^{k+1}$$

$$= 1 - z - \frac{1}{2!}z^2 - \frac{1}{3!}z^3 + \frac{1}{4!}z^4 - \cdots \qquad (|z| < 1)$$

由于几何级数的收敛半径是 $R_1 = 1$，e^z 级数的收敛半径是 $R_2 = \infty$，故此级数的收敛半径

是 $R = 1$.

例 1-39 在 $z_0 = 0$ 的邻域上, 把函数 $f(z) = \sin\dfrac{1}{1-z}$ 展开为泰勒级数, 并指出它的收敛半径.

解法 1 $f(z) = \sin\dfrac{1}{1-z}$ 有一个奇点 $z_0 = 1$, 因为 $z_0 = 1$ 到 $z_0 = 0$ 的距离为 1, 故其收敛半径 $R = 1$. 而

$$f(z) = \sin\frac{1}{1-z}, \qquad\qquad f(0) = \sin 1$$

$$f'(z) = \frac{1}{(1-z)^2}\cos\frac{1}{1-z}, \qquad\qquad f'(0) = \cos 1$$

$$f''(z) = \frac{2}{(1-z)^3}\cos\frac{1}{1-z} - \frac{1}{(1-z)^4}\sin\frac{1}{1-z}, \quad f''(0) = 2\cos 1 - \sin 1$$

$$f'''(z) = \frac{6}{(1-z)^4}\cos\frac{1}{1-z} - \frac{1}{(1-z)^5}\sin\frac{1}{1-z} - \frac{1}{(1-z)^6}\cos\frac{1}{1-z},$$

$$f'''(0) = 5\cos 1 - 6\sin 1$$

所以

$$f(z) = \sin 1 + (\cos 1)z + \left(\cos 1 - \frac{1}{2}\sin 1\right)z^2 + \left(\frac{5}{6}\cos 1 - \sin 1\right)z^3 + \cdots \quad (|z| < 1)$$

解法 2 已知 $\sin z$ 和 $\cos z$ 的泰勒级数分别是

$$\sin z = z - \frac{1}{3!}z^3 + \frac{1}{5!}z^5 - \frac{1}{7!}z^7 + \cdots \quad (|z| < \infty)$$

$$\cos z = 1 - \frac{1}{2!}z^2 + \frac{1}{4!}z^4 - \frac{1}{6!}z^6 + \cdots \quad (|z| < \infty)$$

所以

$$\sin\frac{1}{1-z} = \sin\left(1 + \frac{z}{1-z}\right) = \sin 1\,\cos\frac{z}{1-z} + \cos 1\,\sin\frac{z}{1-z}$$

$$= \sin 1\left[1 - \frac{1}{2!}\left(\frac{z}{1-z}\right)^2 + \frac{1}{4!}\left(\frac{z}{1-z}\right)^4 - \cdots\right] +$$

$$\cos 1\left[\frac{z}{1-z} - \frac{1}{3!}\left(\frac{z}{1-z}\right)^3 + \frac{1}{5!}\left(\frac{z}{1-z}\right)^5 - \cdots\right]$$

再利用几何级数, 可得

$$f(z) = \sin 1\left[1 - \frac{1}{2!}z^2(1 + z + z^2 + \cdots)^2 + \frac{1}{4!}z^4(1 + z + z^2 + \cdots)^4 - \cdots\right] +$$

$$\cos 1\left[z(1 + z + z^2 + \cdots) - \frac{1}{3!}z^3(1 + z + z^2 + \cdots)^3 + \cdots\right]$$

$$= \sin 1\left(1 - \frac{z^2}{2} - \frac{2z^3}{2} - \cdots\right) + \cos 1\left(z + z^2 + \frac{5z^3}{6} + \cdots\right)$$

$$= \sin 1 + (\cos 1)z + \left(\cos 1 - \frac{1}{2}\sin 1\right)z^2 + \left(\frac{5}{6}\cos 1 - \sin 1\right)z^3 + \cdots \quad (|z| < 1)$$

或

$$\sin \frac{1}{1-z} = \sin(1 + z + z^2 + \cdots + z^k + \cdots)$$

$$= (1 + z + z^2 + \cdots + z^k + \cdots) - \frac{1}{3!}(1 + z + z^2 + \cdots + z^k + \cdots)^3 +$$

$$\frac{1}{5!}(1 + z + z^2 + \cdots + z^k + \cdots)^5 - \frac{1}{7!}(1 + z + z^2 + \cdots + z^k + \cdots)^7 + \cdots$$

$$= \left(1 - \frac{1}{3!} + \frac{1}{5!} - \frac{1}{7!} + \cdots\right) + \left(1 - \frac{1}{2!} + \frac{1}{4!} - \frac{1}{6!} + \cdots\right)z +$$

$$\left[\left(1 - \frac{1}{2!} + \frac{1}{4!} - \frac{1}{6!} + \cdots\right) - \frac{1}{2}\left(1 - \frac{1}{3!} + \frac{1}{5!} - \frac{1}{7!} + \cdots\right)\right]z^2 + \cdots$$

$$= \sin 1 + (\cos 1)z + \left(\cos 1 - \frac{1}{2}\sin 1\right)z^2 + \cdots \qquad (|z| < 1)$$

习 题 6

1. 求下列级数的和：

(1) $\displaystyle\sum_{k=0}^{\infty} \frac{3}{(1+i)^k}$ (2) $\displaystyle\sum_{j=0}^{\infty}\left(\frac{1}{j+2} - \frac{1}{j+1}\right)$

2. 判别下列级数的敛散性：

(1) $\displaystyle\sum_{k=0}^{\infty}\left(\frac{1+2i}{1-i}\right)^k$ (2) $\displaystyle\sum_{k=1}^{\infty} \frac{1}{k^2 3^k}$ (3) $\displaystyle\sum_{k=1}^{\infty} \frac{ki^k}{2k+1}$ (4) $\displaystyle\sum_{k=1}^{\infty}\left(i^k - \frac{1}{k^2}\right)$

3. 求下列级数的收敛半径：

(1) $\displaystyle\sum_{k=1}^{\infty} \frac{(3-i)^k}{k^2}(z+2)^k$ (2) $\displaystyle\sum_{n=0}^{\infty}(1+i)^n z^n$ (3) $\displaystyle\sum_{n=1}^{\infty} e^{\frac{i\pi}{n}} z^n$

4. 将下列函数展开为幂级数，并写出收敛半径：

(1) $f(z) = \left(3 + \dfrac{z^2}{2}\right)\sin z$，$z=0$ 处 (2) $f(z) = \displaystyle\int_0^z e^{z^2} dz$，$z=0$ 处

(3) $f(z) = \sqrt{z+i}$，$z=0$ 处 (4) $f(z) = \dfrac{z}{(z+1)(z+2)}$，$z=2$ 处

1.5.6 初等复变函数

解析函数的唯一性的定理和它的推论，允许把已知的实变量的初等函数推广到复平面上来。若在实轴的区间 $[a,b]$ 上给定一个连续函数 $f(x)$，那么在含有实轴区间 $[a,b]$ 的复平面的区域 D 内存在唯一的解析函数 $f(z)$，它在区间 $[a,b]$ 上的值与 $f(x)$ 相等，把函数 $f(z)$ 称为 $f(x)$ 在复数区域 D 内的解析开拓。

下面研究几个常见的实轴 Ox 上的初等函数及它们在复平面区域上的解析开拓。

对于实变量 $x \in (-\infty, +\infty)$，已知函数

$$e^x = \sum_{k=0}^{\infty} \frac{x^k}{k!}, \quad \sin x = \sum_{k=0}^{\infty}(-1)^k \frac{x^{2k+1}}{(2k+1)!}, \quad \cos x = \sum_{k=0}^{\infty}(-1)^k \frac{x^{2k}}{2k!} \quad (\text{其中 } 0! = 1).$$

不难证明，类似的复变量的幂级数 $\displaystyle\sum_{k=0}^{\infty} \frac{z^k}{k!}$，$\displaystyle\sum_{k=0}^{\infty}(-1)^k \frac{z^{2k+1}}{(2k+1)!}$，$\displaystyle\sum_{k=0}^{\infty}(-1)^k \frac{z^{2k}}{2k!}$ 在全复平面上收敛，因而它们的和均是 z 的整函数，这些函数分别是实变量函数 e^x，$\sin x$，$\cos x$ 在全复平面上的解析开拓。对这些解析开拓保留在实轴 Ox 上的值，从而

$$e^z = \sum_{k=0}^{\infty} \frac{z^k}{k!}, \quad \sin z = \sum_{k=0}^{\infty} (-1)^k \frac{z^{2k+1}}{(2k+1)!}, \quad \cos z = \sum_{k=0}^{\infty} (-1)^k \frac{z^{2k}}{(2k)!}$$

利用函数 e^z 建立复变双曲函数

$$\mathrm{ch}\, z = \frac{e^z + e^{-z}}{2} \quad 和 \quad \mathrm{sh}\, z = \frac{e^z - e^{-z}}{2}$$

它们都是整函数.

利用函数 $\sin z$ 和 $\cos z$ 引入函数

$$\tan z = \frac{\sin z}{\cos z} \quad 和 \quad \cot z = \frac{\cos z}{\sin z}$$

因为 $\ln x = \sum_{k=1}^{\infty} (-1)^{k-1} \frac{(x-1)^k}{k}$，并且这个级数对所有的 $x \in (0,2]$ 收敛. 所以级数

$$\sum_{k=1}^{\infty} (-1)^{k-1} \frac{(z-1)^k}{k}$$

是函数 $\ln x$ 在区域内的解析开拓，同样称它为"对数"且记为 $\ln z$，函数 $\ln z$ 在圆 $|z-1| < 1$ 内解析.

类似地，建立在圆 $|z-1| < 1$ 内的解析函数

$$\arcsin z = \sum_{k=0}^{\infty} \frac{1 \cdot 3 \cdot 5 \cdot \cdots \cdot (2k-1)}{2^k \cdot k! (2k+1)} \cdot z^{2k+1}$$

是实变函数 $\arcsin x$，$x \in [-1,1]$ 的解析开拓.

唯一性定理可把解析函数的概念推广到函数间的关系式上来. 这就允许建立实变函数间的关系式在复平面上的解析开拓. 譬如，在复数区域内有下列关系式成立：

$$\sin^2 z + \cos^2 z = 1, \qquad \cos(z_1 + z_2) = \cos z_1 \cos z_2 - \sin z_1 \sin z_2$$
$$\sin 2z = 2 \sin z \cos z, \qquad e^{\ln z} = z, \quad e^{z_1} e^{z_2} = e^{z_1 + z_2}, \quad \cdots$$

不仅如此，函数间的微分关系式在复平面上的解析开拓也是正确的，这就导致如果某个实变函数是某个微分方程的解，并在复平面的区域 D 内有解析开拓，那么它的这个解析开拓将是这样一个微分方程的解，它是前述微分方程在同一区域 D 内的解析开拓.

下面讨论前面研究过的某些初等复变函数的个别性质.

1. 指数函数 e^z

在本节中 e^z 是利用级数来定义的，同时对 $z = x + \mathrm{i} y$ 又有定义 $e^z = e^x(\cos y + \mathrm{i} \sin y)$. 为了证明这些定义的等价性，在公式 $e^z = \sum_{k=0}^{\infty} \frac{z^k}{k!}$ 中，设 $z = \mathrm{i}\zeta$，此时有

$$e^{\mathrm{i}\zeta} = \sum_{k=0}^{\infty} \mathrm{i}^k \frac{\zeta^k}{k!} = \sum_{l=0}^{\infty} (-1)^l \frac{\zeta^{2l}}{(2l)!} + \mathrm{i} \sum_{l=0}^{\infty} (-1)^l \frac{\zeta^{2l+1}}{(2l+1)!}$$

由此得出，对一切的复变量的值 $z = \mathrm{i}\zeta$，有 $e^{\mathrm{i}\zeta} = \cos \zeta + \mathrm{i} \sin \zeta$，这个关系式称为**欧拉公式**(恒等式，见第 1 章 1.1 节).

由级数 $e^z = \sum_{k=0}^{\infty} \frac{z^k}{k!}$，可以证明 $e^{z_1 + z_2} = e^{z_1} e^{z_2}$ 成立，故当 $z = x + \mathrm{i} y$ 时，有 $e^z = e^{x+\mathrm{i}y} = e^x e^{\mathrm{i}y}$，所以 $e^z = e^x(\cos y + \mathrm{i} \sin y)$. 于是上述定义是等价的.

函数 e^z 当 $z = x$ 为实数时 $(y=0)$，它与通常实指数函数定义一致，但一般情况下，对于复指数函数 e^z，与实函数 e^x 性质差异很大：

（1）对 $z = x + \mathrm{i}\, y\,(x, y \in \mathbf{R})$，$|\mathrm{e}^z| = \mathrm{e}^x > 0$，$\operatorname{Arg} \mathrm{e}^z = y + 2k\pi$ 在 z 平面上 $\mathrm{e}^z \neq 0$；

（2）$\mathrm{e}^z = 1 \Leftrightarrow z = 2k\pi \mathrm{i}$，其中 k 为一整数.

设 $z = x + \mathrm{i}\, y$，若 $\mathrm{e}^z = 1$，则必有 $|\mathrm{e}^z| = |\mathrm{e}^{x+\mathrm{i}y}| = \mathrm{e}^x = 1$，故 $x = 0$. 由此得

$$\mathrm{e}^z = \mathrm{e}^{\mathrm{i}y} = \cos y + \mathrm{i} \sin y = 1$$

或等价于 $\cos y = 1$，$\sin y = 0$，只有当 $y = 2k\pi$，即当 $z = 2k\pi \mathrm{i}$ 时，才能同时满足这两个方程.

反之，若 $z = 2k\pi \mathrm{i}$，其中 k 为整数，则

$$\mathrm{e}^z = \mathrm{e}^{2k\pi\mathrm{i}} = \mathrm{e}^0(\cos 2k\pi + \mathrm{i} \sin 2k\pi) = 1$$

（3）$\mathrm{e}^{z_1} = \mathrm{e}^{z_2} \Leftrightarrow z_1 = z_2 + 2k\pi\mathrm{i}$，其中 k 为一整数.

由除法法则，

$$\mathrm{e}^{z_1} = \mathrm{e}^{z_2} \Leftrightarrow \mathrm{e}^{z_1 - z_2} = 1 \Leftrightarrow z_1 - z_2 = 2k\pi\mathrm{i} \Leftrightarrow z_1 = z_2 + 2k\pi\mathrm{i}$$

因对任意整数 k，$\mathrm{e}^{z + 2k\pi\mathrm{i}} = \mathrm{e}^z(\cos 2k\pi + \mathrm{i} \sin 2k\pi) = \mathrm{e}^z$，可见 e^z 是以 $2\pi\mathrm{i}$ 为基本周期的周期函数.

（4）e^z 在 Z 平面上解析，且 $(\mathrm{e}^z)' = \mathrm{e}^z$.

（5）极限 $\lim\limits_{z \to \infty} \mathrm{e}^z$ 不存在.

当 z 沿实轴趋于 $+\infty$ 时，$\mathrm{e}^z \to +\infty$；当 z 沿实轴趋于 $-\infty$，$\mathrm{e}^z \to 0$；当 z 沿虚轴趋于 ∞，无极限.

2. 三角函数与双曲函数

首先确立复变量 z 的指数函数和三角函数间的关系.

根据欧拉公式直接得出 $\mathrm{e}^{-\mathrm{i}\zeta} = \cos \zeta - \mathrm{i} \sin \zeta$，利用 $\mathrm{e}^{\mathrm{i}\zeta}$ 和 $\mathrm{e}^{-\mathrm{i}\zeta}$ 的表达式求得

$$\cos z = \frac{1}{2}(\mathrm{e}^{\mathrm{i}z} + \mathrm{e}^{-\mathrm{i}z}), \quad \sin z = \frac{1}{2\mathrm{i}}(\mathrm{e}^{\mathrm{i}z} - \mathrm{e}^{-\mathrm{i}z}),$$

如果在这些公式中，用 $\mathrm{i}z$ 来代替 z，得

$$\cos \mathrm{i}z = \frac{\mathrm{e}^z + \mathrm{e}^{-z}}{2} = \operatorname{ch} z, \quad \sin \mathrm{i}z = -\frac{\mathrm{e}^z - \mathrm{e}^{-z}}{2\mathrm{i}} = \mathrm{i}\frac{\mathrm{e}^z - \mathrm{e}^{-z}}{2} = \mathrm{i} \operatorname{sh} z$$

即 $\cos \mathrm{i}z = \operatorname{ch} z$，$\sin \mathrm{i}z = \mathrm{i} \operatorname{sh} z$，在这两式中，互换 $\mathrm{i}z$ 与 z，得

$$\operatorname{ch} \mathrm{i}z = \cos z, \quad \operatorname{sh} \mathrm{i}z = \mathrm{i} \sin z$$

当 z 为实数时，正弦函数与余弦函数与通常的正弦与余弦定义是一致的，除此之外，还具有下列性质：

（1）在 z 平面上是解析的，且

$$(\sin z)' = \cos z \qquad (\cos z)' = -\sin z$$

$$(\sin z)' = \frac{1}{2\mathrm{i}}(\mathrm{e}^{\mathrm{i}z} - \mathrm{e}^{-\mathrm{i}z})' = \frac{1}{2}(\mathrm{e}^{\mathrm{i}z} + \mathrm{e}^{-\mathrm{i}z}) = \cos z$$

（2）$\sin z$ 是奇函数，$\cos z$ 是偶函数，三角恒等式 $\sin^2 z + \cos^2 z = 1$，以及三角和差公式 $\sin(z_1 \pm z_2) = \sin z_1 \cos z_2 \pm \cos z_1 \sin z_2$ 等仍成立.

（3）$\sin z$，$\cos z$ 仍是以 2π 为基本周期，零点分别为 $z = n\pi$，$z = \left(n + \dfrac{1}{2}\right)\pi$，$n$ 为整数.

因为 $\sin z = 0 \Leftrightarrow \dfrac{1}{2\mathrm{i}}(\mathrm{e}^{\mathrm{i}z} - \mathrm{e}^{-\mathrm{i}z}) = 0 \Leftrightarrow \mathrm{e}^{2\mathrm{i}z} = 1$，令 $z = x + \mathrm{i}\, y$，得 $\mathrm{e}^{-2y}\mathrm{e}^{2\mathrm{i}x} = 1 = \mathrm{e}^{2n\pi\mathrm{i}}$，于是 $y = 0$，$x = n\pi$. $\cos z$ 的零点可类似得出.

（4）在复数域内不能再断言 $|\sin z|\leqslant 1$，$|\cos z|\leqslant 1$. 例如，取 $z=\mathrm{i}\,y(y>0)$，则

$$\cos \mathrm{i}y=\frac{1}{2}(\mathrm{e}^{\mathrm{i}(\mathrm{i}y)}+\mathrm{e}^{-\mathrm{i}(\mathrm{i}y)})=\frac{1}{2}(\mathrm{e}^{y}+\mathrm{e}^{-y})>\frac{1}{2}\mathrm{e}^{y}$$

只要 y 充分大，$\cos \mathrm{i}y$ 就可以大于任一预先给定的正数.

对于双曲函数 $\mathrm{sh}\,z$ 与 $\mathrm{ch}\,z$，根据定义可知也是周期函数，基本周期为 $2\pi\mathrm{i}$，且

$$(\mathrm{sh}\,z)'=\mathrm{ch}\,z,\quad (\mathrm{ch}\,z)'=\mathrm{sh}\,z$$

3. 对数函数

类似实变函数，对数函数定义为指数函数的反函数.

我们把满足方程 $\mathrm{e}^{w}=z(z\neq 0)$ 的函数 $w=f(z)$ 称为对数函数. 因 $\mathrm{e}^{w}\neq 0$，所以设 $z\neq 0$. 令 $w=u+\mathrm{i}\,v$，$z=r\mathrm{e}^{\mathrm{i}\theta}$，那么

$$\mathrm{e}^{u+\mathrm{i}v}=r\mathrm{e}^{\mathrm{i}\theta}$$

所以 $u=\ln r$，$v=\theta$. 因此 $w=\ln r+\mathrm{i}\,\theta=\ln|z|+\mathrm{i}\,\mathrm{Arg}\,z$. 由于 $\mathrm{Arg}\,z$ 为多值函数，所以对数函数 $w=f(z)$ 为多值函数，并且每两个值相差 $2\pi\mathrm{i}$ 的整数倍，记作

$$\mathrm{Ln}\,z=\ln|z|+\mathrm{i}\,\mathrm{Arg}\,z$$

如果规定上式中的 $\mathrm{Arg}\,z$ 取主值 $\arg z$，那么 $\mathrm{Ln}\,z$ 必为一单值函数，记作 $\ln z$，称为 $\mathrm{Ln}\,z$ 的**主值**. 这样，就有

$$\ln z=\ln|z|+\mathrm{i}\,\arg z$$

而其他各支可由

$$\mathrm{Ln}\,z=\ln z+2k\pi\,\mathrm{i}(k=\pm 1,\pm 2,\cdots)\tag{1-9}$$

表达，对于每个固定的 k，式（1-9）为一单值函数，称为 $\mathrm{Ln}\,z$ 的一个分支. 特别地，当 $z=x>0$ 时，$\mathrm{Ln}\,z$ 的主值 $\ln z=\ln x$ 就是实变对数函数.

例 1-40 计算 $\mathrm{Ln}\,3$，$\mathrm{Ln}(-1)$ 及它们相应的主值.

解 $\mathrm{Ln}\,3=\ln 3+2k\pi\,\mathrm{i}$，主值就是 $\ln 3$；

$\mathrm{Ln}(-1)=\ln|-1|+\mathrm{i}\,\mathrm{Arg}(-1)=(2k+1)\pi\,\mathrm{i}$，$k$ 为整数，

$\mathrm{Ln}(-1)$ 的主值为 $\ln(-1)=\ln|-1|+\mathrm{i}\,\arg(-1)=\pi\mathrm{i}$.

在实函数中，负数无对数，此例说明复变量对数函数确实是实变对数函数的推广. 另外，实变量对数函数的基本性质 $\mathrm{Ln}(z_1z_2)=\mathrm{Ln}\,z_1+\mathrm{Ln}\,z_2$ 及 $\mathrm{Ln}\dfrac{z_1}{z_2}=\mathrm{Ln}\,z_1-\mathrm{Ln}\,z_2$ 在复数域内依然成立，但应理解为，两端都取合适的分支才能相等.

由于 $\ln|z|$ 除原点外处处连续，而 $\arg z$ 在原点与负实轴上都不连续，所以主值函数 $\ln z$ 在复平面内除原点及负实轴外处处连续. 由反函数求导法则可知：$\dfrac{\mathrm{d}\ln z}{\mathrm{d}z}=\dfrac{1}{\mathrm{d}\mathrm{e}^{w}/\mathrm{d}w}=\dfrac{1}{z}$，所以 $\ln z$ 在除原点及负实轴的平面内处处解析，从而 $\mathrm{Ln}\,z$ 的各个分支在除原点及负实轴的平面内也处处解析，并且有相同的导数值.

4. 乘幂 a^b 与幂函数

设 a 为不等于零的一个复数，b 为任意一个复数，定义

$$a^{b}=\mathrm{e}^{b\,\mathrm{Ln}\,a}$$

由于 $\mathrm{Ln}\,a=\ln|a|+\mathrm{i}\,\mathrm{Arg}\,a$ 是多值的，因而 a^{b} 也是多值的.

当 b 是整数时，

$$a^{b}=\mathrm{e}^{b\,\mathrm{Ln}\,a}=\mathrm{e}^{b[\ln|a|+\mathrm{i}(\arg a+2k\pi)]}=\mathrm{e}^{b[\ln|a|+\mathrm{i}\arg a]+2kb\pi\mathrm{i}}=\mathrm{e}^{b[\ln|a|+\mathrm{i}\arg a]}=\mathrm{e}^{b\ln a}$$

此时 a^b 是单值的.

当 $b = \dfrac{p}{q}$ (p, q 互质整数, $q > 0$)时,

$$a^b = e^{\frac{p}{q} \ln|a| + i\frac{p}{q}(\arg a + 2k\pi)} = e^{\frac{p}{q}\ln|a|}\left[\cos\frac{p}{q}(\arg a + 2k\pi) + i\sin\frac{p}{q}(\arg a + 2k\pi)\right]$$

此时 a^b 具有 q 个值, 即当 $k = 0$, 1, $\cdots$, $(q-1)$ 时相应的各个值. 除此之外, a^b 一般具有无穷多个值.

例 1-41 计算 $1^{\sqrt{3}}$ 和 i^i 的值.

解 $1^{\sqrt{3}} = e^{\sqrt{3}\,\mathrm{Ln}\,1} = e^{\sqrt{3}(\ln 1 + 2k\pi i)} = e^{2\sqrt{3}k\pi i} = \cos(2\sqrt{3}k\pi) + i\sin(2\sqrt{3}\,k\pi)$

$i^i = e^{i\,\mathrm{Ln}\,i} = e^{i\left[\ln|i| + i\left(2k\pi + \frac{\pi}{2}\right)\right]} = e^{-\left(2k\pi + \frac{\pi}{2}\right)}$ $(k = 0, \pm 1, \pm 2, \cdots)$

由此可见, i^i 为正数, 主值是 $e^{-\frac{\pi}{2}}$.

初等复变函数在电磁场理论中经常遇到, 特别是借助于函数 $\mathrm{sh}\,z$, $\mathrm{ch}\,z$, $\mathrm{th}\,z$ 可描述复杂的现象, 如平面的通电导线的表面效应及两条彼此相近、平行放置且通过正弦电流的导线间的邻近作用等.

当变化的磁通量穿过导线的横截面时, 平行导线上会产生表面效应, 表现为磁场强度按截面的非均匀分布, 结果是把磁场从导线截面的中间排挤到它的外侧表面. 邻近作用表现为电流密度按导线横截面的非均匀分布.

例 1-42 将下列复数化为代数式:

(1) $\sin\left(\dfrac{\pi}{4} + 2i\right)$ (2) $\mathrm{ch}\left(2 + \dfrac{\pi}{2}i\right)$ (3) $\arcsin 4$ (4) $\mathrm{arch}(-2)$

解 (1) $\sin\left(\dfrac{\pi}{4} + 2i\right) = \sin\dfrac{\pi}{4}\cos 2i + \cos\dfrac{\pi}{4}\sin 2i = \dfrac{\sqrt{2}}{2}\mathrm{ch}2 + i\dfrac{\sqrt{2}}{2}\mathrm{sh}2$

(2) $\mathrm{ch}\left(2 + \dfrac{\pi}{2}i\right) = \dfrac{e^{2+\frac{\pi}{2}i} + e^{-2-\frac{\pi}{2}i}}{2} = \dfrac{e^2\left(\cos\dfrac{\pi}{2} + i\sin\dfrac{\pi}{2}\right) + e^{-2}\left(\cos\dfrac{\pi}{2} - i\sin\dfrac{\pi}{2}\right)}{2}$

$\qquad = i\dfrac{e^2 - e^{-2}}{2} = i\,\mathrm{sh}2$

(3) 设 $\arcsin 4 = z$, 则 $\sin z = \dfrac{e^{iz} - e^{-iz}}{2i} = 4$, 整理得 $e^{2iz} - 8ie^{iz} - 1 = 0$, 解得

$$e^{iz} = \dfrac{8i \pm 2\sqrt{15}\,i}{2} = (4 \pm \sqrt{15})i,$$

取对数得

$$iz = \mathrm{Ln}(4 \pm \sqrt{15})i = \ln(4 \pm \sqrt{15}) + i\left(2k\pi + \dfrac{\pi}{2}\right),$$

于是

$$\arcsin 4 = \left(2k\pi + \dfrac{\pi}{2}\right) - i\ln(4 \pm \sqrt{15})\ (k = 0, \pm 1, \pm 2, \cdots)$$

(4) 令 $\mathrm{arch}(-2) = z$, 则 $\mathrm{ch}\,z = \dfrac{e^z + e^{-z}}{2} = -2$, 整理得 $e^{2z} + 4e^z + 1 = 0$, 解得 $e^z =$

$\dfrac{-4 \pm 2\sqrt{3}}{2} = -2 \pm \sqrt{3}$，取对数得 $z = \mathrm{Ln}(-2 \pm \sqrt{3}) = \ln(2 \pm \sqrt{3}) + \mathrm{i}(2k+1)\pi$，其中 $k = 0$，± 1，± 2，….

例 1-43 计算 $\cos\varphi + \cos 2\varphi + \cos 3\varphi + \cdots + \cos n\varphi$（$\varphi$ 为实常数）.

解 原式 $= \mathrm{Re}(\mathrm{e}^{\mathrm{i}\varphi} + \mathrm{e}^{\mathrm{i}2\varphi} + \mathrm{e}^{\mathrm{i}3\varphi} + \cdots + \mathrm{e}^{\mathrm{i}n\varphi})$. 显然，括号里是一个等比级数的前 n 项和，其公比为 $\mathrm{e}^{\mathrm{i}\varphi}$. 根据等比级数前 n 项和的公式求出

$$S_n = \mathrm{e}^{\mathrm{i}\varphi}\frac{1 - \mathrm{e}^{\mathrm{i}n\varphi}}{1 - \mathrm{e}^{\mathrm{i}\varphi}} = \mathrm{e}^{\mathrm{i}\varphi}\frac{\mathrm{e}^{\mathrm{i}n\varphi} - 1}{\mathrm{e}^{\mathrm{i}\varphi} - 1} = \mathrm{e}^{\mathrm{i}\varphi}\frac{\mathrm{e}^{\frac{\mathrm{i}n\varphi}{2}}\left(\mathrm{e}^{\frac{\mathrm{i}n\varphi}{2}} - \mathrm{e}^{-\frac{\mathrm{i}n\varphi}{2}}\right)}{\mathrm{e}^{\frac{\mathrm{i}\varphi}{2}}\left(\mathrm{e}^{\frac{\mathrm{i}\varphi}{2}} - \mathrm{e}^{-\frac{\mathrm{i}\varphi}{2}}\right)} = \frac{\sin\frac{n\varphi}{2}}{\sin\frac{\varphi}{2}}\mathrm{e}^{\mathrm{i}\frac{(n+1)\varphi}{2}}$$

$$= \frac{\sin\frac{n\varphi}{2}}{\sin\frac{\varphi}{2}}\left[\cos\frac{(n+1)\varphi}{2} + \mathrm{i}\sin\frac{(n+1)\varphi}{2}\right]$$

只取其实部，得

$$\cos\varphi + \cos 2\varphi + \cos 3\varphi + \cdots + \cos n\varphi = \sin\frac{n\varphi}{2}\frac{\cos\frac{(n+1)\varphi}{2}}{\sin\frac{\varphi}{2}}$$

例 1-44 如果 $z = \mathrm{e}^{\mathrm{i}t}$，证明：

（1）$z^n + \dfrac{1}{z^n} = 2\cos nt$ （2）$z^n - \dfrac{1}{z^n} = 2\mathrm{i}\sin nt$

证 根据初等函数 e^z 的定义式，有

$$z^n + \frac{1}{z^n} = \mathrm{e}^{\mathrm{i}nt} + \mathrm{e}^{-\mathrm{i}nt} = (\cos nt + \mathrm{i}\sin nt) + (\cos nt - \mathrm{i}\sin nt) = 2\cos nt$$

$$z^n - \frac{1}{z^n} = \mathrm{e}^{\mathrm{i}nt} - \mathrm{e}^{-\mathrm{i}nt} = (\cos nt + \mathrm{i}\sin nt) - (\cos nt - \mathrm{i}\sin nt) = 2\mathrm{i}\sin nt$$

其中 $\cos nt = \dfrac{1}{2}(\mathrm{e}^{\mathrm{i}nt} + \mathrm{e}^{-\mathrm{i}nt})$，$\sin nt = \dfrac{1}{2\mathrm{i}}(\mathrm{e}^{\mathrm{i}nt} - \mathrm{e}^{-\mathrm{i}nt})$ 亦常称为欧拉公式.

例 1-45 计算 $\left|\mathrm{e}^{\mathrm{i}az - \mathrm{i}b\sin z}\right|$，其中，$a$，$b$ 为实常数.

解 设 $z = x + \mathrm{i}y$，x，y 为实数. 则

$$\sin z = \sin(x + \mathrm{i}y) = \sin x\cos \mathrm{i}y + \cos x\sin \mathrm{i}y = \sin x\,\mathrm{ch}\,y + \mathrm{i}\cos x\,\mathrm{sh}\,y$$

代入原式得

$$\left|\mathrm{e}^{\mathrm{i}az - \mathrm{i}b\sin z}\right| = \left|\mathrm{e}^{\mathrm{i}a(x+\mathrm{i}y) - \mathrm{i}b(\sin x\,\mathrm{ch}\,y + \mathrm{i}\cos x\,\mathrm{sh}\,y)}\right| = \left|\mathrm{e}^{-ay + b\cos x\,\mathrm{sh}\,y} \cdot \mathrm{e}^{\mathrm{i}ax - \mathrm{i}b\sin x\,\mathrm{ch}\,y}\right|$$

$$= \mathrm{e}^{-ay + b\cos x\,\mathrm{sh}\,y} = \mathrm{e}^{-ay + \frac{b}{2}\cos x(\mathrm{e}^y - \mathrm{e}^{-y})}$$

例 1-46 求解方程 $\sin z + \cos z = 0$.

解 由 $\sin z$，$\cos z$ 的定义式，原方程可写为

$$\frac{1}{2\mathrm{i}}(\mathrm{e}^{\mathrm{i}z} - \mathrm{e}^{-\mathrm{i}z}) + \frac{1}{2}(\mathrm{e}^{\mathrm{i}z} + \mathrm{e}^{-\mathrm{i}z}) = 0$$

$$\mathrm{e}^{\mathrm{i}z}(1 - \mathrm{i}) = -\mathrm{e}^{-\mathrm{i}z}(1 + \mathrm{i})$$

从而有

$$e^{2iz} = -\frac{1+i}{1-i} = -i = e^{i\left(2n\pi - \frac{\pi}{2}\right)}$$

所以

$$z = n\pi - \frac{\pi}{4}(n = 0, \pm 1, \pm 2, \cdots)$$

例 1-47 求解方程 $\sin z = 2$.

解法 1 因为

$$\sin z = \sin(x + iy) = \sin x \operatorname{ch} y + i \cos x \operatorname{sh} y = \frac{1}{2}\left[(e^y + e^{-y})\sin x + i(e^y - e^{-y})\cos x\right] = 2$$

比较实部和虚部, 有

$$(e^y + e^{-y})\sin x = 4 \qquad\qquad ①$$
$$(e^y - e^{-y})\cos x = 0 \qquad\qquad ②$$

由式②可得 $e^y - e^{-y} = 0$ 或 $\cos x = 0$; 若 $e^y - e^{-y} = 0$, 则 $y = 0$, 但不满足方程, 于是舍去 $y = 0$ 的解. 若 $\cos x = 0$, 则 $x = 2n\pi \pm \frac{\pi}{2}(n = 0, \pm 1, \pm 2, \cdots)$, 注意到式①要求 $\sin x > 0$, 故应舍去 $x = 2n\pi - \frac{\pi}{2}$, 只取 $x = 2n\pi + \frac{\pi}{2}$ 这个解.

把 $x = 2n\pi + \frac{\pi}{2}$ 代入式①, 可化为

$$e^{2y} - 4e^y + 1 = 0$$

所以

$$e^y = \frac{4 \pm \sqrt{16-4}}{2} = 2 \pm \sqrt{3}, \text{ 即 } y = \ln(2 \pm \sqrt{3})$$

最后, 原方程的解为

$$z = 2n\pi + \frac{\pi}{2} + i\ln(2 \pm \sqrt{3})$$

解法 2 $\sin z = \frac{1}{2i}(e^{iz} - e^{-iz}) = 2$, 即 $e^{2iz} - 4ie^{iz} - 1 = 0$, 解得

$$e^{iz} = \frac{4i \pm \sqrt{-16+4}}{2} = i(2 \pm \sqrt{3}),$$

即 $iz = \operatorname{Ln}\left[i(2 \pm \sqrt{3})\right]$, 于是

$$z = -i\operatorname{Ln}\left[i(2 \pm \sqrt{3})\right] = -i\left[\ln(2 \pm \sqrt{3}) + i\left(2n\pi + \frac{\pi}{2}\right)\right] = 2n\pi + \frac{\pi}{2} - i\ln(2 \pm \sqrt{3})$$

解法 3 因为 $\sin z = 2$, 所以 $\cos z = \pm\sqrt{1-4} = \pm\sqrt{3}\,i$, 从而

$$e^{iz} = \cos z + i\sin z = 2i \pm \sqrt{3}\,i = (2 \pm \sqrt{3})i$$

后面的计算同解法 2.

习 题 7

1. 将下列复数化为代数式:

(1) $\operatorname{Ln}6$ (2) $\sin\left(\frac{\pi}{3} + i\right)$ (3) $\cos\left(\frac{\pi}{4} + i\right)$

(4) $\mathrm{Ln}(\sqrt{3}+\mathrm{i})$　　　(5) $(-1-\mathrm{i})^{4\mathrm{i}}$　　　(6) $\mathrm{ch}(1-\pi\mathrm{i})$

(7) $\mathrm{sh}\left(3+\dfrac{\pi}{6}\mathrm{i}\right)$　　　(8) $(-1+\sqrt{3}\mathrm{i})^{-3\mathrm{i}}$　　　(9) $\mathrm{sh}\left(1-\dfrac{\pi}{2}\mathrm{i}\right)$

(10) $\arccos(-5)$　　　(11) $\mathrm{arccot}\left(\dfrac{4+3\mathrm{i}}{5}\right)$　　　(12) $\mathrm{e}^{\frac{\pi^2+4}{4+2\pi\mathrm{i}}}$

2. 解方程 $\sin z=\mathrm{i}\,\mathrm{sh}1$.

1.5.7　洛朗级数

定义 1-21　称级数 $\displaystyle\sum_{k=-\infty}^{+\infty}c_k(z-z_0)^k\,(k\in\mathbf{Z})$ 为**洛朗级数**.

洛朗级数可表示为两个级数的和

$$\sum_{k=-\infty}^{+\infty}c_k(z-z_0)^k=\sum_{k=0}^{+\infty}c_k(z-z_0)^k+\sum_{k=1}^{+\infty}c_{-k}(z-z_0)^{-k}$$

洛朗级数的第一部分是含二项式$(z-z_0)$的非负次幂项的幂级数，称为**正则部分**；第二部分是含二项式$(z-z_0)$的负次幂项的幂级数，称为**主要部分**.

洛朗级数的收敛域是它的主要部分的收敛域与正则部分的收敛域的公共部分. 洛朗级数的正则部分的收敛域是一个以z_0点为圆心，以 $R_1=\dfrac{1}{\varlimsup\limits_{k\to\infty}\sqrt[k]{|c_k|}}$ 为半径的圆. 在这个圆内，正则部分收敛于解析函数$f_1(z)$. 为了确定洛朗级数的主要部分的收敛域，引入 $\zeta=(z-z_0)^{-1}$，得级数 $\displaystyle\sum_{k=1}^{+\infty}c_{-k}\zeta^k$. 这是一个在半径 $\rho=\dfrac{1}{\varlimsup\limits_{k\to\infty}\sqrt[k]{|c_{-k}|}}$ 的圆内收敛于解析函数$\varphi(\zeta)$的幂级数.

$$\varphi(\zeta)=\sum_{k=1}^{+\infty}c_{-k}\zeta^k,\quad|\zeta|<\rho$$

还原到变量z，得

$$\varphi\left(\frac{1}{z-z_0}\right)=\sum_{k=1}^{+\infty}c_{-k}(z-z_0)^{-k},\quad\left|\frac{1}{z-z_0}\right|<\rho\ \text{或}\ |z-z_0|>\frac{1}{\rho}$$

记 $\varphi\left(\dfrac{1}{z-z_0}\right)=f_2(z)$ 和 $\dfrac{1}{\rho}=R_2$ 得

$$f_2(z)=\sum_{k=1}^{+\infty}c_{-k}(z-z_0)^{-k},\quad|z-z_0|>R_2$$

即洛朗级数的主要部分在z_0为中心R_2为半径的圆的外部收敛于解析函数$f_2(z)$. 这样，

$$f_1(z)=\sum_{k=0}^{+\infty}c_k(z-z_0)^k,\quad|z-z_0|<R_1$$

$$f_2(z)=\sum_{k=1}^{+\infty}c_{-k}(z-z_0)^{-k},\quad|z-z_0|>R_2$$

如果 $R_1>R_2$（图 1-21），那么存在洛朗级数的收敛域 $R_2<|z-z_0|<R_1$，这是一个圆环域，在它的内部级数 $\displaystyle\sum_{k=-\infty}^{+\infty}c_k(z-z_0)^k$ 收敛于解析函数

$$f(z)=f_1(z)+f_2(z)$$

当 $R_2>R_1$ 时，洛朗级数在任何地方也不收敛.

定理 1-17 在圆环 $R_2 < |z - z_0| < R_1$ 内解析的函数 $f(z)$ 可唯一地表为环域内的洛朗级数.

可按类似于求泰勒级数系数的公式来计算洛朗级数的系数

$$c_n = \frac{1}{2\pi i} \oint_{C_{k'}} \frac{f(\xi)}{(\xi - z_0)^{n+1}} d\xi \quad (n \in \mathbf{Z})$$

其中, $C_{k'}$ 是环域 $R_2 < |z - z_0| < R_1$ 内, 围绕着 z_0 点的任一条闭曲线.

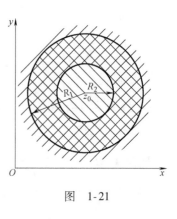

图 1-21

如果函数 $f(z)$ 在无穷远点邻域内是单值、解析的 (这个无穷远点邻域可看成是以坐标原点为圆心, 半径分别为有限长及无限长的圆所构成的圆环), 那么在这个邻域内 $f(z)$ 可展成洛朗级数.

事实上, 如果引入新的复变量 ξ: $z = \dfrac{1}{\xi}$, 那么 $f(z) = f\left(\dfrac{1}{\xi}\right) = \varphi(\xi)$, 而 $\varphi(\xi)$ 在点 $\xi = 0$ 的邻域内解析, 并且

$$\lim_{z \to \infty} f(z) = \lim_{\xi \to 0} \varphi(\xi)$$

对替换变量 $\xi = \dfrac{1}{z}$ 的函数 $\varphi(\xi)$ 在点 ξ 的邻域内洛朗展开, 得到函数 $f(z)$ 在无穷远点邻域内的洛朗级数. 由此得出, $\varphi(\xi)$ 的洛朗级数的正则部分, 将是 $f(z)$ 的洛朗级数的正则部分; 而 $\varphi(\xi)$ 的洛朗级数的主要部分, 将是 $f(z)$ 的洛朗级数的主要部分.

1.5.8 解析函数正则点和奇点

在研究实变函数时, 常遇到函数在某点的各种不同的性质, 如连续、有限间断、可去间断、无穷间断等. 对于复变函数也会遇到类似的点.

如果存在一个幂级数 $\sum\limits_{k=0}^{+\infty} c_k(z - z_0)^k$, 它在以 z_0 为圆心, 半径是任意小的圆内收敛于 $f(z)$, 即存在一个以 z_0 为圆心半径是任意小的圆, $f(z)$ 在这个圆内是解析的, 那么称 z_0 点是 $f(z)$ 的**正则点**. 不是正则的点就称为函数 $f(z)$ 的**奇点**.

如果函数 $f(z)$ 在区域 D 内解析, 那么这个区域的所有内点都是函数 $f(z)$ 的正则点. 区域 D 的边界 Γ 上的点可能是 $f(z)$ 的正则点, 也可能是 $f(z)$ 的奇点. 如果区域 D 连同它的边界 Γ 上的所有点都是 $f(z)$ 的正则点, 那么 $f(z)$ 在闭区域 $\overline{D}$ 上是解析的. 在这种情况下, 函数 $f(z)$ 能解析开拓到某个区域 D', $D' \supset D$, 所以函数经过任意的不含奇点的边界部分能解析开拓, 经过完全由奇点组成的边界部分不能解析开拓.

定理 1-18 如果幂级数在某个圆内收敛于函数 $f(z)$, 则在收敛圆周上至少有解析函数 $f(z)$ 的一个奇点.

推论 幂级数 $\sum\limits_{k=0}^{+\infty} c_k(z - z_0)^k$ 的收敛圆半径等于 z_0 点到这个级数和的最近的奇点的距离.

如果 $f(z)$ 是圆环 $0 < |z - z_0| < R_1$ 内的单值解析函数, 而 z_0 点是 $f(z)$ 的一个奇点, 那么称 z_0 点为函数 $f(z)$ 的**孤立奇点**. 在 z_0 处函数可能没有定义. 显然函数 $f(z)$ 在圆环 $0 < |z - z_0| < R_1$ 内能展成洛朗级数. 这里有三种可能性:

(1) 洛朗级数中不含有二项式 $(z - z_0)$ 的负次幂项, 即

$$f(z) = \sum_{k=0}^{+\infty} c_k (z - z_0)^k = c_0 + c_1 (z - z_0) + c_2 (z - z_0)^2 + \cdots$$

其中，$c_0 = \lim_{z \to z_0} f(z)$. 如果令 $f(z_0) = c_0$，那么函数 $f(z)$ 在 z_0 点已不间断. 在这种情况下，称 z_0 为函数 $f(z)$ 的**可去奇点**.

（2）洛朗级数中含有有限个二项式 $(z - z_0)$ 的负次幂项，即

$$f(z) = \sum_{k=-m}^{+\infty} c_k (z - z_0)^k$$
$$= c_{-m} (z - z_0)^{-m} + c_{-(m-1)} (z - z_0)^{-(m-1)} + \cdots + c_{-1} (z - z_0)^{-1} +$$
$$c_0 + c_1 (z - z_0) + c_2 (z - z_0)^2 + \cdots$$

在这种情况下，称 z_0 为函数 m **阶极点**. 特别地，当 $m = 1$ 时，也称为**单极点**.

如果 z_0 是函数 $f(z)$ 的极点，那么当 $z \to z_0$ 时，有 $\lim_{z \to z_0} |f(z)| = \infty$. 所以在这儿可以把函数 $f(z)$ 记作

$$f(z) = \frac{\psi(z)}{(z - z_0)^m}$$

其中，$\psi(z)$ 是解析函数，并且 $\psi(z_0) \neq 0$.

记 $\dfrac{(z - z_0)^m}{\psi(z)} = g(z)$. 显然，如果点 z_0 是函数 $g(z)$ 的 m 阶零点，那么它必是函数 $f(z) = \dfrac{1}{g(z)}$ 的 m 阶极点. 反过来，如果点 z_0 是函数 $f(z)$ 的 m 阶极点，那么它必是函数 $g(z)$ 的 m 阶零点.

（3）洛朗级数中含有无穷多个二项式 $(z - z_0)$ 的负次幂项.

在这种情况下，称 z_0 为函数 $f(z)$ 的**本性奇点**. 在本性奇点上解析函数 $f(z)$ 的极限不存在. 然而，可选出一个确定的点列 $z_n \to z_0$，使对应的函数值序列收敛于任意给定的复数. 改变 z_0 附近的点列，能得到不同的对应函数值的序列，它们收敛于不同的极限.

如果无穷远点不是单值解析函数 $f(z)$ 的正则点，那么在下述情况下它将是一个 $f(z)$ 的孤立奇点，即存在一个点 $z = \infty$ 的邻域，除了无穷远点本身之外，不再含有函数 $f(z)$ 的奇点. 无穷远孤立奇点同有限区域的孤立奇点一样也可为下列三种情形之一：可去奇点，m 阶极点或本性奇点.

最后需指出，关于单值解析函数在它的孤立奇点的邻域具有相反性质的定理. 前面在研究函数的零点时曾引入整函数的定义，这里指出第二种定义：

如果函数 $f(z)$ 在任一有限区域内都不含奇点，则称 $f(z)$ 是整函数或全纯函数.

如果函数 $f(z)$ 除了极点之外，不再有其他类型的奇点，那么称 $f(z)$ 是半纯函数. 譬如，所有整函数，有理分式函数和三角函数都是半纯函数.

例 1-48　在挖去奇点 $z_0 = -1$ 的环域上把函数 $f(z) = \dfrac{z-1}{z+1}$ 展开为洛朗级数.

解　$f(z)$ 是一个假分式，因此，必须先将其化为真分式，

$$f(z) = \frac{z-1}{z+1} = \frac{(z+1)-2}{z+1} = 1 - \frac{2}{z+1} \quad (0 < |z+1|)$$

上式已经是 $f(z)$ 在邻域上展开的洛朗级数，这个洛朗级数各项的系数除了 c_0 和 c_{-1} 不等

于零外，其他的系数皆为零，故奇点 $z_0 = -1$ 是函数 $f(z)$ 的一阶极点.

例 1-49 在挖去奇点 z_0 的邻域上或指定的环域上把函数 $f(z) = \dfrac{z}{(z-1)(z-2)^2}$ 展开为洛朗级数. （1）在 $|z| < 1$ 内；（2）在 $z_0 = 1$ 的邻域上；（3）在 $1 < |z| < 2$ 上；（4）在 $z_0 = 2$ 的邻域上；（5）在 $2 < |z|$ 上；（6）在 $z = 3$ 处；（7）在 $1 < |z-1|$ 内.

解 $f(z)$ 是有理分式，应先把它表为最简分式之和，即

$$f(z) = \frac{z}{(z-1)(z-2)^2} = \frac{1}{z-1} - \frac{1}{z-2} + \frac{2}{(z-2)^2} \tag{①}$$

它有两个有限奇点 $z_0 = 1$ 和 $z_0 = 2$.

（1）在 $|z| < 1$ 内，如图 1-22 所示. 奇点 $z_0 = 1$ 和 $z_0 = 2$ 都在环域 C_{RA}：$|z| < 1$ 之外，$f(z)$ 在 C_{RA} 内解析，此时 $\left|\dfrac{z}{2}\right| < |z| < 1$，展开的结果将是泰勒级数. 借助于几何级数，则由式①得

$$\begin{aligned}
f(z) &= \frac{\mathrm{d}}{\mathrm{d}z}\left(\frac{1}{1 - z/2}\right) + \frac{1}{2(1 - z/2)} - \frac{1}{1-z} \\
&= \frac{1}{2}\sum_{k=0}^{+\infty}(k+1)\left(\frac{z}{2}\right)^k + \frac{1}{2}\sum_{k=0}^{+\infty}\left(\frac{z}{2}\right)^k - \sum_{k=0}^{+\infty}z^k \\
&= \sum_{k=0}^{+\infty}\left[\left(\frac{1}{2}\right)^k\left(\frac{k}{2}+1\right) - 1\right]z^k \quad (|z| < 1)
\end{aligned}$$

这正是泰勒级数.

（2）在 $z_0 = 1$ 处，环域如图 1-23 中 C_{RB} 所示. 函数 $f(z)$ 在 $0 < |z-1| < 1$ 的环域 C_{RB} 内是解析的，展开结果将是洛朗级数，由于 $z_0 = 1$ 是 $f(z)$ 的单极点，故在该洛朗级数中，负幂项的幂指数绝对值的最大值为 1. 由式①得

$$f(z) = \frac{1}{z-1} + \frac{1}{1-(z-1)} + \frac{2}{[1-(z-1)]^2} \tag{②}$$

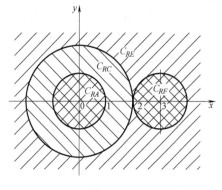

图 1-22

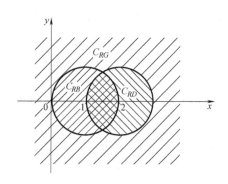

图 1-23

其中

$$\frac{1}{1-(z-1)} = \sum_{k=0}^{+\infty}(z-1)^k \quad (|z-1| < 1) \tag{③}$$

$$\frac{2}{[1-(z-1)]^2} = 2\frac{\mathrm{d}}{\mathrm{d}z}\Big[\frac{1}{1-(z-1)}\Big] = 2\frac{\mathrm{d}}{\mathrm{d}z}\sum_{k=0}^{+\infty}(z-1)^k$$

$$= 2\sum_{k=0}^{+\infty}(k+1)(z-1)^k \quad (\,|z-1|<1\,) \qquad ④$$

把式③和式④代入式②得

$$f(z) = (z-1)^{-1} + \sum_{k=0}^{+\infty}(z-1)^k + \sum_{k=0}^{+\infty}2(k+1)(z-1)^k$$

不妨再按公式来计算该洛朗级数的系数，注意到柯西定理，则可求得

$$c_{-2} = \frac{1}{2\pi\mathrm{i}}\oint_{C_{RB}}\frac{z}{(z-1)(z-2)^2}\frac{1}{(z-1)^{-1}}\mathrm{d}z$$

$$= \frac{1}{2\pi\mathrm{i}}\oint_{C_{RB}}\frac{z}{(z-2)^2}\mathrm{d}z = 0$$

同理可求得 $c_{-3} = c_{-4} = \cdots = c_{-k} = \cdots = 0$. 而

$$c_{-1} = \frac{1}{2\pi\mathrm{i}}\oint_{C_{RB}}\frac{z}{(z-1)(z-2)^2}\mathrm{d}z$$

$$= \frac{1}{2\pi\mathrm{i}}\oint_{C_{RB}}\Big[\frac{1}{z-1} - \frac{1}{z-2} + \frac{2}{(z-2)^2}\Big]\mathrm{d}z = 1$$

$$c_0 = \frac{1}{2\pi\mathrm{i}}\oint_{C_{RB}}\frac{z}{(z-1)(z-2)^2}\frac{1}{z-1}\mathrm{d}z$$

$$= \frac{1}{2\pi\mathrm{i}}\oint_{C_{RB}}\Big[\frac{1}{z-1} - \frac{1}{z-2} + \frac{2}{(z-2)^2}\Big]\frac{1}{z-1}\mathrm{d}z = 3$$

同理可求得 $c_1 = 5$，$c_2 = 7$，$\cdots$. 所以该洛朗级数为

$$f(z) = (z-1)^{-1} + 3 + 5(z-1) + 7(z-1)^2 + \cdots$$

$$= \sum_{k=-1}^{+\infty}(2k+3)(z-1)^k \quad (0<|z-1|<1)$$

由解题过程得到启发，如果函数 $f(z)$ 在 $|z-1|<1$ 的圆内只有一个奇点 $z_0=1$，可尝试令 $f(z) = \frac{1}{z-1}\frac{z}{(z-2)^2} = \frac{1}{z-1}g(z)$，其中 $g(z)$ 在 $|z-1|<1$ 的圆内解析，欲把 $f(z)$ 做洛朗展开，只需把 $g(z)$ 在 $z_0=1$ 做泰勒展开就行了. 而 $g(z)$ 在 $z_0=1$ 的泰勒级数是

$$g(z) = \sum_{k=0}^{+\infty}(2k+1)(z-1)^k$$

故亦可得本例的结果

$$f(z) = \frac{1}{z-1}g(z) = \frac{1}{z-1}\sum_{k=0}^{+\infty}(2k+1)(z-1)^k$$

$$= \sum_{k=-1}^{\infty}(2k+3)(z-1)^k \quad (0<|z-1|<1)$$

(3) 在环域 C_{RC}：$1<|z|<2$ 内，函数 $f(z)$ 解析，由式①得

$$f(z) = \frac{1}{2(1-z/2)^2} + \frac{1}{2(1-z/2)} - \frac{1}{1-z} \qquad ⑤$$

上式右边的前两项因 $\left|\dfrac{z}{2}\right|<1$，故可直接引用(1)中的有关结果，最后一项改写成 $-\dfrac{1}{1-z} =$

$\dfrac{1}{z(1-1/z)}$, $\left|\dfrac{1}{z}\right|<1$, 再做几何级数展开

$$-\frac{1}{1-z} = \frac{1}{z(1-1/z)} = \sum_{k=-\infty}^{-1} z^k \quad (1 < |z|) \qquad \text{⑥}$$

把式⑥和(1)中的有关结果代入式⑤, 得

$$f(z) = \sum_{k=0}^{+\infty}\left[\left(\frac{1}{2}\right)^k\left(\frac{k}{2}+1\right)\right]z^k + \sum_{k=-\infty}^{-1} z^k \quad (1 < |z| < 2)$$

(4) 在 $z_0=2$, 函数 $f(z)$ 在图 1-23 的 $0 < |z-2| < 1$ 的环域 C_{RD} 内是解析的, 由于 $z_0=2$ 是 $f(z)$ 的二阶极点, 故在展开所得的洛朗级数中, 负幂项的幂指数绝对值的最大值为 2. 由式①得

$$f(z) = \frac{1}{1+(z-2)} - \frac{1}{z-2} + \frac{2}{(z-2)^2}$$

$$= \sum_{k=0}^{+\infty} (-1)^k (z-2)^k - \frac{1}{z-2} + \frac{2}{(z-2)^2}$$

$$= \sum_{k=-2}^{+\infty} (-1)^k (z-2)^k \quad (0 < |z-2| < 1)$$

(5) 在 $2 < |z|$ 内, 函数 $f(z)$ 在图 1-22 中的环域 C_{RE}: $2 < |z|$ 内是解析的, 可以认为展开中心在 $z=0$, 也可认为展开中心在 $z=\infty$. 由于无限远点是函数的常点, 故在以点 $z=\infty$ 为圆心的圆形域 C_{RE} 内可把 $f(z)$ 展开为泰勒级数. 在无限远点展开的泰勒级数即为只有负幂项的洛朗级数, 这一点其实已由式⑥证明了, 这里还可进一步证明. 由式①得

$$f(z) = \frac{2}{z^2(1-2/z)^2} - \frac{1}{z(1-2/z)} + \frac{1}{z(1-1/z)}$$

$$= \frac{1}{2}\sum_{k=2}^{+\infty}(k-1)\left(\frac{2}{z}\right)^k - \frac{1}{2}\sum_{k=1}^{+\infty}\left(\frac{2}{z}\right)^k + \sum_{k=1}^{+\infty}\left(\frac{1}{z}\right)^k$$

$$= \sum_{k=-\infty}^{-2}\left(1-\frac{k+2}{2^{k+1}}\right)z^k \quad (2 < |z|)$$

该洛朗级数的确只有负幂项.

(6) 在 $z=3$ 处, 因为 $z=3$ 不是函数的奇点, 所以若以 $z=3$ 为圆心, 以点 $z=3$ 到 $f(z)$ 的最近一个奇点($z_0=2$)的距离 $R=1$ 为半径画圆(图 1-22 中的 C_{RF}), 则 $f(z)$ 在 C_{RF} 内是解析的, $f(z)$ 在圆 C_{RF} 内展为洛朗级数, 则此"洛朗级数"必为泰勒级数, 收敛半径 $R=1$. 按泰勒级数展开的方法求出其结果是

$$f(z) = \sum_{k=1}^{+\infty}\left(\frac{1}{2^k}+2k-1\right)(-1)^{k-1}(z-3)^{k-1} \quad (|z-3| < 1)$$

(7) 在 $1 < |z-1|$ 内, 其展开的环域如图 1-23 中 C_{RG} 所示, 亦可作如(6)的分析, 其洛朗级数将只有负幂项. 由式①得

$$f(z) = \frac{1}{z-1} - \frac{1}{(z-1)-1} + \frac{2}{[(z-1)-1]^2} \qquad \text{⑦}$$

其中

$$\frac{1}{(z-1)-1} = \frac{1}{z-1}\frac{1}{1-\dfrac{1}{z-1}} = \frac{1}{z-1}\sum_{k=0}^{\infty}(z-1)^{-k}$$

$$= \sum_{k=-\infty}^{-1}(z-1)^{k} \qquad \left(\left|\frac{1}{z-1}\right| < 1\right)$$

$$\frac{2}{[(z-1)-1]^2} = -2\frac{\mathrm{d}}{\mathrm{d}z}\Big[\frac{1}{(z-1)-1}\Big] \qquad (\,|z-1|\,>1) \qquad \text{⑧}$$

$$= -2\frac{\mathrm{d}}{\mathrm{d}z}\sum_{k=-\infty}^{-1}(z-1)^{k}$$

$$= -\sum_{k=-\infty}^{-1}2k(z-1)^{k-1} \qquad (\,|z-1|\,>1) \qquad \text{⑨}$$

所以

$$f(z) = \frac{1}{z-1} - \sum_{k=-\infty}^{-1}(z-1)^{k} - \sum_{k=-\infty}^{-1}2k(z-1)^{k-1}$$

$$= -\sum_{k=-\infty}^{-2}(2k+3)(z-1)^{k} \qquad (\,|z-1|\,>1)$$

例 1-50 在挖去奇点 $z_0 = 0$ 的邻域上把函数 $f(z) = \dfrac{1}{z^k(az-1)(z-a)}$（$k$ 为正整数，$|a|<1$）展开为洛朗级数.

解 $f(z)$ 仍是一个有理函数，故可仿上述例题进行展开.

$$f(z) = \frac{1}{z^k(az-1)(z-a)} = \frac{1}{z^k(1-a^2)}\Big[\frac{1}{a(1-z/a)} - \frac{a}{1-az}\Big]$$

$$= \frac{1}{z^k(1-a^2)}\left\{\frac{1}{a}\Big[1+\frac{z}{a}+\Big(\frac{z}{a}\Big)^2+\cdots\Big] - a\big[1+az+(az)^2+\cdots\big]\right\}$$

$$= \frac{1}{z^k(1-a^2)}\Big[\Big(\frac{1}{a}-a\Big) + \Big(\frac{1}{a^2}-a^2\Big)z + \Big(\frac{1}{a^3}-a^3\Big)z^2 + \cdots\Big] \qquad (\,|z|<a)$$

由于该洛朗级数共有 k 个负幂项，而且负幂项的幂指数的绝对值的最大者是 k，故 $z_0 = 0$ 是 $f(z)$ 的 k 阶极点.

例 1-51 在挖去奇点（1）$z_0 = 1$，（2）$z_0 = \infty$ 的邻域上把函数 $f(z) = \mathrm{e}^{z/(z-1)}$ 展开为洛朗级数.

解 （1）在 $z_0 = 1$ 的邻域内，有

$$f(z) = \mathrm{e}^{z/(z-1)} = \mathrm{e}^{1+1/(z-1)} = \mathrm{e}\cdot\mathrm{e}^{1/(z-1)} = \mathrm{e}\sum_{k=0}^{+\infty}\frac{1}{k!}\Big(\frac{1}{z-1}\Big)^k \qquad (1<|z|)$$

由于该洛朗级数有无限个负幂项，故 $z_0 = 1$ 是 $f(z)$ 的本性奇点.

（2）在 $z_0 = \infty$ 的邻域内，令 $\zeta = \dfrac{1}{z}$，则点 $z = \infty$ 就变成了点 $\zeta = 0$，而 $f(z) = f\Big(\dfrac{1}{\zeta}\Big) = \mathrm{e}^{\frac{1/\zeta}{1/\zeta - 1}} = \mathrm{e}^{\frac{1}{1-\zeta}} = \varphi(\zeta)$. 函数 $\varphi(\zeta)$ 在点 $\zeta = 0$ 是解析的，故只要把 $\varphi(\zeta)$ 在 $|\zeta|<1$（$\zeta = 1$ 是 $\varphi(\zeta)$ 的奇点）的区域内做泰勒展开. 因为

$$\varphi(\zeta) = \mathrm{e}^{\frac{1}{1-\zeta}}, \ \varphi(0) = \mathrm{e}$$

$$\varphi'(\zeta) = \frac{1}{(1-\zeta)^2} \, \mathrm{e}^{\frac{1}{1-\zeta}}, \ \varphi'(0) = \mathrm{e}$$

$$\varphi''(\zeta) = \left[\frac{1}{(1-\zeta)^4} + \frac{2}{(1-\zeta)^3}\right] \mathrm{e}^{\frac{1}{1-\zeta}}, \ \varphi''(0) = 3\mathrm{e}$$

$$\vdots \qquad\qquad\qquad \vdots$$

所以，

$$\varphi(\zeta) = f\left(\frac{1}{\zeta}\right) = \mathrm{e}\left(1 + \zeta + \frac{3}{2}\zeta^2 + \cdots\right)(\,|\,\zeta\,|\, < 1)\,,$$

即

$$f(z) = \mathrm{e}\left(1 + \frac{1}{z} + \frac{3}{2}\frac{1}{z^2} + \cdots\right) \qquad (\,|\,z\,|\, > 1)$$

应该注意，这里是把函数 $f(z)$ 在无限远点的邻域展开，而展开式没有正幂项，故 $f(z)$ 在无限远点是解析的. 因为 $z_0 = 1$ 是 $f(z)$ 的唯一奇点，故该级数在 $|\,z\,| > 1$ 的区域中收敛.

例 1-52 在挖去奇点(1) $z_0 = 1$，(2) $z_0 = \infty$ 的邻域上把函数 $f(z) = \sin \dfrac{1}{1-z}$ 展开为洛朗级数.

解 （1）在 $z_0 = 1$ 的邻域内，有

$$
\begin{aligned}
f(z) &= \sin \frac{1}{1-z} = -\sin \frac{1}{z-1} \\
&= -\frac{1}{z-1} + \frac{1}{3!(z-1)^3} - \frac{1}{5!(z-1)^5} + \cdots \\
&= \sum_{k=1}^{+\infty} \frac{(-1)^k}{(2k-1)!(z-1)^{2k-1}} \qquad (0 < |\,z-1\,|)
\end{aligned}
$$

显然，$z_0 = 1$ 是 $f(z)$ 的本性奇点.

（2）在 $z_0 = \infty$ 的邻域，同例 1-46，令 $\zeta = \dfrac{1}{z}$，则

$$f(z) = f\left(\frac{1}{\zeta}\right) = \sin \frac{1}{1-1/\zeta} = \sin \frac{\zeta}{\zeta-1} = \varphi(\zeta)$$

$\varphi(\zeta)$ 在 $\zeta = 0$ 的泰勒展式是

$$
\begin{aligned}
\varphi(\zeta) &= -\sin \frac{\zeta}{1-\zeta} = -\left[\frac{\zeta}{1-\zeta} - \frac{1}{3!}\left(\frac{\zeta}{1-\zeta}\right)^3 + \frac{1}{5!}\left(\frac{\zeta}{1-\zeta}\right)^5 - \cdots\right] \\
&= -(\zeta + \zeta^2 + \zeta^3 + \cdots) + \frac{1}{3!}\zeta^3(1 + \zeta + \zeta^2 + \cdots)^3 - \\
&\qquad \frac{1}{5!}\zeta^5(1 + \zeta + \zeta^2 + \cdots)^5 + \cdots \\
&= -\zeta - \zeta^2 - \frac{5}{6}\zeta^3 - \frac{1}{2}\zeta^4 - \cdots \qquad (\,|\,\zeta\,|\, < 1)
\end{aligned}
$$

即

$$f(z) = -\frac{1}{z} - \frac{1}{z^2} - \frac{5}{6}\frac{1}{z^3} - \frac{1}{2}\frac{1}{z^4} - \cdots \qquad (\,|\,z\,|\, > 1)$$

显然，函数在无限远点是解析的. 因为 $z_0 = 1$ 是 $f(z)$ 的唯一奇点，故该级数在 $|z| > 1$ 的区域中收敛. 其实，$\varphi(\zeta)$ 在泰勒展开的过程中有 $|\zeta| < 1$ 的限制，这意味着 $|z| > 1$，即 $f(z)$ 的洛朗级数在 $|z| > 1$ 的区域中收敛.

例 1-53 把函数 $f(z) = \cot z$ 在挖去奇点的邻域上展开为洛朗级数.

解 首先寻找 $f(z)$ 的奇点. 因为 $\lim\limits_{z \to 0} \cot z = \infty$ 且 $\lim\limits_{z \to 0} z \cot z = 1$，所以 $z_0 = 0$ 是函数的单极点，故其洛朗展式中将只有一个负幂项 $\dfrac{1}{z}$. 为此，设 $\cot z$ 的洛朗级数为

$$\cot z = a_{-1} z^{-1} + a_0 + a_1 z + a_2 z^2 + a_3 z^3 + \cdots \qquad ①$$

考虑到 $\cot z \sin z = \cos z$ 有

$$\left(a_{-1} z^{-1} + a_0 + a_1 z + a_2 z^2 + a_3 z^3 + \cdots \right) \left(z - \frac{z^3}{3!} + \frac{z^5}{5!} - \frac{z^7}{7!} + \cdots \right)$$

$$= 1 - \frac{z^2}{2!} + \frac{z^4}{4!} - \frac{z^6}{6!} + \cdots \qquad ②$$

比较式②两边的同幂项的系数得

$$a_{-1} = 1, \ a_0 = 0, \ a_1 = -\frac{1}{3}, \ a_2 = 0, \ a_3 = -\frac{1}{45}, \ \cdots$$

把所得系数代入式①得

$$\cot z = \frac{1}{z} - \frac{1}{3} z - \frac{1}{45} z^3 - \cdots \qquad (0 < |z| < \pi)$$

离 $z_0 = 0$ 最近的另一个奇点是 $z_0 = \pi$，故该洛朗级数在 $0 < |z| < \pi$ 的区域中收敛.

本例采用待定系数法把函数进行洛朗展开，这也是常用的方法之一. 需要注意的是必须先确定奇点的类型，否则盲目计算将事倍功半.

洛朗级数的系数公式计算起来往往不方便，所以一般采用一些简便方法，大致可归结为：

（1）要把有理分式函数展成洛朗级数，只需利用部分分式法把它表示成最简分式之和，然后再利用几何级数. 形如 $(z - z_0)^{-k}$（k 为大于 1 的整数）的分式展成的级数，可由几何级数微分 $(k-1)$ 次得到. 总之，一切有理分式都可分解为形如 $\dfrac{A}{(z - z_0)^k}$ 的分式之和（A 和 z_0 是复数），而每个形如 $\dfrac{A}{(z - z_0)^k}$ 的分式都容易利用几何级数进行展开，例 1-48、例 1-49 和例 1-50 充分体现了此点.

（2）把无理函数及超越函数展成洛朗级数时，常常利用 e^z，$\sin z$，$\cos z$，$\ln(1+z)$ 等函数的泰勒展式、二项级数展式及其他一些熟知的展式，这些都在例 1-51 和例 1-52 中得到反映.

（3）待定系数法，已在例 1-53 中做了说明.

习 题 8

求下列函数含 z 幂的洛朗展开式：

1. $\dfrac{z - 2}{2z^3 + z^2 - z}$

2. $\dfrac{z - 4}{z^4 + z^3 - 2z^2}$

3. $\dfrac{3z - 18}{2z^3 + 3z^2 - 9z}$

4. $\dfrac{2z-16}{z^4+2z^3-8z^2}$　　　5. $\dfrac{5z-50}{2z^3+5z^2-25z}$　　　6. $\dfrac{3z-36}{z^4+3z^3-18z^2}$

习　题　9

求下列函数含$(z-z_0)$幂的洛朗展开式：

1. $\dfrac{z+1}{z(z-1)}$, $z_0=1+2i$　　2. $\dfrac{z+1}{z(z-1)}$, $z_0=2-3i$　　3. $\dfrac{z+1}{z(z-1)}$, $z_0=-3-2i$

4. $\dfrac{z+1}{z(z-1)}$, $z_0=-2+i$　　5. $\dfrac{z-1}{z(z+1)}$, $z_0=1+3i$　　6. $\dfrac{z-1}{z(z+1)}$, $z_0=2-i$

7. $\dfrac{z-1}{z(z+1)}$, $z_0=-1+2i$　　8. $\dfrac{z-1}{z(z+1)}$, $z_0=-2-3i$

习　题　10

将下列函数在点z_0的邻域内展成洛朗级数：

1. $z\cos\dfrac{1}{z-2}$, $z_0=2$　　2. $\sin\dfrac{z}{z-1}$, $z_0=1$　　3. $ze^{z/(z-5)}$, $z_0=5$

4. $\sin\dfrac{2z-2}{z+2}$, $z_0=-2$　　5. $\cos\dfrac{3z}{z-i}$, $z_0=i$　　6. $\sin\dfrac{5z}{z-2i}$, $z_0=2i$

习　题　11

试确定下列函数的奇点$z=0$的类型：

1. $\dfrac{e^{9z}-1}{\sin z-z+z^3/6}$　　2. z^3e^{7/z^2}　　3. $\dfrac{\sin 8z-6z}{\cos z-1+z^2/2}$

4. $z\sin\dfrac{6}{z^2}$　　5. $\dfrac{e^z-1}{\sin z-z+z^3/6}$　　6. $\dfrac{\sin z^2-z^2}{\cos z-1+z^2/2}$

习　题　12

试求下列函数的孤立奇点（包括无穷远点）并确定其类型：

1. $e^{1/z}/\sin(1/z)$　　2. $1/\cos z$　　3. $\tan^2 z$

4. $z\tan ze^{1/z}$　　5. $\dfrac{e^z-1}{z^3(z+1)^2}$　　6. $\dfrac{z^2+1}{(z-i)^2(z^2+4)}$

1.6　留数

1.6.1　留数及其计算

如果z_0是区域D内的单值解析函数$f(z)$的孤立奇点，那么在这个点的邻域内函数$f(z)$能表为洛朗级数

$$f(z)=\sum_{n=-\infty}^{+\infty}c_n(z-z_0)^n$$

其中，$c_n=\dfrac{1}{2\pi i}\oint_\gamma\dfrac{f(\xi)\,\mathrm{d}\xi}{(\xi-z_0)^{n+1}}$, $n\in\mathbf{Z}$. γ是任意闭曲线，它位于函数$f(z)$的解析区域D内并围绕点z_0，但其内部不含$f(z)$的其他奇点.

定义 1-22 洛朗级数中负次幂项 $c_{-1}(z-z_0)^{-1}$ 的系数 c_{-1} 称为解析函数 $f(z)$ 在孤立奇点 z_0 的**留数**，即

$$c_{-1} = \frac{1}{2\pi i} \oint_\gamma f(\xi) \mathrm{d}\xi$$

这个积分值是沿着闭曲线 γ 按正向计算的. 可记作

$$\mathrm{Res}[f(z), z_0] = \mathrm{Res}[f(z_0)] = \frac{1}{2\pi i} \oint_\gamma f(\xi) \mathrm{d}\xi$$

由定义可直接得出：在正则点和有限可去奇点上函数的留数等于零.

如果奇点是极点，则计算留数是容易的. 有两种可能：

（1）z_0 是解析函数的一阶极点，此时函数 $f(z)$ 在 z_0 的邻域内的洛朗级数为

$$f(z) = \frac{c_{-1}}{z-z_0} + c_0 + c_1(z-z_0) + c_2(z-z_0)^2 + \cdots$$

由此得出

$$(z-z_0)f(z) = c_{-1} + c_0(z-z_0) + c_1(z-z_0)^2 + \cdots$$

所以

$$\mathrm{Res}[f(z), z_0] = c_{-1} = \lim_{z \to z_0}(z-z_0)f(z)$$

这个结果可由另一种形式给出.

事实上，当 z_0 是一阶极点时，函数 $f(z)$ 在点 z_0 的邻域内能表为两个函数 $\varphi(z)$ 和 $\psi(z)$ 的比，即

$$f(z) = \frac{\varphi(z)}{\psi(z)}$$

其中，$\varphi(z_0) \neq 0$，而 $\psi(z)$ 在 z_0 处有一阶零点，即 $\psi(z_0) = 0$，$\psi'(z_0) \neq 0$.

因为函数 $\psi(z)$ 在 z_0 的邻域内的泰勒级数可表为

$$\psi(z) = \psi(z_0) + \frac{\psi'(z_0)}{1!}(z-z_0) + \frac{\psi''(z_0)}{2!}(z-z_0) + \frac{\psi'''(z_0)}{3!}(z-z_0)^3 + \cdots$$

所以

$$\psi(z) = (z-z_0)\left[\psi'(z_0) + \frac{\psi''(z_0)}{2!}(z-z_0) + \frac{\psi'''(z_0)}{3!}(z-z_0)^2 + \cdots\right]$$

从而得

$$\mathrm{Res}[f(z), z_0] = \lim_{z \to z_0}[(z-z_0)f(z)] = \frac{\varphi(z_0)}{\psi'(z_0)}$$

例 1-54 求函数 $f(z) = \dfrac{z^2+1}{z^2+z-2}$ 在奇点处的留数.

解 函数 $f(z)$ 的奇点 $z_0 = -2$ 和 $z_1 = 1$ 都是一阶极点，$f(z)$ 可表为

$$f(z) = \frac{\varphi(z)}{\psi(z)} = \frac{z^2+1}{(z-1)(z+2)}$$

其中，$\varphi(z) = z^2+1$；$\psi(z) = (z-1)(z+2)$，$\psi'(z) = 2z+1$. 所以

$$\mathrm{Res}[f(z), -2] = \frac{\varphi(-2)}{\psi'(-2)} = \frac{(-2)^2+1}{2 \times (-2)+1} = -\frac{5}{3}$$

$$\text{Res}\big[f(z),1\big] = \frac{\varphi(1)}{\psi'(1)} = \frac{1^2+1}{2+1} = \frac{2}{3}$$

（2）z_0 是函数 $f(z)$ 的 m 阶极点. 在这种情况下，函数 $f(z)$ 在 z_0 的邻域内的洛朗级数可表为

$$
\begin{aligned}
f(z) &= \sum_{n=-m}^{+\infty} c_n (z-z_0)^n \\
&= \frac{c_{-m}}{(z-z_0)^m} + \frac{c_{-m+1}}{(z-z_0)^{m-1}} + \cdots + \frac{c_{-2}}{(z-z_0)^2} + \frac{c_{-1}}{z-z_0} + \\
&\quad c_0 + c_1(z-z_0) + c_2(z-z_0)^2 + \cdots
\end{aligned}
$$

由此得出

$$
\begin{aligned}
(z-z_0)^m f(z) = c_{-m} &+ c_{-m+1}(z-z_0) + c_{-m+2}(z-z_0)^2 + \cdots + \\
&c_{-1}(z-z_0)^{m-1} + c_0(z-z_0)^m + c_1(z-z_0)^{m+1} + \cdots
\end{aligned}
$$

将这个等式的两边关于 z 求导 $m-1$ 次，得

$$
\frac{\mathrm{d}^{m-1}}{\mathrm{d}z^{m-1}}\big[(z-z_0)^m f(z)\big] = (m-1)!\, c_{-1} + m(m-1)\cdots 2 c_0(z-z_0) +
$$

$$(m+1)m(m-1)\cdots 3 c_1(z-z_0)^2 + (m+2)(m+1)m(m-1)\cdots 4 c_2(z-z_0)^3 + \cdots$$

所以

$$
\text{Res}\big[f(z),z_0\big] = \frac{1}{(m-1)!} \lim_{z\to z_0} \frac{\mathrm{d}^{m-1}}{\mathrm{d}z^{m-1}}\big[(z-z_0)^m f(z)\big]
$$

例 1-55 求函数 $f(z) = \dfrac{\mathrm{e}^z}{(z-1)^2(z+2)^3}$ 在奇点处的留数.

解 函数 $f(z)$ 有奇点 $z_0 = -2$ 是三阶极点，$z=1$ 是二阶极点. 因而，

$$
\text{Res}\big[f(z),-2\big] = \frac{1}{2!} \lim_{z\to -2} \frac{(z^2-6z+11)\mathrm{e}^z}{(z-1)^4} = \frac{1}{6\mathrm{e}^2}
$$

$$
\text{Res}\big[f(z),1\big] = \lim_{z\to 1} \frac{\mathrm{d}}{\mathrm{d}z}\left[\frac{\mathrm{e}^z}{(z+2)^3}\right] = \lim_{z\to 1} \frac{(z-1)\mathrm{e}^z}{(z+2)^4} = 0
$$

定理 1-19 （留数基本定理）如果函数 $f(z)$ 在区域 D 内，除了 D 内有限个孤立奇点 $z_k(k=1,2,\cdots,n)$ 之外处处单值解析，那么

$$
\oint_{\Gamma^+} f(\xi)\,\mathrm{d}\xi = 2\pi\mathrm{i} \sum_{k=1}^{n} \text{Res}\big[f(z),z_k\big]
$$

其中，Γ^+ 是区域 D 的正向边界.

证 把函数 $f(z)$ 的每个孤立奇点 $z_k(k=1,2,\cdots,n)$ 都用完全位于区域 D 内，且互不包含的充分小的简单闭曲线 γ_k 围绕起来（图 1-24）. 在以 Γ 与 $\gamma_k(k=1,2,\cdots,n)$ 为边界的多连通区域内，函数 $f(z)$ 是解析的. 所以根据柯西定理有

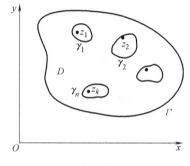

图 1-24

$$
\oint_{\Gamma^+} f(\xi)\,\mathrm{d}\xi + \sum_{k=1}^{n} \oint_{\gamma_k^-} f(\xi)\,\mathrm{d}\xi = 0
$$

由此得

$$\oint_{\Gamma^+} f(\xi)\,\mathrm{d}\xi = -\sum_{k=1}^{n} \oint_{\gamma_k^-} f(\xi)\,\mathrm{d}\xi = \sum_{k=1}^{n} \oint_{\gamma_k^+} f(\xi)\,\mathrm{d}\xi$$

$$= 2\pi\mathrm{i}\sum_{k=1}^{n} \mathrm{Res}[f(z),z_k]$$

定义 1-23　解析函数 $f(z)$ 在无穷远孤立奇点上的留数，就是它在这点邻域内的洛朗级数中负一次方项的系数带上负号，即

$$\mathrm{Res}\,[f(z),\infty] = -c_{-1} = -\frac{1}{2\pi\mathrm{i}}\int_{\gamma^+} f(\xi)\,\mathrm{d}\xi = \frac{1}{2\pi\mathrm{i}}\int_{\gamma^-} f(\xi)\,\mathrm{d}\xi$$

其中，γ 是以坐标原点为中心的，且具有充分大的半径的圆周（当 $|z| > R$ 时，除了无穷远点之外，再没有 $f(z)$ 的其他奇点），而这个积分是沿 γ 的负方向计算的，因为只有按顺时针方向沿着 γ 前进，才能使无穷远点的邻域永远在左侧.

定理 1-20　（无穷远点的留数定理）如果函数 $f(z)$ 除了有限的几个孤立奇点之外（包含无穷远点在内），在全复平面上处处解析，则函数 $f(z)$ 关于所有的孤立奇点的留数之和等于零.

证　设 C 是一条闭曲线，其内部含有函数 $f(z)$ 的 $n-1$ 个孤立奇点 $z_1, z_2, \cdots, z_{n-2}, z_{n-1}$. 根据留数基本定理有

$$\frac{1}{2\pi\mathrm{i}}\oint_{C^+} f(\xi)\,\mathrm{d}\xi = \sum_{k=1}^{n-1} \mathrm{Res}\,[f(z),z_k]$$

但

$$\frac{1}{2\pi\mathrm{i}}\oint_{C^+} f(\xi)\,\mathrm{d}\xi = -\mathrm{Res}\,[f(z),\infty] = -\mathrm{Res}\,[f(z),z_n] \quad (z_n = \infty)$$

从而 $\sum_{k=1}^{n} \mathrm{Res}\,[f(z),z_k] = 0$. 定理证毕.

这个定理经常用来简化复变函数沿闭曲线积分的计算.

1.6.2　留数定理在实积分中的应用

某些实积分可应用留数定理进行计算，尤其是对于原函数不易直接求得的定积分和广义积分，常是一种行之有效的方法，其关键是将它化为复变函数的闭曲线积分.

1. 计算 $\int_0^{2\pi} R(\cos\theta, \sin\theta)\,\mathrm{d}\theta$ 型积分

这里 $R(\cos\theta, \sin\theta)$ 是关于 $\cos\theta, \sin\theta$ 的有理函数，且在 $[0, 2\pi]$ 上连续.

若令 $z = \mathrm{e}^{\mathrm{i}\theta}$，则

$$\cos\theta = \frac{z + z^{-1}}{2}, \quad \sin\theta = \frac{z - z^{-1}}{2\mathrm{i}}, \quad \mathrm{d}\theta = \frac{\mathrm{d}z}{\mathrm{i}z}$$

当 θ 从 0 到 2π 变化时，z 沿着圆周 $|z| = 1$ 的正方向绕行一周（图 1-25），因此有

$$\int_0^{2\pi} R(\cos\theta, \sin\theta)\,\mathrm{d}\theta = \oint_{|z|=1} R\left(\frac{z + z^{-1}}{2}, \frac{z - z^{-1}}{2\mathrm{i}}\right) \frac{\mathrm{d}z}{\mathrm{i}z}$$

右端是关于 z 的有理函数的闭曲线积分，并且积分路径上无奇点，应用留数定理可求得其值.

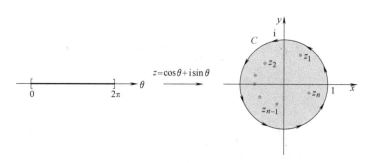

图 1-25

注 这里关键的一步是变量代换 $z = \mathrm{e}^{\mathrm{i}\theta}$，至于被积函数 $R(\cos\theta, \sin\theta)$ 在 $[0,2\pi]$ 上的连续性可不必检验，只需看变换后的被积函数在积分路径 $|z| = 1$ 上有无奇点.

例 1-56 计算 $\displaystyle\int_0^{2\pi} \frac{\mathrm{d}\varphi}{1 + a\cos\varphi}$　　$(|a| < 1)$.

解 设 $z = \mathrm{e}^{\mathrm{i}\varphi}$，则有

$$\mathrm{d}z = \mathrm{i}\mathrm{e}^{\mathrm{i}\varphi}\mathrm{d}\varphi = \mathrm{i}\,z\,\mathrm{d}\varphi,\ \mathrm{d}\varphi = \frac{\mathrm{d}z}{\mathrm{i}\,z}$$

当 φ 从 0 变到 2π 时，复变量 $z = \mathrm{e}^{\mathrm{i}\varphi}$ 沿圆周 $|z| = 1$ 的正方向绕行一周. 因为

$$\cos\varphi = \frac{1}{2}(\mathrm{e}^{\mathrm{i}\varphi} + \mathrm{e}^{-\mathrm{i}\varphi}) = \frac{1}{2}\left(z + \frac{1}{z}\right)$$

所以

$$\int_0^{2\pi} \frac{\mathrm{d}\varphi}{1 + a\cos\varphi} = \frac{1}{\mathrm{i}} \oint_{|z|=1} \frac{1}{1 + \dfrac{a}{2}\left(z + \dfrac{1}{z}\right)} \frac{\mathrm{d}z}{z}$$

$$= \frac{2}{\mathrm{i}} \oint_{|z|=1} \frac{\mathrm{d}z}{az^2 + 2z + a}$$

被积函数 $f(z) = \dfrac{1}{az^2 + 2z + a}$ 的奇点 $z_{1,2} = \dfrac{-1 \pm \sqrt{1 - a^2}}{a}$ 是一阶极点，它们使分母为零.

因 $|a| < 1$，所以只有极点 $z_1 = \dfrac{-1 + \sqrt{1 - a^2}}{a}$ 位于圆 $|z| < 1$ 的内部，从而

$$\int_0^{2\pi} \frac{\mathrm{d}\varphi}{1 + a\cos\varphi} = \frac{2}{\mathrm{i}} \cdot 2\pi\mathrm{i}\,\mathrm{Res}\,[f(z), z_1] = 4\pi[(z - z_1)f(z)]$$

$$= 4\pi \lim_{z \to z_1} \frac{z - z_1}{a(z - z_1)(z - z_2)} = \frac{4\pi}{a(z - z_2)}\bigg|_{z = z_1}$$

$$= \frac{4\pi}{a(z_1 - z_2)} = \frac{2\pi}{\sqrt{1 - a^2}}$$

2. 计算 $\displaystyle\int_{-\infty}^{+\infty}\frac{P(x)}{Q(x)}\,\mathrm{d}x$ 型积分

为了计算这类广义积分,我们先不加证明地引入一个引理.

引理 1 设 $f(z)$ 沿圆弧 C_R:$z = R\mathrm{e}^{\mathrm{i}\theta}$($\theta_1 \leqslant \theta \leqslant \theta_2$,$R$ 充分大)连续(图 1-26),且

$$\lim_{R\to+\infty} z\,f(z) = \lambda$$

于 C_R 上一致成立(即与 $\theta_1 \leqslant \theta \leqslant \theta_2$ 中的 θ 无关),则

$$\lim_{R\to+\infty}\int_{C_R} f(z)\,\mathrm{d}z = \mathrm{i}(\theta_2 - \theta_1)\lambda$$

定理 1-21 设 $f(z) = \dfrac{P(z)}{Q(z)}$ 为有理公式,其中 $P(z)$,$Q(z)$ 是次数分别为 m 和 n 的互质多项式,且符合条件:

(1)$n \geqslant m + 2$;

(2)在实轴上 $Q(z) \neq 0$,

于是有

$$\int_{-\infty}^{+\infty} f(x)\,\mathrm{d}x = 2\pi\mathrm{i}\sum_{\mathrm{Im}\,z_k>0} \mathrm{Res}\,[f(z),z_k]$$

例 1-57 计算 $\displaystyle\int_{-\infty}^{+\infty}\frac{\mathrm{d}x}{x^4 + 1}$.

解 将实变量的被积函数 $\dfrac{1}{x^4 + 1}$ 作为复变量的解析函数 $\dfrac{1}{z^4 + 1}$ 来考虑,它在实轴上有 $\dfrac{1}{z^4 + 1}\bigg|_{z=x} = \dfrac{1}{x^4 + 1}$. 为了解决所提出的问题,利用这个函数在上半平面的解析开拓并沿着含有实轴($-\infty < x < +\infty$)的某条闭曲线计算复变函数 $f(z) = \dfrac{1}{z^4 + 1}$ 的积分. 选取由实轴上的区间 $[-R, R]$ 和半圆周 $C_R(R > 1)$ 所组成的闭曲线 C 作为积分所沿的曲线(图 1-27).

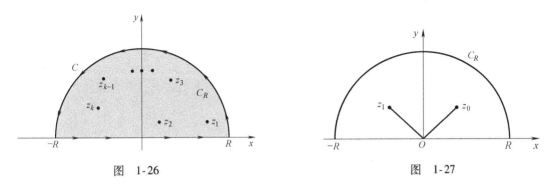

图 1-26　　　　　　　　　　　图 1-27

函数 $f(z)$ 的分母有四个零点 $z_k = \mathrm{e}^{\frac{\mathrm{i}(\pi+2k\pi)}{4}}$($k = 0,1,2,3$),这正是函数 $f(z)$ 的极点. 其中 $z_0 = \mathrm{e}^{\mathrm{i}\frac{\pi}{4}}$ 和 $z_1 = \mathrm{e}^{\mathrm{i}\frac{3\pi}{4}}$ 位于上半平面,所以选取的闭曲线 C 只包围函数 $f(z)$ 的两个极点 z_0 和 z_1. 因而

$$\oint_C \frac{\mathrm{d}z}{z^4 + 1} = \oint_C f(z)\,\mathrm{d}z = 2\pi\mathrm{i}\sum_{k=0}^{1} \mathrm{Res}\,[f(z),z_k]$$

其中 $f(z) = \dfrac{\varphi(z)}{\psi(z)}$, $\varphi(z) \equiv 1$, $\psi(z) = z^4 + 1$, $\psi'(z) = 4z^3$.

因为

$$\text{Res}\,[f(z), z_k] = \frac{\varphi(z_k)}{\psi'(z_k)} = \frac{1}{4z_k^3} \quad (k = 0, 1)$$

所以

$$\oint_C \frac{\mathrm{d}z}{z^4 + 1} = \oint_C f(z)\,\mathrm{d}z = 2\pi\mathrm{i}\left(\frac{1}{4z_0^3} + \frac{1}{4z_1^3}\right) = \frac{\pi\mathrm{i}}{2}\left(\mathrm{e}^{-\mathrm{i}\frac{3\pi}{4}} + \mathrm{e}^{-\mathrm{i}\frac{9\pi}{4}}\right)$$

$$= \frac{\pi}{2}\mathrm{i}\left[\left(\cos\frac{3\pi}{4} - \mathrm{i}\sin\frac{3\pi}{4}\right) + \left(\cos\frac{9\pi}{4} - \mathrm{i}\sin\frac{9\pi}{4}\right)\right]$$

$$= \frac{\pi}{2}\left[\mathrm{i}\left(\cos\frac{3\pi}{4} + \cos\frac{\pi}{4}\right) + \left(\sin\frac{3\pi}{4} + \sin\frac{\pi}{4}\right)\right]$$

$$= \frac{\pi}{2} \cdot \frac{2}{\sqrt{2}} = \frac{\pi}{\sqrt{2}}$$

从而

$$\lim_{R \to +\infty} \oint_C f(z)\,\mathrm{d}z = \lim_{R \to +\infty} \int_{-R}^{R} \frac{\mathrm{d}x}{x^4 + 1} + \lim_{R \to +\infty} \int_{C_R} f(z)\,\mathrm{d}z = \int_{-\infty}^{+\infty} \frac{\mathrm{d}x}{x^4 + 1}$$

由此得

$$\int_{-\infty}^{+\infty} \frac{\mathrm{d}x}{x^4 + 1} = \frac{\pi}{\sqrt{2}}$$

3. 计算 $\displaystyle\int_{-\infty}^{+\infty} \dfrac{P(x)}{Q(x)}\,\mathrm{e}^{\mathrm{i}\,mx}\mathrm{d}x$ 型积分

引理 2 （若尔当(Jordan)引理）设 $f(z)$ 沿半圆周 C_R: $z = R\mathrm{e}^{\mathrm{i}\theta}(0 \leqslant \theta \leqslant \pi$, R 充分大) 连续, 且

$$\lim_{R \to +\infty} f(z) = 0$$

于 C_R 上一致成立, 则

$$\lim_{R \to +\infty} \int_{C_R} f(z)\,\mathrm{e}^{\mathrm{i}\,mz}\mathrm{d}z = 0 \quad (m > 0)$$

定理 1-22 设 $f(z) = \dfrac{P(z)}{Q(z)}$, 其中 $P(z)$ 与 $Q(z)$ 是互质多项式, 且符合条件:

(1) $Q(z)$ 的次数比 $P(z)$ 的次数高;

(2) 在实轴上 $Q(z) \neq 0$;

(3) $m > 0$,

则有

$$\int_{-\infty}^{+\infty} f(x)\mathrm{e}^{\mathrm{i}\,mx}\mathrm{d}x = 2\pi\mathrm{i} \sum_{\text{Im}\,z_k > 0} \text{Res}\,[f(z), z_k]$$

特别地, 将上式分开实虚部, 就可以得到形如

$$\int_{-\infty}^{+\infty} \frac{P(x)}{Q(x)}\cos\,mx\,\mathrm{d}x \ \ \text{及} \int_{-\infty}^{+\infty} \frac{P(x)}{Q(x)}\sin\,mx\,\mathrm{d}x$$

的积分.

例 1-58 计算积分 $I = \int_0^{+\infty} \dfrac{\cos mx}{1+x^2}\,\mathrm{d}x$.

解 因为被积函数为偶函数，所以

$$I = \int_0^{+\infty} \frac{\cos mx}{1+x^2}\,\mathrm{d}x = \frac{1}{2}\int_{-\infty}^{+\infty} \frac{\cos mx}{1+x^2}\,\mathrm{d}x$$

而由定理

$$\int_{-\infty}^{+\infty} \frac{\mathrm{e}^{\mathrm{i}mx}}{1+x^2}\,\mathrm{d}x = 2\pi\mathrm{i}\,\mathrm{Res}\left(\frac{\mathrm{e}^{\mathrm{i}mz}}{1+z^2},\mathrm{i}\right) = 2\pi\mathrm{i}\cdot\frac{\mathrm{e}^{\mathrm{i}m\mathrm{i}}}{2\mathrm{i}} = \pi\mathrm{e}^{-m}$$

所以

$$I = \frac{\pi}{2}\mathrm{e}^{-m}$$

注 同理可求得

$$\int_{-\infty}^{+\infty} \frac{\sin mx}{1+x^2}\,\mathrm{d}x = 0$$

*1.6.3 对数留数

设函数 $f(z)$，除了有限的 p 个极点 $z_k(k=1,2,3,\cdots,p)$ 外，在区域 D 内处处解析，此外还设函数 $f(z)$ 在区域 D 内有有限的 n 个零点 $z_k'(k=1,2,3,\cdots,n)$，而在区域 D 的边界 L 上既没有函数 $f(z)$ 的零点，也没有它的奇点.

把函数 $f(z)$ 在区域 D 内的所有零点（极点）的个数 $N(P)$，其中几阶的零点（极点）就作几个零点（极点）计算，称为函数 $f(z)$ 在区域 D 内的全部零点的个数（全部极点的个数）.

称函数 $\varphi(z) = \dfrac{f'(z)}{f(z)} = (\ln f(z))'_z$ 为函数 $f(z)$ 的对数的导数，而函数 $\varphi(z)$ 在它的奇点 z_m（$m=1,2,\cdots,M$）上的留数称为函数 $f(z)$ 的**对数留数**.

函数 $f(z)$ 的零点和极点是函数 $\varphi(z)$ 的奇点，如果点 $\tilde{z}_k$ 是函数 $f(z)$ 的 n_k 重零点，则在这点的邻域内

$$f(z) = (z-\tilde{z}_k)^{n_k} f_1(z)$$

其中 $f_1(\tilde{z}_k)\neq 0$.

所以

$$\varphi(z) = \frac{f'(z)}{f(z)} = (\ln f(z))'_z = \left[n_k\ln(z-\tilde{z}_k) + \ln f_1(z)\right]'_z$$

$$= \frac{n_k}{z-\tilde{z}_k} + \frac{f_1'(z)}{f_1(z)}$$

并且点 $\tilde{z}_k$ 是函数 $\varphi(z)$ 的一阶极点.

因而，

$$\mathrm{Res}\left[\varphi(z),\tilde{z}_k\right] = \mathrm{Res}\left[\frac{f'(z)}{f(z)},\tilde{z}_k\right] = n_k$$

即函数 $f(z)$ 关于它的零点的对数留数等于它的这个零点的重数.

如果 z_k 是函数 $f(z)$ 的 p_k 阶极点，那么对函数 $F(z)=\dfrac{1}{f(z)}$，点 z_k 将是 p_k 重零点. 注意到

$\ln f(z) = -\ln F(z)$，则有

$$\frac{f'(z)}{f(z)} = [\ln f(z)]'_z = [-\ln F(z)]'_z = -[\ln F(z)]' = -\frac{F'(z)}{F(z)}$$

这意味着，$\mathrm{Res}\left[\dfrac{f'(z)}{f(z)}, z_k\right] = -\mathrm{Res}\left[\dfrac{F'(z)}{F(z)}, z_k\right] = -p_k$，即函数 $f(z)$ 关于它的极点的对数留数等于这个极点的阶数的相反数. 则

$$N = \sum_{k=1}^{n} \mathrm{Res}\left[\frac{f'(z)}{f(z)}, \tilde{z}_k\right], \quad P = \sum_{k=1}^{p} \mathrm{Res}\left[\frac{f'(z)}{f(z)}, z_k\right]$$

对应于留数基本定理，得出

$$\frac{1}{2\pi\mathrm{i}} \oint_{\Gamma^+} \frac{f'(\xi)}{f(\xi)} \,\mathrm{d}\xi = \sum_{k=1}^{n} \mathrm{Res}\left[\frac{f'(z)}{f(z)}, \tilde{z}_k\right] + \sum_{k=1}^{p} \mathrm{Res}\left[\frac{f'(z)}{f(z)}, z_k\right]$$

即 $\dfrac{1}{2\pi\mathrm{i}} \oint_{\Gamma^+} \dfrac{f'(\xi)}{f(\xi)} \,\mathrm{d}\xi = N - P$，表达式 $\dfrac{1}{2\pi\mathrm{i}} \oint_{\Gamma^+} \dfrac{f'(z)}{f(z)} \,\mathrm{d}z$ 被称为函数 $f(z)$ 关于闭曲线 Γ 的对数留数.

定理 1-23 如果单值函数 $f(z)$ 除了有限个极点外在区域 D 内处处解析，而在区域 D 的边界上既无零点也无奇点，那么函数 $f(z)$ 关于闭曲线 Γ 的对数留数等于位于 Γ 内的全部零点的个数与全部极点的个数之差.

按复变函数 $w = w(z)$ 的定义，下面的论断总是正确的：

如果复自变量 z 获得某个增量 Δz，而复平面 Z 上的点 z 跑遍某条闭曲线 Γ，那么函数 $w = w(z)$ 也获得某个增量 $\Delta w = w(z + \Delta z) - w(z)$，而复平面 W 上的点 w 跑遍对应的闭曲线 G. 在这种情况下，复变函数 $w = w(z)$ 的幅角也获得某个增量.

这个事实可使我们求出函数的对数留数 $(N - P)$.

事实上，如果函数 $f(z)$ 在以闭曲线 Γ 为边界的区域 D 内满足对数留数定理上的所有条件，那么

$$\frac{1}{2\pi\mathrm{i}} \oint_{\Gamma^+} \frac{f'(\xi)}{f(\xi)} \,\mathrm{d}\xi = \frac{1}{2\pi\mathrm{i}} \oint_{\Gamma^+} \mathrm{d}[\ln f(\xi)] = \frac{1}{2\pi\mathrm{i}} \oint_{\Gamma^+} \mathrm{d}[\ln |f(\xi)| + \mathrm{i}\arg f(\xi)]$$

$$= \frac{1}{2\pi\mathrm{i}} \oint_{\Gamma^+} \mathrm{d}[\ln |f(\xi)|] + \frac{1}{2\pi} \oint_{\Gamma^+} \mathrm{d}[\arg f(\xi)]$$

因为 $\ln |f(\xi)|$ 是单值函数，所以当闭曲线 Γ 上的点 ξ 跑完 Γ 的全程时，它的增量等于零，即 $\oint_{\Gamma^+} \mathrm{d}[\ln |f(\xi)|] = 0$. 所以

$$\frac{1}{2\pi\mathrm{i}} \oint_{\Gamma^+} \frac{f'(\xi)}{f(\xi)} \,\mathrm{d}\xi = N - P = \frac{1}{2\pi} \oint_{\Gamma^+} \mathrm{d}[\arg f(\xi)] = \frac{1}{2\pi} \mathrm{Var}[\arg f(z)]_{\Gamma^+}$$

其中，$\mathrm{Var}[\arg f(z)]_{\Gamma^+}$ 是当闭曲线 Γ 上的点 z 沿正方向绕行一周时复变函数 $w = f(z)$ 的辐角的增量.

因此，$N - P = \dfrac{1}{2\pi} \mathrm{Var}[\arg f(z)]_{\Gamma^+}$ 等于点 w 围绕 $w = 0$ 完成的圈数.

这个结论，经常可使给定区域内的解析函数的零点个数予以计算上的简化. 在这里，如下的定理起着实质性的作用.

定理 1-24 （儒歇定理）如果不等式 $|f(z)|_{\Gamma} > |\varphi(z)|_{\Gamma}$ 在区域 D 的边界 Γ 上成立，

并且函数 $f(z)$ 与 $\varphi(z)$ 在闭区域 $\overline{D}$ 上解析，那么函数 $F(z) = f(z) + \varphi(z)$ 与 $f(z)$ 在区域 D 内的全部零点的个数相同.

例 1-59 运用儒歇定理，试求函数 $w = z^2 - 1$ 在圆 $|z| \leqslant 2$ 内的全部零点的个数.

解 如果假定 $z^2 = f(z)$，$-1 = \varphi(z)$，那么在边界 $\Gamma: |z| = 2$ 上，得

$$|f(z)|_\Gamma = 4, \quad |\varphi(z)|_\Gamma = 1, \quad |f(z)|_\Gamma > |\varphi(z)|_\Gamma$$

根据儒歇定理在圆域 $|z| \leqslant 2$ 内，函数 $f(z) = z^2$ 的全部零点的个数与 $w = F(z) = f(z) + \varphi(z) = z^2 - 1$ 相同. 但 $f(z) = z^2$ 有一个二重的零点，即 $f(z) = z^2$ 的全部零点的个数等于 2. 因而，函数 $w = z^2 - 1$ 在圆域 $|z| \leqslant 2$ 内有两个零点.

利用儒歇定理能较简单地证明代数基本定理：**每个整函数(多项式)至少有一个零点**.

在电子技术中，进行电路综合时，即解决电路系统图的设计并根据已知电路系统图的部分的及暂时的性质来确定其中所需元件的参数，要利用函数的留数.

1.6.4 小结

1. 留数定理

若 $f(z)$ 在回路 l 所围区域 D 内有有限个孤立奇点 $z_1, z_2, \cdots, z_n$，且 $\mathrm{Res}\, f(z_1), \mathrm{Res}\, f(z_2), \cdots, \mathrm{Res}\, f(z_n)$ 分别为 $f(z)$ 在区域内各奇点的留数. 除这些奇点外，$f(z)$ 在以 l 为边界的闭域上是解析的，则

$$\oint_l f(z)\,\mathrm{d}z = 2\pi\mathrm{i}\left[\mathrm{Res}\, f(z_1) + \mathrm{Res}\, f(z_2) + \cdots + \mathrm{Res}\, f(z_n)\right] \tag{1-10}$$

即 $f(z)$ 的回路积分等于 $2\pi\mathrm{i}$ 乘以它在回路内各奇点的留数之和.

2. 留数的计算方法

(1) 基本方法 根据留数的定义，只要把函数 $f(z)$ 在以它的奇点为圆心的圆环域上展开为洛朗级数，取它的负一次幂项的系数就行了.

(2) 其他方法

1) 若 z_0 为 $f(z)$ 的单极点，则

$$\mathrm{Res}\, f(z_0) = \lim_{z \to z_0}\left[(z - z_0)f(z)\right] \text{(非零有限值)} \tag{1-11}$$

2) 若 $f(z) = \dfrac{\varphi(z)}{\psi(z)}$，$\varphi(z)$ 和 $\psi(z)$ 在 z_0 处都解析，如果 $\varphi(z_0) \neq 0$，$\psi(z_0) = 0$，$\psi'(z_0) \neq 0$，即 z_0 为 $\psi(z)$ 的一阶零点，那么 z_0 为 $f(z)$ 的单极点，则有

$$\mathrm{Res}\, f(z_0) = \frac{\varphi(z_0)}{\psi'(z_0)} \tag{1-12}$$

3) 若 z_0 为 $f(z)$ 的 m 阶极点，则

$$\lim_{z \to z_0}\left[(z - z_0)^m f(z)\right] = \text{非零有限值} \tag{1-13}$$

而

$$\mathrm{Res}\, f(z_0) = \lim_{z \to z_0}\frac{1}{(m-1)!}\left\{\frac{\mathrm{d}^{n-1}}{\mathrm{d}z^{m-1}}\left[(z - z_0)^m f(z)\right]\right\} \tag{1-14}$$

利用式(1-11)和式(1-13)可判断极点的阶.

4) z_0 为无穷远点，则 $-c_{-1}$ 被定义为它的留数 $\mathrm{Res}\, f(\infty)$，即使无穷远点不是 $f(z)$ 的奇点，$\mathrm{Res}\, f(\infty)$ 也可以不为零. 如果 $f(z)$ 的有限远奇点的个数是有限的，则

$$\mathrm{Res}\, f(\infty) = -[f(z) \text{在所有有限远奇点的留数之和}] \tag{1-15}$$

5）若 z_0 为本性奇点，往往用基本方法求其留数. 若无穷远点作为 $f(z)$ 的本性奇点，有时则可按式（1-15）计算.

1.6.5 例题选解

例 1-60 确定函数 $f(z) = \dfrac{z-1}{z+1}$ 的奇点类型，求出函数在奇点的留数.

解法 1 先用基本方法把 $f(z)$ 在点 $z_0 = -1$ 展成洛朗级数

$$f(z) = 1 - \frac{2}{z+1} \qquad (0 < |z+1|)$$

故 $z_0 = -1$ 为 $f(z)$ 的单极点，且 $\mathrm{Res}\, f(-1) = -2$.

解法 2 由式（1-11） $\lim\limits_{z \to -1}\Big[(z+1)\dfrac{z-1}{z+1}\Big] = -2$，$-2$ 是非零有限值，故 $z_0 = -1$ 为 $f(z)$ 的单极点，且 $f(z)$ 在点 $z_0 = -1$ 的留数就是 -2.

例 1-61 确定函数 $f(z) = \dfrac{z}{(z-1)(z-2)^2}$ 的奇点类型，求出函数在奇点的留数.

解法 1 把 $f(z)$ 分别在挖去以它的奇点 $z_0 = 1$ 和 $z_0 = 2$ 为圆心的圆环域上展为洛朗级数.

在 $z_0 = 1$，有

$$f(z) = \sum_{k=-1}^{+\infty} (2k+3)(z-1)^k \qquad (0 < |z-1| < 1)$$

由此可见，它的负一次幂项为 $(z-1)^{-1}$，且负幂项只此而已，故 $z_0 = 1$ 为 $f(z)$ 的单极点，且 $\mathrm{Res}\, f(1) = 1$.

在 $z_0 = 2$，有

$$f(z) = \sum_{k=-1}^{+\infty} (-1)^k (z-2)^k + \frac{1}{(z-2)^2} \qquad (0 < |z-2| < 1)$$

该洛朗级数负幂项的幂指数绝对值的最大者为 2，故 $z_0 = 2$ 为 $f(z)$ 的二阶极点，且 $\mathrm{Res}\, f(2) = -1$.

解法 2 由式（1-11），$\mathrm{Res}\, f(1) = \lim\limits_{z \to 1}\Big[(z-1)\dfrac{z}{(z-1)(z-2)^2}\Big] = 1$. 由式（1-12），$\varphi(z) = z$，$\psi(z) = z^3 - 5z^2 + 8z - 4$，$\psi'(z) = 3z^2 - 10z + 8$，故 $\mathrm{Res}\, f(1) = \dfrac{\varphi(1)}{\psi'(1)} = 1$，所以 $z_0 = 1$ 为该函数的单极点.

由式（1-14），可以得到 $\mathrm{Res}\, f(2) = \lim\limits_{z \to 2}\dfrac{1}{1!}\Big\{\dfrac{\mathrm{d}}{\mathrm{d}z}\Big[(z-2)^2 \dfrac{z}{(z-1)(z-2)^2}\Big]\Big\} = -1$，故 $z_0 = 2$ 为该函数的二阶极点，且 $\mathrm{Res}\, f(2) = -1$.

例 1-62 确定函数 $f(z) = \mathrm{e}^{z/(z-1)}$ 的所有奇点类型，求出函数在奇点处的留数.

解法 1 这里研究点 $z_0 = 1$ 和 $z_0 = \infty$，在相应的环域中，求出它们的洛朗级数.

在 $z_0 = 1$，$f(z) = \mathrm{e}\sum\limits_{k=0}^{\infty} \dfrac{1}{k!}(z-1)^{-k}$（$1 < |z|$），故 $z_0 = 1$ 为 $f(z)$ 的本性奇点，且 $\mathrm{Res}\, f(1) = \mathrm{e}$.

在 $z_0 = \infty$，$f(z) = \mathrm{e}\Big[1 + \dfrac{1}{z} + \dfrac{3}{2}\dfrac{1}{z^2} + \cdots\Big]$（$1 < |z|$），故 $f(z)$ 在 $z_0 = \infty$ 是解析的，且

$\operatorname{Res} f(\infty) = -e$.

其实, 知道了 $\operatorname{Res} f(1) = e$ 后, 可根据式(1-15)求出 $\operatorname{Res} f(\infty) = -\operatorname{Res} f(1) = -e$.

解法 2　如果比较容易地求出了 $\operatorname{Res} f(\infty)$, 则可根据式(1-15)求出本性奇点的留数 $\operatorname{Res} f(1) = -\operatorname{Res} f(\infty) = e$. 对于本性奇点来讲, 求 $f(z)$ 在该点的留数, 解法 1 是主要的, 通过下面的例题, 可进一步体现这一点.

例 1-63　确定函数 $f(z) = \sin \dfrac{1}{1-z}$ 的所有奇点类型, 求出函数在奇点的留数.

解　解题的思路完全同于例 1-62, 在 $z_0 = 1$ 的邻域内, $f(z)$ 的洛朗级数是

$$f(z) = \sum_{k=1}^{\infty} \frac{(-1)^k}{(2k-1)!(z-1)^{2k-1}} \qquad (0 < |z-1|)$$

故 $z_0 = 1$ 是 $f(z)$ 的本性奇点, $\operatorname{Res} f(1) = -1$.

由式(1-15)知, $\operatorname{Res} f(\infty) = -\operatorname{Res} f(1) = 1$. 尽管 $z = \infty$ 不是该函数的奇点, 但其留数却不为零.

例 1-64　确定函数 $f(z) = \dfrac{\sin z}{z^3}$ 的奇点性质, 求出函数在奇点处的留数.

解法 1　显然, $z_0 = 0$ 是函数 $f(z)$ 的奇点. $f(z)$ 在 $z_0 = 0$ 的邻域内的洛朗级数是

$$\begin{aligned} f(z) &= \frac{1}{z^3}\left(z - \frac{1}{3!}z^3 + \frac{1}{5!}z^5 - \cdots\right) \\ &= \frac{1}{z^2} - \frac{1}{3!} + \frac{1}{5!}z^2 - \cdots \quad (0 < |z|) \end{aligned}$$

故 $z_0 = 0$ 是 $f(z)$ 的二阶极点, $\operatorname{Res} f(0) = 0$.

必须指出: ①如果只看分母 z^3, $z_0 = 0$ 似乎是 $f(z)$ 的三阶极点, 其实不对. 在求函数的奇点时, 不能一看函数的表面形式就匆忙得出结论. ②函数在 $z_0 = 0$ 的留数为 0, 这并不是说 $z_0 = 0$ 是函数的可去奇点. 事实上, 洛朗级数有负幂项, 其负幂项的幂指数绝对值的最大者是 2, 故 $z_0 = 0$ 为函数的二阶极点. 这样, 当点 z_0(点 $z_0 = \infty$ 除外)为函数的可去奇点时, 因其洛朗级数无负幂项, 该函数在 z_0 的留数必为 0, 但逆命题并不成立.

解法 2　由式(1-13), $\lim\limits_{z \to 0} z^3 \dfrac{\sin z}{z^3} = 0$, 不是非零有限值, 所以 $z_0 = 0$ 不是 $f(z)$ 的三阶极点. 所试极点的阶数偏高, 改试 $z_0 = 0$ 是 $f(z)$ 的二阶极点, 由式(1-13)

$$\lim_{z \to 0} z^2 \frac{\sin z}{z^3} = \lim_{z \to 0} \frac{\sin z}{z} = 1$$

1 是非零有限值, 故 $z_0 = 0$ 是 $f(z)$ 的二阶极点. 由式(1-14),

$$\operatorname{Res} f(0) = \lim_{z \to 0} \frac{1}{1!}\left\{\frac{\mathrm{d}}{\mathrm{d}z}\left(z^2 \frac{\sin z}{z^3}\right)\right\} = \lim_{z \to 0} \frac{\mathrm{d}}{\mathrm{d}z}\left(\frac{\sin z}{z}\right) = 0$$

故 $f(z)$ 在二阶极点 $z_0 = 0$ 的留数等于零.

例 1-65　确定函数 $f(z) = \dfrac{\mathrm{e}^z - 1}{z^2}$ 的奇点性质, 求出函数在奇点的留数.

解法 1　解题思路与例 1-59 相同, 将上题的两种方法对调一下, 研究 $z = 0$ 的留数等于零. 由式(1-13),

$$\lim_{z\to 0} z^2 \frac{e^z - 1}{z^2} = \lim_{z\to 0} (e^z - 1) = 0$$

故 $z = 0$ 不是 $f(z)$ 的二阶极点. 又

$$\lim_{z\to 0} z \frac{e^z - 1}{z^2} = \lim_{z\to 0} \frac{e^z - 1}{z} = 1 \,(\text{非零有限值})$$

故 $z_0 = 0$ 是 $f(z)$ 的一阶极点. 再由式(1-11)求其留数

$$\mathrm{Res}\, f(0) = \lim_{z\to 0} z \frac{e^z - 1}{z^2} = 1 \tag{①}$$

若应用式(1-12)来求，则

$$\mathrm{Res}\, f(0) = \lim_{z\to 0} \frac{e^z - 1}{2z} = \frac{1}{2} \tag{②}$$

这个结果显然是不对的(与式①矛盾). 因为这里的 $\varphi(z) = e^x - 1$，从而 $\varphi(z_0) = \varphi(0) = 0$，这里 $\psi(z) = z^2$，$\psi'(z) = 2z$，从而 $\psi'(z_0) = \psi'(0) = 0$，所以式(1-12)对本例不适用.

根据式(1-15)，$\mathrm{Res}\, f(\infty) = -1$.

解法 2 $f(z)$ 在 $z_0 = 0$ 的邻域中的洛朗级数是

$$f(z) = \frac{e^z - 1}{z^2} = \frac{1}{z^2}\left(\sum_{k=0}^{\infty} \frac{z^k}{k!} - 1\right) = \frac{1}{z} + \frac{1}{2!} + \frac{z}{3!} + \cdots \quad (0 < |z|)$$

故 $z_0 = 0$ 是 $f(z)$ 的单极点，且 $\mathrm{Res}\, f(0) = 1$.

例 1-66 确定函数 $f(z) = \dfrac{\ln(1+z)}{z}$ 的奇点性质.

解 在 $z_0 = 0$，函数 $f(z)$ 的分母为零，故 $z_0 = 0$ 是奇点. 但函数的分子在 $z_0 = 0$ 也为零，取极限，得

$$\lim_{z\to 0} \frac{\ln(1+z)}{z} = 1$$

所以 $z_0 = 0$ 是可去奇点. 事实上，该函数在 $z_0 = 0$ 的邻域上的级数展开式为

$$f(z) = \frac{1}{z}\ln(1+z) = \frac{1}{z}\sum_{k=1}^{\infty} (-1)^{k+1} \frac{z^k}{k} = \sum_{k=0}^{\infty} (-1)^k \frac{z^k}{(k+1)} \quad (|z| < 1)$$

可见 $z_0 = 0$ 的确是 $f(z)$ 的可去奇点.

例 1-67 确定函数 $f(z) = \dfrac{1}{1+z^{2n}}$ 的奇点性质，求出函数在奇点的留数.

解 令原式分母 $1 + z^{2n} = 0$，则 $z^{2n} = -1 = e^{i(2k+1)\pi}$，$z = e^{i(2k+1)\pi/2n}$ $(k = 0,1,2,\cdots,2n-1)$ 都是 $f(z)$ 的单极点. 利用式(1-12)计算函数在这些单极点的留数

$$\mathrm{Res}\, f(z_k) = \lim_{z\to z_k} \frac{z - e^{i(2k+1)\pi/2n}}{1+z^{2n}} = \lim_{z\to z_k} \frac{1}{2nz^{2n-1}}$$

$$= \lim_{z\to z_k} \frac{z}{2nz^{2n}} = -\frac{1}{2n} e^{i(2k+1)\pi/2n}$$

显然，对于不同的 k 值，函数在相应的单极点 z_k 的留数也不同.

例 1-68 计算回路积分 $\displaystyle\oint_{|z|=4} \frac{z^{15}}{(z^2+1)^2(z^4+2^4)^3} \,\mathrm{d}z$.

解 被积函数 $f(z)$ 在圆 $|z| = 4$ 内有二阶极点 $z_0 = \mathrm{i}$ 和 $z_0 = -\mathrm{i}$，有三阶极点 $z_0 = \pm\sqrt{2}(1-\mathrm{i})$ 和 $z_0 = \pm\sqrt{2}(1+\mathrm{i})$. 要计算函数 $f(z)$ 在这些奇点的留数是很麻烦的，但是如果使用式

(1-15)，计算就会简单很多. 这时，只要把函数的无穷远点的留数求出来就行了，这是因为函数在 z 平面内所有有限奇点都在圆 $|z|=4$ 内.

把 $f(z)$ 在无穷远点作洛朗展开，并令 $\zeta=\dfrac{1}{z}$，则

$$f(z) = f\left(\frac{1}{\zeta}\right) = \frac{\zeta}{(1+\zeta^2)^2(2^4\zeta^4+1)^3} = \varphi(\zeta)$$

函数 $\varphi(\zeta)$ 在点 $\zeta=0$ 是解析的，故只要把 $\varphi(\zeta)$ 在点 $\zeta=0$ 处泰勒展开. 若令

$$\varphi(\zeta) = \zeta\left[\frac{1}{(1+\zeta^2)^2(2^4\zeta^4+1)^3}\right] = \zeta\phi(\zeta)$$

则 $\phi(\zeta)$ 总可以化为若干个有理真分式之和，再利用几何级数进行泰勒展开，或直接利用基本方法把 $\phi(\zeta)$ 进行泰勒展开，其首项为

$$\phi(\zeta)\big|_{\zeta=0} = \frac{1}{(1+\zeta^2)^2(2^4\zeta^4+1)^3}\bigg|_{\zeta=0} = 1$$

于是，$\phi(\zeta)$ 的泰勒级数不妨写为

$$\phi(\zeta) = 1 + \sum_{k=1}^{+\infty} \frac{\phi^{(k)}(0)}{k!}\zeta^k$$

所以

$$\varphi(\zeta) = \zeta\phi(\zeta) = \zeta + \sum_{k=1}^{+\infty}\frac{\phi^{(k)}(0)}{k!}\zeta^{k+1}$$

以 $\zeta=1/z$ 代回 $f(1/\zeta)$ 得

$$f(z) = \frac{1}{z} + \sum_{k=1}^{+\infty}\frac{\phi^{(k)}(0)}{k!}z^{k+1}$$

故 $f(z)$ 在点 $z=\infty$ 的留数 $\operatorname{Res} f(\infty) = -1$.

根据式(1-15)，$f(z)$ 在圆 $|z|=4$ 内所有奇点的留数和 $\sum_j \operatorname{Res} f(z_j) = -\operatorname{Res} f(\infty) = 1$，于是

$$\oint_{|z|=4} \frac{z^{15}}{(z^2+1)^2(z^4+2^4)^3}\,\mathrm{d}z = 2\pi\mathrm{i}$$

例 1-69 计算回路积分 $\oint_l \dfrac{1}{z^4+1}\,\mathrm{d}z$（$l$ 的方程是 $x^2+y^2=2x$）.

解 l 的方程可化为 $(x-1)^2+y^2=1$，在复平面上，它是一个以点 $z=1$ 为圆心，以 1 为半径的圆（图 1-28）.

被积函数 $f(z)$ 有两个单极点 $z_0 = \dfrac{\sqrt{2}}{2}(1+\mathrm{i})$ 和 $z_0 = \dfrac{\sqrt{2}}{2}(1-\mathrm{i})$ 在圆内，亦即 $z_0 = \mathrm{e}^{\mathrm{i}\pi/4}$ 和 $z_0 = \mathrm{e}^{-\mathrm{i}\pi/4}$ $f(z)$ 在这两点的留数分别是

$$\operatorname{Res} f(\mathrm{e}^{\mathrm{i}\pi/4}) = \lim_{z\to\mathrm{e}^{\mathrm{i}\pi/4}}(z-\mathrm{e}^{\mathrm{i}\pi/4})\frac{1}{z^4+1}$$

$$= \lim_{z\to\mathrm{e}^{\mathrm{i}\pi/4}}\frac{1}{4z^3} = \frac{1}{4\mathrm{e}^{\mathrm{i}3\pi/4}} = -\frac{1}{4\sqrt{2}}(1+\mathrm{i})$$

$$\operatorname{Res} f(\mathrm{e}^{-\mathrm{i}\pi/4}) = \lim_{z\to\mathrm{e}^{\mathrm{i}\pi/4}}(z-\mathrm{e}^{-\mathrm{i}\pi/4})\frac{1}{z^4+1} = \frac{1}{4\sqrt{2}}(-1+\mathrm{i})$$

所以

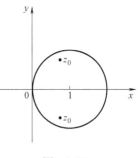

图 1-28

$$\oint_l \frac{\mathrm{d}z}{z^4+1} = 2\pi\mathrm{i}\big[\operatorname{Res} f(\mathrm{e}^{\mathrm{i}\pi/4}) + \operatorname{Res} f(\mathrm{e}^{-\mathrm{i}\pi/4})\big] = -\frac{\pi}{\sqrt{2}}\mathrm{i}$$

例1-70 计算 $\displaystyle\oint_{|z|=1} \frac{\mathrm{d}z}{(z-\alpha)^n(z-\beta)^n}$ $(|\alpha|<|\beta|)$.

解 分别对三种情况进行计算.

(1) $|\alpha|<|\beta|<1$ 时,被积函数 $f(z)$ 在单位圆 $|z|=1$ 内有两个 n 阶极点 $z_0=\alpha$ 和 $z_0=\beta$.
其留数分别是

$$\begin{aligned}
\operatorname{Res} f(\alpha) &= \lim_{z\to\alpha} \frac{1}{(n-1)!} \frac{\mathrm{d}^{n-1}}{\mathrm{d}z^{n-1}}\Big[(z-\alpha)^n \frac{1}{(z-\alpha)^n(z-\beta)^n}\Big]\\
&= \frac{1}{(n-1)!} \lim_{z\to\alpha} \frac{\mathrm{d}^{n-1}}{\mathrm{d}z^{n-1}}\big[(z-\beta)^{-n}\big]\\
&= \frac{1}{(n-1)!} \frac{(-n)(-n-1)\cdots(-2n+2)}{(\alpha-\beta)^{2n-1}}\\
&= (-1)^{n-1} \frac{n(n+1)\cdots(2n-2)}{(n-1)!\,(\alpha-\beta)^{2n-1}}\\
&= (-1)^{n-1} \frac{(2n-2)!}{[(n-1)!]^2} \frac{1}{(\alpha-\beta)^{2n-1}} \qquad\qquad ①
\end{aligned}$$

$$\operatorname{Res} f(\beta) = (-1)^{n-1} \frac{(2n-2)!}{[(n-1)!]^2} \frac{1}{(\beta-\alpha)^{2n-1}} \qquad\qquad ②$$

所以

$$\begin{aligned}
&\oint_{|z|=1} \frac{\mathrm{d}z}{(z-\alpha)^n(z-\beta)^n}\\
&= 2\pi\mathrm{i}(-1)^{n-1} \frac{(2n-2)!}{[(n-1)!]^2}\Big[\frac{1}{(\alpha-\beta)^{2n-1}} + \frac{1}{(\beta-\alpha)^{2n-1}}\Big] = 0
\end{aligned}$$

(2) $|\alpha|<1<|\beta|$ 时,被积函数在单位圆内只有一个 n 阶极点 $z_0=\alpha$,其留数为式①的
结果,所以

$$\oint_{|z|=1} \frac{\mathrm{d}z}{(z-\alpha)^n(z-\beta)^n} = 2\pi\mathrm{i}(-1)^{n-1} \frac{(2n-2)!}{[(n-1)!]^2} \frac{1}{(\alpha-\beta)^{2n-1}}$$

(3) $1<|\alpha|<|\beta|$ 时,被积函数在单位圆内无奇点,即 $f(z)$ 在 $|z|=1$ 内解析,所以回路
积分为零.

例1-71 利用留数定理计算 $\displaystyle\oint_l \frac{3z^2-z+1}{(z-1)^3}\,\mathrm{d}z$,其中 l 是包围 $z=1$ 的任意简单闭曲线.

解 被积函数 $f(z)$ 在回路 l 内有一个三阶极点 $z_0=1$,$f(z)$ 在该点的留数

$$\operatorname{Res} f(1) = \lim_{z\to1} \frac{1}{2!} \frac{\mathrm{d}^2}{\mathrm{d}z^2}\Big[(z-1)^3 \frac{3z^2-z+1}{(z-1)^3}\Big] = 3$$

再由式(1-10)得

$$\oint_l \frac{3z^2-z+1}{(z-1)^3}\,\mathrm{d}z = 2\pi\mathrm{i}\operatorname{Res} f(1) = 6\pi\mathrm{i}$$

例1-72 计算 $I = \displaystyle\int_0^{\pi/2} \frac{1}{1+\cos^2 x}\,\mathrm{d}x$.

解法1 被积函数是三角函数有理式,但积分区间是 $[0,\pi/2]$,如果做变换 $z=\mathrm{e}^{\mathrm{i}x}$,则

当 x 从 0 变到 $\pi/2$ 时，复变数 $z = \mathrm{e}^{\mathrm{i}x}$ 从 $z = 1$ 出发沿单位圆逆时针变到 $z = \mathrm{i}$，不能形成闭合回路. 所以，必须做某种变换，把积分区间由 $[0, \pi/2]$ 变为 $[0, 2\pi]$，使积分变为类型一的积分. 试做如下变换：令 $t = 2x$，则

$$I = \int_0^\pi \frac{\mathrm{d}t}{2\left(1 + \cos^2 \dfrac{t}{2}\right)} = \int_0^\pi \frac{\mathrm{d}t}{3 + \cos t}$$

再令 $\theta = 2t$，则

$$I = \int_0^{2\pi} \frac{\mathrm{d}\theta}{2(3 + \cos 2\theta)} = \int_0^{2\pi} \frac{\mathrm{d}\theta}{6 + 2\cos 2\theta}$$

是类型一积分，故做变换 $z = \mathrm{e}^{\mathrm{i}\theta}$，$\cos 2\theta = \dfrac{1}{2}(z^2 + z^{-2})$，$\mathrm{d}\theta = \dfrac{1}{\mathrm{i}}\dfrac{\mathrm{d}z}{z}$，则

$$I = \oint_{|z|=1} \frac{\mathrm{d}z}{[6 + (z^2 + z^{-2})]\mathrm{i}z} = \oint_{|z|=1} \frac{z\,\mathrm{d}z}{\mathrm{i}(z^4 + 6z^2 + 1)}$$

上式被积函数 $f(z)$ 在单位圆 $|z| = 1$ 内有单极点 $z_0 = \sqrt{3 - 2\sqrt{2}}\,\mathrm{i}$ 和 $z_0 = -\sqrt{3 - 2\sqrt{2}}\,\mathrm{i}$，其留数分别为

$$\operatorname{Res} f(\sqrt{3 - 2\sqrt{2}}\,\mathrm{i}) = \frac{1}{8\sqrt{2}} \quad \text{和} \quad \operatorname{Res} f(-\sqrt{3 - 2\sqrt{2}}\,\mathrm{i}) = \frac{1}{8\sqrt{2}}$$

所以

$$I = 2\pi\mathrm{i}\,\frac{1}{\mathrm{i}}\left[\operatorname{Res} f(\sqrt{3 - 2\sqrt{2}}\,\mathrm{i}) + \operatorname{Res} f(-\sqrt{3 - 2\sqrt{2}}\,\mathrm{i})\right] = \frac{\pi}{2\sqrt{2}}$$

解法 2　在 $I = \displaystyle\int_0^\pi \frac{\mathrm{d}t}{3 + \cos t}$ 中，由于被积函数是偶函数，故 $I = \dfrac{1}{2}\displaystyle\int_0^{2\pi} \frac{\mathrm{d}t}{3 + \cos t}$. 这个积分属类型一，做变换 $z = \mathrm{e}^{\mathrm{i}\pi}$，$\cos t = \dfrac{1}{2}(z + z^{-1})$，$\mathrm{d}t = \dfrac{1}{\mathrm{i}}\dfrac{\mathrm{d}z}{z}$，则

$$I = \frac{1}{2}\oint_{|z|=1} \frac{\mathrm{d}z}{\mathrm{i}z\left[3 + \dfrac{1}{2}(z + z^{-1})\right]} = \frac{1}{\mathrm{i}}\oint_{|z|=1} \frac{\mathrm{d}z}{z^2 + 6z + 1}$$

被积函数 $f(z)$ 在积分回路内有单极点 $z_0 = -3 + 2\sqrt{2}$，其留数 $\operatorname{Res} f(-3 + 2\sqrt{2}) = \dfrac{1}{4\sqrt{2}}$，所以

$$I = 2\pi\mathrm{i}\,\frac{1}{\mathrm{i}}\operatorname{Res} f(-3 + 2\sqrt{2}) = \frac{\pi}{2\sqrt{2}}$$

本例如果在一开始就令 $z = \mathrm{e}^{\mathrm{i}4x}$，则当 x 由 0 变到 $\pi/2$ 时，z 固然可以画一个单位圆周，但被积函数变为根式分式函数，给运算带来困难.

例 1-73　计算实变函数定积分 $I = \displaystyle\int_0^{+\infty} \frac{\mathrm{d}x}{(x^4 + a^4)^2}$ $(a > 0)$.

解　因被积函数是偶函数，故

$$I = \frac{1}{2}\int_{-\infty}^{+\infty} \frac{\mathrm{d}x}{(x^4 + a^4)^2}$$

被积函数是有理分式 $f(z) = \dfrac{1}{(z^4 + a^4)^2}$，它在实轴上没有奇点，在上半平面除有限个奇点外是解析的，在上半平面和实轴上当 $x \to \infty$ 时，$z f(z)$ 一致地趋近于 0. 这意味着当 $f(x)$ 是 x 的

有理分式函数时，分母的次数至少比分子的次数高二次，故本例的积分属于类型二$\Big($类型二

要求积分限为$\int_{-\infty}^{+\infty}\Big)$. 当 $a>0$ 时，$f(z)$ 在上半平面有两个二阶极点 $z_0=\dfrac{\sqrt{2}}{2}a(1+\mathrm{i})$ 和 $z_0=$

$-\dfrac{\sqrt{2}}{2}a(1-\mathrm{i})$，即 $z_0=a\mathrm{e}^{\mathrm{i}\pi/4}$ 和 $z_0=a\mathrm{e}^{\mathrm{i}3\pi/4}$，其留数分别是

$$\operatorname{Res}f(a\mathrm{e}^{\mathrm{i}\,\pi/4})=\lim_{z\to a\mathrm{e}^{\mathrm{i}\,\pi/4}}\frac{\mathrm{d}}{\mathrm{d}z}\Big[\frac{1}{(z^2+a^2\mathrm{i})^2(z+a\mathrm{e}^{\mathrm{i}\,\pi/4})^2}\Big]$$
$$=\frac{1}{8a^7}\Big(-\mathrm{e}^{\mathrm{i}\,\pi/4}+\frac{1}{2}\mathrm{e}^{-\mathrm{i}\,3\pi/4}\Big)$$
$$\operatorname{Res}f(a\mathrm{e}^{\mathrm{i}\,3\pi/4})=\frac{1}{8a^7}\Big(-\mathrm{e}^{\mathrm{i}\,3\pi/4}+\frac{1}{2}\mathrm{e}^{-\mathrm{i}\,9\pi/4}\Big)$$

故

$$\begin{aligned}
I&=\frac{1}{2}\int_{-\infty}^{+\infty}\frac{\mathrm{d}x}{(x^4+a^4)^2}\\
&=\frac{1}{2}2\pi\mathrm{i}[\operatorname{Res}f(a\mathrm{e}^{\mathrm{i}\,\pi/4})+\operatorname{Res}f(a\mathrm{e}^{\mathrm{i}\,3\pi/4})]\\
&=\pi\mathrm{i}\Big\{\frac{1}{8a^7}\Big[(-\mathrm{e}^{\mathrm{i}\,3\pi/4}-\mathrm{e}^{\mathrm{i}\,\pi/4})+\frac{1}{2}(\mathrm{e}^{-\mathrm{i}\,3\pi/4}+\mathrm{e}^{-\mathrm{i}\,9\pi/4})\Big]\Big\}\\
&=\pi\mathrm{i}\Big[\frac{1}{8a^7}\Big(-\frac{2}{\sqrt{2}}\mathrm{i}-\frac{1}{\sqrt{2}}\mathrm{i}\Big)\Big]=\frac{3\pi}{8\sqrt{2}a^7}
\end{aligned}$$

这里，用指数式运算比用代数式运算方便多了. 下面 2 例均属类型 3 的积分.

例 1-74　计算实变函数定积分 $I=\displaystyle\int_{-\infty}^{+\infty}\frac{\cos2\pi x}{x^4+4}\mathrm{d}x$.

解　这是被积函数同时包含有理函数和三角函数的混合型积分. 由于被积函数是偶函数，所以

$$I=2\int_0^{+\infty}\frac{\cos2\pi x}{x^4+4}\mathrm{d}x$$

上面的积分属于类型三，这是因为偶函数 $F(x)=\dfrac{1}{z^4+4}$ 在实轴上没有奇点，在上半平面除有限个奇点外是解析的. 在上半平面或实轴上当 $z\to\infty$ 时，$F(z)$ 一致地趋于 0. 这意味着当 $f(x)$ 是 x 的有理分式函数时，分母的次数至少比分子的次数高一次. 其中 $F(z)\mathrm{e}^{\mathrm{i}mz}=\dfrac{1}{z^4+4}\mathrm{e}^{\mathrm{i}2\pi z}=f(x)$ 在上半平面有两个单极点 $z_0=1+\mathrm{i}$ 和 $z_0=\mathrm{i}-1$，亦即 $z_0=\sqrt{2}\mathrm{e}^{\mathrm{i}\,\pi/4}$ 和 $z_0=\sqrt{2}\mathrm{e}^{\mathrm{i}\,3\pi/4}$，函数 $f(z)$ 在这两个单极点的留数分别是

$$\operatorname{Res}f(1+\mathrm{i})=\lim_{z\to(1+\mathrm{i})}\frac{\mathrm{e}^{\mathrm{i}2\pi z}}{(z^2+2\mathrm{i})[z+(1+\mathrm{i})]}=-\frac{(1+\mathrm{i})\mathrm{e}^{-2\pi}}{16}$$
$$\operatorname{Res}f(\mathrm{i}-1)=\frac{(1-\mathrm{i})\mathrm{e}^{-2\pi}}{16}$$

所以

$$I=2\{\pi\mathrm{i}[\operatorname{Res}f(1+\mathrm{i})+\operatorname{Res}f(\mathrm{i}-1)]\}=\frac{\pi}{4}\mathrm{e}^{-2\pi}$$

本例用代数式运算要比用指数式运算方便得多.

例 1-75 计算实变函数定积分 $I = \int_{-\infty}^{+\infty} \dfrac{x \sin \pi x}{(x^2 + 1)^2} \, dx$.

解 由于被积函数是偶函数，所以

$$I = 2 \int_{0}^{+\infty} \frac{x \sin \pi x}{(x^2 + 1)^2} \, dx$$

故上面的积分亦属于类型三. 其中 $G(z) e^{i mz} = \dfrac{z e^{i \pi z}}{(z^2 + 1)^2} = f(z)$ 在上半平面有一个二阶极点 $z_0 = i$，其留数是

$$\operatorname{Res} f(i) = \lim_{z \to i} \frac{d}{dz} \left[\frac{z e^{i \pi z}}{(z + i)^2} \right] = \frac{\pi}{4} e^{-\pi}$$

于是

$$I = \operatorname{Im} \left[2\pi \operatorname{Res} f(i) \right] = \frac{\pi^2}{2} e^{-\pi}$$

习 题 13

计算下列积分：

1. $\oint_{|z|=1/2} \dfrac{dz}{z(z^2 + 1)}$
2. $\oint_{|z-1-i|=5/4} \dfrac{2 \, dz}{z^2 (z - 1)}$
3. $\oint_{|z-i|=3/2} \dfrac{dz}{z(z^2 + 4)}$

4. $\oint_{|z|=1} \dfrac{2 + \sin z}{z(z + 2i)} \, dz$
5. $\oint_{|z-3|=1/2} \dfrac{e^z}{\sin z} \, dz$
6. $\oint_{|z-3/2|=2} \dfrac{z(\sin z + 2)}{\sin z} \, dz$

7. $\oint_{|z-1|=3} \dfrac{z e^z}{\sin z} \, dz$
8. $\oint_{|z-3/2|=2} \dfrac{2z |z - 1|}{\sin z} \, dz$

习 题 14

计算下列积分：

1. $\oint_{|z|=1} \dfrac{\cos z^2 - 1}{z^3} \, dz$
2. $\oint_{|z|=1/2} \dfrac{2 - z^2 + 3z^3}{4z^3} \, dz$
3. $\oint_{|z|=3} \dfrac{e^{1/z} + 1}{z} \, dz$

4. $\oint_{|z|=2} \dfrac{\sin z^3}{1 - \cos z} \, dz$
5. $\oint_{|z|=1/3} \dfrac{1 - 2z + 3z^2 + 4z^3}{2z^2} \, dz$
6. $\oint_{|z|=2} \dfrac{1 - \cos z^2}{z^2} \, dz$

习 题 15

计算下列积分：

1. $\oint_{|z+i|=3} \left[\dfrac{4 \sin \dfrac{\pi z}{4 - 2i}}{(z - 2 + i)^2 (z - 4 + i)} + \dfrac{\pi i}{e^{\pi z/2 + i}} \right] dz$

2. $\oint_{|z+6|=2} \left[z e^{\frac{1}{z+6}} + \dfrac{2 \cos(\pi z/5)}{(z + 5)^2 (z + 3)} \right] dz$

3. $\oint_{|z-2i|=2} \left[\dfrac{2 \cos \dfrac{\pi z}{2 + 2i}}{(z - 2 - 2i)^2 (z - 4 - 2i)} + \dfrac{\pi}{e^{\pi z/2} + 1} \right] dz$

4. $\oint_{|z+4|=2} \left[z \cos \dfrac{1}{z + 4} + \dfrac{2 \sin(\pi z/6)}{(z + 3)^2 (z + 1)} \right] dz$

习 题 16

计算下列积分：

1. $\int_0^{2\pi} \dfrac{\mathrm{d}t}{2 + \sqrt{3}\,\sin t}$ 2. $\int_0^{2\pi} \dfrac{\mathrm{d}t}{4 + \sqrt{15}\,\sin t}$ 3. $\int_0^{2\pi} \dfrac{\mathrm{d}t}{5 + 2\sqrt{5}\sin t}$

4. $\int_0^{2\pi} \dfrac{\mathrm{d}t}{6 + \sqrt{35}\,\sin t}$ 5. $\int_0^{2\pi} \dfrac{\mathrm{d}t}{7 + 4\sqrt{3}\,\sin t}$ 6. $\int_0^{2\pi} \dfrac{\mathrm{d}t}{5 - 4\sin t}$

习 题 17

计算下列积分：

1. $\int_0^{2\pi} \dfrac{\mathrm{d}t}{(1 + \sqrt{10/11}\,\cos t)^2}$ 2. $\int_0^{2\pi} \dfrac{\mathrm{d}t}{(\sqrt{5} + \cos t)^2}$ 3. $\int_0^{2\pi} \dfrac{\mathrm{d}t}{(1 + \sqrt{6/7}\cos t)^2}$

4. $\int_0^{2\pi} \dfrac{\mathrm{d}t}{(2\sqrt{3} + \sqrt{11}\,\cos t)^2}$ 5. $\int_0^{2\pi} \dfrac{\mathrm{d}t}{(3\sqrt{2} + 2\sqrt{3}\,\cos t)^2}$ 6. $\int_0^{2\pi} \dfrac{\mathrm{d}t}{(4 + \cos t)^2}$

习 题 18

计算下列积分：

1. $\int_{-\infty}^{+\infty} \dfrac{x^2 - x + 2}{x^4 + 10x^2 + 9}\,\mathrm{d}x$ 2. $\int_{-\infty}^{+\infty} \dfrac{x - 1}{(x^2 + 4)^2}\,\mathrm{d}x$ 3. $\int_{-\infty}^{+\infty} \dfrac{\mathrm{d}x}{(x^4 + 1)^2}$

4. $\int_{-\infty}^{+\infty} \dfrac{\mathrm{d}x}{(x^2 + 4)^2(x^2 + 16)}$ 5. $\int_{-\infty}^{+\infty} \dfrac{\mathrm{d}x}{(x^2 - x + 1)^2}$ 6. $\int_{-\infty}^{+\infty} \dfrac{\mathrm{d}x}{(x^2 + 4)(x^2 + 16)}$

习 题 19

计算下列积分：

1. $\int_0^{+\infty} \dfrac{x \sin 3x}{(x^2 + 4)^2}\,\mathrm{d}x$ 2. $\int_{-\infty}^{+\infty} \dfrac{(x - 1)\sin x}{(x^2 + 9)^2}\,\mathrm{d}x$ 3. $\int_{-\infty}^{+\infty} \dfrac{\cos 2x}{(x^2 + 1)^2}\,\mathrm{d}x$

4. $\int_{-\infty}^{+\infty} \dfrac{x^2 \cos x}{(x^2 + 1)^2}\,\mathrm{d}x$ 5. $\int_{-\infty}^{+\infty} \dfrac{(x + 1)\cos x}{x^4 + 5x^2 + 6}\,\mathrm{d}x$ 6. $\int_{-\infty}^{+\infty} \dfrac{x \sin \frac{x}{2}}{(x^2 + 1)(x^2 + 9)}\,\mathrm{d}x$

*1.7 保角映射初步

1.7.1 保角映射及其几何意义

前面我们用分析的方法研究了解析函数的性质和应用，而从映射的角度研究解析函数则通常是指解析函数的几何理论. 几何理论中最基本的是保角映射，又称共形映射，它是从几何的观点来研究复变函数的.

从几何上看，复变函数 $w = f(z)$ 是从复平面 Z 到复平面 W 的一个映射. 而解析函数所确定的映射（解析变换）有一些重要的性质，是复变函数论中最重要的概念之一，与物理中的概念有密切的联系，而且在物理学中许多领域有重要的应用. 例如，应用共形映射成功地解决了流体力学与空气动力学、弹性力学、磁场、电场与热场理论以及其他方面的许多实际问题.

下面我们介绍保角映射的概念及基本原理.

1. 解析函数的保域性

定理 1-25（保域定理） 若函数 $w = f(z)$ 在区域 D 内解析且不恒为常数，则 D 的象 $G =$

$f(D)$ 也是一个区域.

下面研究单叶解析函数的映射性质, 设函数 $w = f(z)$ 在区域 D 内解析, 并且在任意两不同点, 函数取值也不同, 则称它为区域 D 上的 **单叶解析函数**.

推论 1　若函数 $w = f(z)$ 在区域 D 内单叶解析, 则 D 的象 $G = f(D)$ 也是一个区域.

定理 1-26　若函数 $w = f(z)$ 在点 z_0 解析, 且 $f'(z_0) \neq 0$, 则 $f(z)$ 在 z_0 的一个邻域内单叶解析.

显然, 满足定理 1-26 条件的解析变换 $w = f(z)$ 将 z_0 的一个充分小邻域映成 $w_0 = f(z_0)$ 的一个曲边邻域.

2. 解析变换的保角性

设函数 $w = f(z)$ 在区域 D 内解析, 在点 $z_0 \in D$ 可导, 过 z_0 任意引一条有向光滑曲线

$$C: z = z(t) \quad (t_0 \leqslant t \leqslant t_1, \ z_0 = z(t_0))$$

则 $z'(t_0)$ 必存在, 且 $z'(t_0) \neq 0$, 从而 C 在 z_0 有切线, $z'(t_0)$ 即是切向量, 倾角为 $\varphi = \arg z'(t_0)$.

经过变换 $w = f(z)$, C 的象曲线 $\Gamma = f(C)$ 的参数方程为

$$\Gamma: w = f(z(t)) \ (t_0 \leqslant t \leqslant t_1)$$

由于 $w'(t_0) = f'(z_0)z'(t_0) \neq 0$, 故 Γ 在 $w_0 = f(z_0)$ 也有切线, $w'(t_0)$ 即是切向量, 其倾角为

$$\psi = \arg w'(t_0) = \arg f'(z_0) + \arg z'(t_0) = \varphi + \arg f'(z_0)$$

假设 $f'(z_0) = R e^{ia}$, 即

$$|f'(z_0)| = R, \ \arg f'(z_0) = a$$

于是
$$\psi - \varphi = a \tag{1-16}$$

且
$$\lim_{\Delta z \to \infty} \left| \frac{\Delta w}{\Delta z} \right| = R \neq 0 \tag{1-17}$$

式 (1-16) 表明: 象曲线 Γ 在点 $w_0 = f(z_0)$ 的切线正向, 可由原象曲线 C 在点 z_0 的切线正向旋转 $\arg f'(z_0)$ 得出: $\arg f'(z_0)$ 仅与 z_0 有关, 而与过 z_0 的曲线 C 的选择无关, 称为变换 $w = f(z)$ 在点 z_0 的旋转角, 这是导数辐角的几何意义.

式 (1-17) 表明: 象点间无穷小距离与原象点间的无穷小距离之比的极限是 $R = |f'(z_0)|$, 它仅与 z_0 有关, 而与过 z_0 的曲线 C 的方向无关, 称为变换 $w = f(z)$ 在点 z_0 的伸缩率. 这是导数模的几何意义.

旋转角与 C 的选择无关的性质, 称为旋转角不变性; 伸缩率与 C 的方向无关的性质, 称为伸缩率不变性. 解析函数在导数不为零的地方具有旋转角不变性与伸缩率不变性.

从几何意义上看, 如果忽略高阶无穷小, 伸缩率不变性表示 $w = f(z)$ 将 $z = z_0$ 处无穷小的圆变成 $w = w_0$ 处的无穷小的圆, 其半径之比为 $|f'(z_0)|$.

过点 z_0 的两条有向曲线 C_1 和 C_2 的切线方向所构成的夹角, 称为两曲线在该点的夹角. 设 $C_i (i = 1,2)$ 在点 z_0 的切线倾角为 $\beta_i (i = 1,2)$, C_i 在变换 $w = f(z)$ 下的象曲线 K_i 在点 $w_0 = f(z_0)$ 的切线倾角为 $\gamma_i (i = 1, 2)$, 则 $\gamma_2 - \gamma_1 = \beta_2 - \beta_1 = \delta$ (图 1-29).

由此可见, 保角性既保持夹角的大小, 又保持夹角的方向.

定义 1-24　若函数 $w = f(z)$ 在点 z_0 的邻域内有定义, 且在点 z_0 具有:

(1) 伸缩率不变性;

(2) 过 z_0 的任意两曲线的夹角在变换 $w = f(z)$ 下, 保持大小和方向, 则称函数 $w = f(z)$

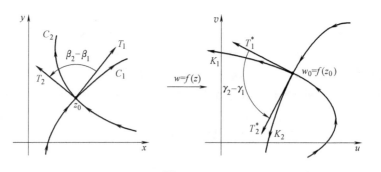

图 1-29

在点 z_0 是**保角变换**(**保角的**). 如果 $w=f(z)$ 在区域 D 内处处都是保角的，则称 $w=f(z)$ 在区域 D 内是**保角变换**(**保角的**).

由上面的讨论，我们有

定理 1-27 若函数 $w=f(z)$ 在区域 D 内解析，则它在导数不为零的点处是保角的.

对于单叶解析函数，有：

推论 2 若函数 $w=f(z)$ 在区域 D 内单叶解析，则称 $w=f(z)$ 在区域 D 内是保角的.

例 1-76 讨论解析函数 $w=z^n$ (n 为正整数)的保角性.

解 因为

$$\frac{\mathrm{d}w}{\mathrm{d}z} = nz^{n-1} \neq 0 \quad (z \neq 0)$$

故 $w=z^n$ 在 z 平面上除原点 $z=0$ 外，处处是保角的.

3. 单叶解析变换的共形性

如果函数 $w=f(z)$ 在区域 D 内单叶且保角，那么称变换 $w=f(z)$ 在 D 内是**共形映射**(**共形的**).

若解析变换 $w=f(z)$ 在解析点 z_0 处，满足 $f'(z_0) \neq 0$ (必在 z_0 的邻域内有 $f'(z) \neq 0$)，则 $w=f(z)$ 在点 z_0 保角，因而在 z_0 的邻域内单叶保角，从而在 z_0 的邻域内(局部)共形；在区域 D 内 $w=f(z)$ (整体)共形，必然在 D 内处处(局部)共形，但反之不真.

例 1-77 讨论解析函数 $w=z^n$ (n 为正整数)的共形性.

解 由于 $w=z^n$ 的单叶性区域是顶点的原点张度不超过 $\frac{2\pi}{n}$ 的角形区域. 故在此角形区域 $w=z^n$ 内是共形的. 在张度超过 $\frac{2\pi}{n}$ 的角形区域内不是共形的，但在其中各点的邻域内是共形的.

定理 1-28 设函数 $w=f(z)$ 在区域 D 内单叶解析，则

(1) $w=f(z)$ 将区域 D 保形变换成区域 $G=f(D)$.

(2) 反函数 $z=f^{-1}(w)$ 在区域 G 内单叶解析，且

$$(f^{-1})'(w_0) = \frac{1}{f'(z_0)}, \; z_0 \in D, \; w_0 = f(z_0) \in G$$

显然，两个共形映射的复合仍然是一个共形映射. 即 $\xi = f(z)$ 将区域 D 共形映射成区域 E，而 $w=h(\xi)$ 将 E 共形映射成区域 F，则 $w=h(f(z))$ 将区域 D 共形映射成区域 F. 因此可以用若干基本的共形映射的复合构成更为复杂的共形映射.

1.7.2 分式线性变换及其性质

称

$$w = \frac{az+b}{cz+d}, \quad ad - bc \neq 0 \tag{1-18}$$

为**分式线性变换**（或 Möbius 变换），简记为 $w = L(z)$.

若在扩充 z 平面上补充定义：当 $c = 0$ 时，定义 $w = L(\infty) = \infty$；当 $c \neq 0$ 时，定义 $w = L\left(-\dfrac{d}{c}\right) = \infty$，$w = L(\infty) = \dfrac{a}{c}$，则 $w = L(z)$ 在整个扩充 z 平面上有定义，将扩充 z 平面一对一的映成扩充 W 平面，且有逆变换 $z = \dfrac{-dw+b}{cw-a}$.

一般地，分式线性变换(1-18)总可以分解为两个简单变换的复合，即

（Ⅰ）线性变换：$w = kz + h(k \neq 0)$

（Ⅱ）反演变换：$w = \dfrac{1}{z}$

显然，当 $c = 0$ 时，$w = \dfrac{az+b}{d} = \dfrac{a}{d}z + \dfrac{b}{d}$ 为（Ⅰ）型变换；

当 $c \neq 0$ 时，$w = \dfrac{az+b}{cz+d} = \dfrac{bc-ad}{c} \dfrac{1}{cz+d} + \dfrac{a}{c}$，它是下面三个（Ⅰ）或（Ⅱ）型变换的复合：

$$\xi = cz + d, \quad \eta = \frac{1}{\xi}, \quad w = \frac{bc-ad}{c}\eta + \frac{a}{c}$$

下面讨论（Ⅰ）、（Ⅱ）型变换的几何性质.

（Ⅰ）线性变换：$w = kz + h(k \neq 0)$

设 $k = re^{i\alpha}(r > 0，\alpha$ 为实数），则 $w = re^{i\alpha}z + h$，它是下面三个变换的复合：

（Ⅰ.1）平移变换：$w = z + h(h$ 为复数）

（Ⅰ.2）旋转变换：$w = e^{i\alpha}z(\alpha$ 为实数）

（Ⅰ.3）伸缩变换：$w = rz(r$ 为正数）

即先将 z 旋转角度 α，然后按比例系数 r 作一个以原点为中心的伸缩，最后再平移一个向量 h，如图 1-30 所示.

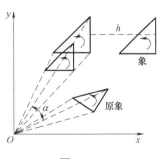

图 1-30

（Ⅱ）反演变换：$w = \dfrac{1}{z}$

反演变换可以分解为下面两个变换的复合：

（Ⅱ.1）$\omega = \dfrac{1}{z}$

（Ⅱ.2）$w = \bar{\omega}$

（Ⅱ.1）和（Ⅱ.2）分别称为关于单位圆周和关于实轴的对换变换，并称 z 与 ξ 是关于单位圆周的对称点，ξ 与 w 是关于实轴的对换变换点，如图 1-31 所示.

下面介绍分式线性变换的几个主要性质.

（1）共形性

定理 1-29 分式线性变换(1-18)在扩充 z 平面上是共

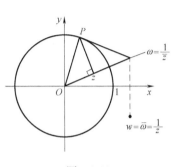

图 1-31

形的.

（2）分式线性变换的保交比性

扩充平面上有顺序的四个相异点 z_1, z_2, z_3, z_4 构成下面的量，称为它们的交比，记为

$$(z_1, z_2, z_3, z_4) = \frac{z_4 - z_1}{z_4 - z_2} : \frac{z_3 - z_1}{z_3 - z_2}$$

定理 1-30　在分式线性变换下，四点的交比不变.

（3）分式线性变换的保圆周（圆）性

定理 1-31　分式线性变换将平面上的圆周（直线）变为圆周或直线.

在扩充平面上，直线可视为经过无穷远点的圆周，即在分式线性变换（1-18）下，扩充 Z 平面上的圆周变为扩充 W 平面上的圆周，同时，圆被保形变换成圆.

（4）分式线性变换的保对称点性

推广关于单位圆周的对称点的概念：z_1, z_2 关于圆周 γ：$|z - a| = R$ 对称是指 z_1, z_2 都在过圆心 a 的同一条射线上，且 $|z_1 - a| |z_2 - a| = R^2$. 规定圆心 a 与点 ∞ 也是关于 γ 为对称的.

由定义知，z_1, z_2 关于圆周 γ：$|z - a| = R$ 对称当且仅当 $z_2 - a = \dfrac{R^2}{\overline{z_1 - a}}$.

下述定理给出了分式线性变换的保对称点性.

定理 1-32　扩充 Z 平面上两点 z_1, z_2 关于圆周 γ 对称的充要条件是，通过 z_1, z_2 的任意圆周都与 γ 正交.

定理 1-33　若扩充 Z 平面上两点 z_1, z_2 关于圆周 γ 对称，$w = L(z)$ 为一分式线性变换，则 $w_1 = L(z_1)$，$w_2 = L(z_2)$ 两点关于圆周 $\Gamma = L(\gamma)$ 对称.

第2章

拉普拉斯变换

当前，运算微积广泛地应用在不同的科学技术领域内．特别在研究线性物理系统（包括电子技术、自动控制、无线电技术、力学及其他知识领域）的传递过程中，运算微积起着很大的作用．

运算微积作为现代数学工具，能解决下列各种问题，其中有线性常（偏）微分方程组、差分方程、微分差分方程、具有变系数的线性微分方程及积分方程的某些类型．这种方法之所以应用广泛，主要取决于它解决问题的简单性和经济性．

在一般的函数（积分）变换，尤其是傅里叶变换和拉普拉斯变换理论的基础上，运算微积得到充分的运用和发展．本章重点介绍拉普拉斯变换，傅里叶变换及其应用的内容在第4章介绍．

2.1 拉普拉斯变换的基本概念

2.1.1 原象函数和象函数

设关于实变量 t 的函数 $f(t)$，当 $t \geq 0$ 时有定义，且使积分

$$\int_0^{+\infty} f(t) \mathrm{e}^{-pt} \mathrm{d}t \quad (p = \beta + \mathrm{i}\gamma \text{ 是复变量})$$

在某个区域内收敛或者说积分存在，则称此确定的积分值 $F(p) = \int_0^{+\infty} f(t) \mathrm{e}^{-pt} \mathrm{d}t$ 为函数 $f(t)$ 的**拉普拉斯变换**，记作 $F(p) \doteqdot f(t)$ 或者 $F(p) = L[f(t)]$，同时也称 $f(t)$ 是 $F(p)$ 的**拉普拉斯反变换（逆变换）**，记作 $f(t) = L^{-1}[F(p)]$，$F(p)$ 称作 $f(t)$ 的**象函数**，$f(t)$ 称作 $F(p)$ **原象函数**．

例 2-1 求单位函数 $\sigma(t) = \begin{cases} 1 & t \geq 0 \\ 0 & t < 0 \end{cases}$ 的拉普拉斯变换．

解 $F(p) = \int_0^{+\infty} \sigma(t) \mathrm{e}^{-pt} \mathrm{d}t = \int_0^{+\infty} \mathrm{e}^{-pt} \mathrm{d}t = -\frac{1}{p} \mathrm{e}^{-pt} \Big|_0^{+\infty} = \frac{1}{p} \quad (\mathrm{Re}\, p > 0)$

即有

$$\sigma(t) \doteqdot \frac{1}{p}$$

例 2-2 求函数 $f(t) = \mathrm{e}^{kt} \sigma(t)$（$k$ 为复常数）的象函数．

解 $F(p) = \int_0^{+\infty} \mathrm{e}^{kt} \mathrm{e}^{-pt} \mathrm{d}t = \int_0^{+\infty} \mathrm{e}^{-(p-k)t} \mathrm{d}t$

$$= -\frac{1}{p-k} \mathrm{e}^{-(p-k)t} \Big|_0^{+\infty} = \frac{1}{p-k} \quad (\mathrm{Re}\, p > \mathrm{Re}\, k)$$

因此有

$$e^{kt} \stackrel{.}{=} \frac{1}{p-k}$$

象函数和原象函数之间的对应符号用 $\stackrel{.}{=}$ 表示, 并记作

$$F(p) \stackrel{.}{=} f(t) \text{ 或 } f(t) \stackrel{.}{=} F(p)$$

注意 由于在科技领域中, 一般是对以时间 t 为自变量的函数进行拉普拉斯变换, 即在 $t<0$ 时, 函数无意义或者不需要考虑. 因此我们经常约定 $t<0$ 时, $f(t)\equiv 0$. 例如, 以后我们写 $\sin t$ 应理解为 $\sigma(t)\sin t$, 即

$$\sigma(t)\sin t = \begin{cases} \sin t & t \geqslant 0 \\ 0 & t < 0 \end{cases}$$

换句话说, 在本章我们提到 $\sin t$, 它的图形应理解为图 2-1b 而不是图 2-1a.

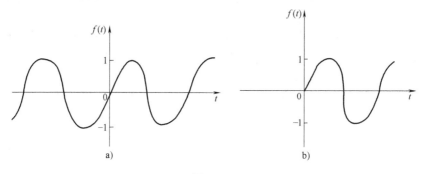

图　2-1

对于具体的原象函数, 如 $\sigma(t)e^{kt}$, $\sigma(t)\sin \omega t$ 在不致混淆的前提下一律省略 $\sigma(t)$, 而写成 e^{kt}, $\sin \omega t$.

2.1.2 拉普拉斯变换存在性定理

若关于实变量 t 的函数 $f(t)$ 满足下列条件:

(1) $f(t)$ 及其 n 阶导数, 当 $t \geqslant 0$ 时是单值连续或者分段连续的;

(2) 当 $t \to +\infty$ 时, $f(t)$ 的增长速度不超过某个指数函数, 即存在不依赖于 t 的正常数 M 及 s_0, 使得对所有的 $t \geqslant 0$ 都有 $|f(t)| \leqslant Me^{s_0 t}$ (满足此条件的函数, $f(t)$ 的增长是指数级的, s_0 称作**增长指数**),

称满足上述条件的原象函数 $f(t)$ 为 D 类, 记作函数 $f(t) \in D$.

定理 2-1(存在性定理) 若关于实变量 t 的函数 $f(t) \in D$, 即满足条件(1), (2), 则 $f(t)$ 的拉普拉斯变换 $F(p) = \int_0^{+\infty} f(t)e^{-pt}\,dt$ 在半平面 $\mathrm{Re}\, p \geqslant s_1 > s_0$ 上一致收敛, 且 $F(p)$ 为解析函数.

证 由拉普拉斯变换的定义可知, $f(t)$ 的拉普拉斯变换 $F(p) = \int_0^{+\infty} f(t)e^{-pt}\,dt$ 是广义积分, 若函数 $f(t) \in D$, 则这个广义积分一致收敛. 事实上, 由条件(2),

$$|f(t)| \leqslant Me^{s_0 t}$$

$$|f(t)e^{-pt}| = |f(t)||e^{-\beta t}| \leqslant Me^{-(\beta-s_0)t} \quad (\diamondsuit\ \mathrm{Re}\, p = \beta)$$

若令 $\beta - s_0 \geqslant \varepsilon > 0$, 即 $\beta \geqslant s_0 + \varepsilon \triangleq s_1 > s_0$, 则有

$$\int_0^{+\infty} |f(t)e^{-pt}|\,dt \leqslant \int_0^{+\infty} Me^{-\varepsilon t}\,dt = \frac{M}{\varepsilon}$$

由维尔斯特拉斯判别法可知，积分 $F(p) = \int_0^{+\infty} f(t) e^{-pt} dt$ 一致收敛.

下证 $F(p)$ 为解析函数.

若在 $\int_0^{+\infty} f(t) e^{-pt} dt$ 积分号内对 p 求导，即

$$\int_0^{+\infty} \frac{\mathrm{d}}{\mathrm{d}p} [f(t) e^{-pt}] \mathrm{d}t = \int_0^{+\infty} [-tf(t) e^{-pt}] \mathrm{d}t$$

又有 $|-tf(t) e^{-pt}| \leqslant Mt e^{-(\beta - s_0)t} \leqslant Mt e^{-\varepsilon t}$，因此

$$\int_0^{+\infty} \left| \frac{\mathrm{d}}{\mathrm{d}p} [f(t) e^{-pt}] \right| \mathrm{d}t \leqslant \int_0^{+\infty} Mt e^{-\varepsilon t} \mathrm{d}t$$

$$= M \int_0^{+\infty} \left(-\frac{1}{\varepsilon} \right) t \, \mathrm{d}(e^{-\varepsilon t})$$

$$= \frac{M}{\varepsilon^2}$$

由此可知，$\int_0^{+\infty} \frac{\mathrm{d}}{\mathrm{d}p} [f(t) e^{-pt}] \mathrm{d}t$ 在半平面 $\mathrm{Re}\, p \geqslant s_1 > s_0$ 上一致收敛，根据含参变量的广义积分的性质，积分和微分可以交换顺序，

$$\int_0^{+\infty} \frac{\mathrm{d}}{\mathrm{d}p} [f(t) e^{-pt}] \mathrm{d}t = \frac{\mathrm{d}}{\mathrm{d}p} \int_0^{+\infty} [f(t) e^{-pt}] \mathrm{d}t$$

即

$$\frac{\mathrm{d}}{\mathrm{d}p} F(p) = \int_0^{+\infty} [-tf(t) e^{-pt}] \mathrm{d}t \doteqdot -tf(t)$$

这说明 $F(p)$ 是解析的，并且有若 $f(t) \doteqdot F(p)$，则 $F'(p) \doteqdot -tf(t)$.

2.1.3 象函数的性质

象函数具有一系列的性质，当利用运算微积进行计算时要用到它们. 现在来研究这些性质，但对前两个性质不予证明.

（1）唯一性定理

如果两个象函数 $F(p)$ 和 $\varPhi(p)$ 相等，则对应的原象函数在除去可能有的间断点以外所有点上相等，即如果 $f(t) \doteqdot F(p)$ 和 $\varphi(t) \doteqdot \varPhi(p)$ 并且 $F(p) = \varPhi(p)$，则在所有连续点上 $f(t) = \varphi(t)$.

（2）象函数的解析性定理

由存在性定理可知，象函数 $F(p)$ 当 $\mathrm{Re}\, p > s_0$ 时是解析函数，即它可以展成幂级数从而在级数的收敛域内可微分或积分任意次.

（3）线性性质

如果 $f(t) = c_1 f_1(t) + c_2 f_2(t)$ 并且 $f_1(t) \doteqdot F_1(p)$，$f_2(t) \doteqdot F_2(p)$，$f(t) \doteqdot F(p)$，则

$$f(t) \doteqdot F(p) = c_1 F_1(p) + c_2 F_2(p)$$

证 根据象函数的定义有

$$F(p) = \int_0^{+\infty} f(t) e^{-pt} \mathrm{d}t = \int_0^{+\infty} [c_1 f_1(t) + c_2 f_2(t)] e^{-pt} \mathrm{d}t$$

$$= c_1 \int_0^{+\infty} f_1(t) e^{-pt} \mathrm{d}t + c_2 \int_0^{+\infty} f_2(t) e^{-pt} \mathrm{d}t$$

$$= c_1 F_1(p) + c_2 F_2(p)$$

（4）每一个函数 $f(t)$ 的象函数 $F(p)$ 当 $p \to \infty$ 时趋近于零.

证 若函数 $f(t) \in D$，则 $f(t)$ 的拉普拉斯变换存在，于是存在不依赖于 t 的正常数 M 及 s_0，使得对所有的 $t \geq 0$ 都有 $|f(t)| \leq Me^{s_0 t}$.

此时当 $\operatorname{Re} p > s_0$ 时得到

$$|F(p)| = \left| \int_0^{+\infty} f(t) e^{-pt} \, dt \right| \leq \int_0^{+\infty} |f(t)| \, e^{-pt} \, dt$$

$$\leq M \int_0^{+\infty} e^{-pt} e^{s_0 t} \, dt = M \int_0^{+\infty} e^{-(p-s_0)t} \, dt$$

$$= \frac{M}{p - s_0} \to 0 \quad (p \to \infty)$$

因而

$$\lim_{p \to \infty} |F(p)| = 0$$

2.1.4 某些简单函数的象函数

利用定义或者利用线性性质求函数 $\sigma(t)$，e^{kt}，sh at，ch at，sin ωt，cos ωt 的象函数，因为上述函数都满足存在性定理中的条件（1），（2），所以这些函数都属于 D 类.

1. 单位函数的象函数

$$\sigma(t) = \begin{cases} 1 & t \geq 0 \\ 0 & t < 0 \end{cases}$$

由例 2-1 可知单位函数的象函数 $\sigma(t) \fallingdotseq \dfrac{1}{p}$.

2. 指数函数的象函数

由例 2-2 知道，指数函数的象函数为 $e^{kt} \fallingdotseq \dfrac{1}{p-k}$，于是有

$$e^{-kt} \fallingdotseq \frac{1}{p+k}$$

特别地，如果 $k = i\omega$ 时，$e^{i\omega t} \fallingdotseq \dfrac{1}{p - i\omega}$；当 $k = -i\omega$ 时，$e^{-i\omega t} \fallingdotseq \dfrac{1}{p + i\omega}$.

3. 三角函数的象函数

$$\cos \omega t = \frac{1}{2}(e^{i\omega t} + e^{-i\omega t}) \fallingdotseq \frac{1}{2}\left(\frac{1}{p - i\omega} + \frac{1}{p + i\omega} \right)$$

$$= \frac{p + i\omega + p - i\omega}{2(p^2 + \omega^2)} = \frac{p}{p^2 + \omega^2}$$

$$\sin \omega t = \frac{1}{2i}(e^{i\omega t} - e^{-i\omega t}) \fallingdotseq \frac{1}{2i}\left(\frac{1}{p - i\omega} - \frac{1}{p + i\omega} \right)$$

$$= \frac{p + i\omega - p + i\omega}{2i(p^2 + \omega^2)} = \frac{\omega}{p^2 + \omega^2}$$

*4. 双曲函数的象函数

$$\text{ch } at = \frac{1}{2}(e^{at} + e^{-at}) \fallingdotseq \frac{1}{2}\left(\frac{1}{p - a} + \frac{1}{p + a} \right) = \frac{p + a + p - a}{2(p^2 - a^2)} = \frac{p}{p^2 - a^2}$$

$$\text{sh } at = \frac{1}{2}(e^{at} - e^{-at}) \fallingdotseq \frac{1}{2}\left(\frac{1}{p - a} - \frac{1}{p + a} \right) = \frac{p + a - p + a}{2(p^2 - a^2)} = \frac{a}{p^2 - a^2}$$

习　题　1

1. 判断下列函数的拉普拉斯变换是否存在?

(1) $f(t) = \dfrac{1}{t-1}$　　　　(2) $f(t) = \dfrac{1}{t^2+4}$　　　　(3) $f(t) = \dfrac{1}{\sin t}$

2. 求下列函数的象函数:

(1) $f(t) = \sin^3 at$　　　　(2) $f(t) = \cos \alpha t \sin \beta t$　　　　(3) $f(t) = e^{-5t}\sin 4t \cos 3t$

2.2　拉普拉斯变换的基本性质

利用拉普拉斯变换的定义可以求得一些常用函数的象函数, 但是在应用中我们通常不去做这一积分运算, 而是利用拉普拉斯变换的一些基本性质求象函数. 本节介绍拉普拉斯变换的几个基本性质, 为了叙述方便, 我们总是假设所考虑的原象函数都满足存在性定理中的条件.

2.2.1　微分性质

(1) 关于原象函数微分的性质(或者导函数的象函数性质)

若 $f(t) \fallingdotseq F(p)$, 且 $f'(t) \in D$, 则有

$$f'(t) \fallingdotseq pF(p) - f(0)$$

证　由 $f'(t) \in D$ 易证 $f(t) \in D$, 又有

$$
\begin{aligned}
f'(t) &\fallingdotseq \int_0^{+\infty} f'(t)e^{-pt}\,dt = \int_0^{+\infty} e^{-pt}\,d[f(t)] \\
&= f(t)e^{-pt}\Big|_0^{+\infty} - \int_0^{+\infty} f(t)\,d(e^{-pt}) \\
&= -f(0) + p\int_0^{+\infty} f(t)e^{-pt}\,dt \\
&= pF(p) - f(0)
\end{aligned}
$$

例 2-3　已知 $f(t) = e^{at} \fallingdotseq \dfrac{1}{p-a} = F(p)$, 试求 $f'(t)$ 的象函数.

解　　　　$f'(t) \fallingdotseq pF(p) - f(0) = p\dfrac{1}{p-a} - e^{at}\Big|_{t=0} = \dfrac{p}{p-a} - 1$

由此得

$$f'(t) \fallingdotseq \frac{a}{p-a}$$

推论　对任意的自然数 n, 假设 $f(t)$ 的 n 阶导数存在, 且 $f^{(n)}(t) \in D$, 则有

$$f^{(n)}(t) \fallingdotseq p^n F(p) - p^{n-1}f(0) - p^{n-2}f'(0) - \cdots - pf^{(n-2)}(0) - f^{(n-1)}(0)$$

特别地, 如果 $f(0) = f'(0) = \cdots = f^{(n-2)}(0) = f^{(n-1)}(0) = 0$, 则有

$$f^{(n)}(t) \fallingdotseq p^n F(p)$$

证　事实上, 记 $f'(t) = \varphi(t)$, 此时 $f''(t) = \varphi'(t)$. 如果 $\varphi(t) \fallingdotseq \varPhi(p)$, $f(t) \fallingdotseq F(p)$, 则

$$\varPhi(p) = pF(p) - f(0)$$

$$
\begin{aligned}
\varphi'(t) &\fallingdotseq p\varPhi(p) - \varphi(0) \\
&= p[pF(p) - f(0)] - f'(0) \\
&= p^2 F(p) - pf(0) - f'(0)
\end{aligned}
$$

即
$$f''(t) \fallingdotseq p^2 F(p) - p f(0) - f'(0)$$

类似地，求三阶导数的象函数，即
$$f'''(t) = [f''(t)]'$$
$$\fallingdotseq p[p^2 F(p) - p f(0) - f'(0)] - f''(0)$$
$$= p^3 F(p) - p^2 f(0) - p f'(0) - f''(0)$$

然后求任意阶导数的象函数
$$f^{(n)}(t) \fallingdotseq p^n F(p) - p^{n-1} f(0) - p^{n-2} f'(0) - \cdots - p f^{(n-2)}(0) - f^{(n-1)}(0)$$

例 2-4 求 $f(t) = t^m$ 的象函数，m 是正整数.

解 令 $f(t) \fallingdotseq F(p)$. 由于
$$f(0) = f'(0) = \cdots = f^{(m-2)}(0) = f^{(m-1)}(0) = 0$$

而 $f^{(m)}(t) = m!$，于是有
$$f^{(m)}(t) \fallingdotseq m! \, \frac{1}{p}$$

根据导函数的象函数性质知道
$$f^{(m)}(t) \fallingdotseq p^m F(p)$$

于是有
$$f(t) \fallingdotseq F(p) = \frac{m!}{p^{m+1}}$$

（2）关于象函数微分的性质（或者关于原象函数与变元乘积的性质）

若 $f(t) \in D$ 且 $f(t) \fallingdotseq F(p)$，则
$$t f(t) \fallingdotseq -\frac{\mathrm{d}}{\mathrm{d}p} F(p)$$

证 由存在性定理的证明可以得出结论.

推论 因为 $t f(t) \fallingdotseq -\dfrac{\mathrm{d}}{\mathrm{d}p} F(p)$，所以
$$t^2 f(t) = t[t f(t)] \fallingdotseq -\frac{\mathrm{d}}{\mathrm{d}p}\left[-\frac{\mathrm{d}}{\mathrm{d}p} F(p)\right] = (-1)^2 \frac{\mathrm{d}^2 F(p)}{\mathrm{d}p^2}$$
$$t^n f(t) \fallingdotseq (-1)^n \frac{\mathrm{d}^n F(p)}{\mathrm{d}p^n}$$

例 2-5 求 $f(t) = t^2 \cos kt$ 的象函数.

解
$$\cos kt \fallingdotseq \frac{p}{p^2 + k^2}$$
$$t^2 \cos kt \fallingdotseq (-1)^2 \frac{\mathrm{d}^2}{\mathrm{d}p^2}\left(\frac{p}{p^2 + k^2}\right)$$
$$= \frac{\mathrm{d}}{\mathrm{d}p}\left(\frac{p^2 + k^2 - 2p^2}{(p^2 + k^2)^2}\right) = \frac{2p(p^2 - 3k^2)}{(p^2 + k^2)^3}$$

2.2.2 积分性质

（1）关于原象函数积分的性质

若 $f(t) \in D$，且 $f(t) \fallingdotseq F(p)$，则有
$$\int_0^t f(\tau) \, \mathrm{d}\tau \fallingdotseq \frac{1}{p} F(p)$$

证　令 $\varphi(t) = \int_0^t f(\tau)\mathrm{d}\tau$，则有

$$\varphi'(t) = f(t) \in D$$

设 $\varphi(t) \doteqdot \Phi(p)$，则有

$$f(t) = \varphi'(t) \doteqdot p\Phi(p) - \varphi(0) = p\Phi(p)$$

因此有 $F(p) = p\Phi(p)$，即 $\Phi(p) = \dfrac{F(p)}{p}$，也就是

$$\int_0^t f(\tau)\mathrm{d}\tau \doteqdot \frac{1}{p}F(p)$$

（2）关于象函数积分的性质

若 $\dfrac{f(t)}{t} \in D$，且 $f(t) \doteqdot F(p)$，则有

$$\frac{f(t)}{t} \doteqdot \int_p^{+\infty} F(u)\mathrm{d}u$$

证　令 $\varphi(t) = \dfrac{f(t)}{t}$，且 $\varphi(t) \doteqdot \Phi(p)$，显然 $f(t) = t\varphi(t)$，于是根据象函数的微分定理，有

$$t\varphi(t) \doteqdot -\frac{\mathrm{d}}{\mathrm{d}p}\Phi(p)$$

根据唯一性定理，有

$$F(p) = -\frac{\mathrm{d}}{\mathrm{d}p}\Phi(p)$$

即

$$\Phi(p) = -\int_0^p F(u)\mathrm{d}u + C$$

由条件 $\lim\limits_{p\to+\infty}\Phi(p) = 0$ 确定任意积分常数，就是

$$\lim_{p\to+\infty}\Phi(p) = \lim_{p\to+\infty}\left[-\int_0^p F(u)\mathrm{d}u + C\right] = C - \int_0^{+\infty} F(u)\mathrm{d}u = 0$$

故

$$C = \int_0^{+\infty} F(u)\mathrm{d}u$$

所以

$$\Phi(p) = C - \int_0^p F(u)\mathrm{d}u = \int_0^{+\infty} F(u)\mathrm{d}u - \int_0^p F(u)\mathrm{d}u = \int_p^{+\infty} F(u)\mathrm{d}u$$

即

$$\Phi(p) = \int_p^{+\infty} F(u)\mathrm{d}u \doteqdot \frac{f(t)}{t}$$

例 2-6　求 $f(t) = \dfrac{1}{t}\sin t$ 的象函数.

解　　　$\sin t \doteqdot \dfrac{1}{p^2+1}$

$$\frac{1}{t}\sin t \doteqdot \int_p^{+\infty}\frac{1}{u^2+1}\,\mathrm{d}u = \arctan u \,\Big|_p^{+\infty} = \frac{\pi}{2} - \arctan p$$

2.2.3 相似定理

若 $f(t) \in D$，且 $f(t) \fallingdotseq F(p)$，则对任意的常数 $a > 0$，总有

$$f\left(\frac{t}{a}\right) \fallingdotseq aF(ap), \quad f(at) \fallingdotseq \frac{1}{a}F\left(\frac{1}{a}p\right)$$

证 首先由 $f(t) \in D$ 得

$$f\left(\frac{t}{a}\right) \in D \quad (a > 0)$$

其次令 $x = \dfrac{t}{a}$，则

$$dx = \frac{1}{a}dt$$

$$f\left(\frac{t}{a}\right) \fallingdotseq \int_0^{+\infty} f\left(\frac{t}{a}\right) e^{-pt} dt = \int_0^{+\infty} f(x) e^{-pax} a \, dx$$

$$= a \int_0^{+\infty} f(x) e^{-pax} dx$$

$$= aF(ap)$$

同理可证

$$f(at) \fallingdotseq \frac{1}{a}F\left(\frac{1}{a}p\right)$$

例 2-7 $e^t = \dfrac{1}{p-1}$，试求 e^{at} 的象函数.

解 $e^{at} \fallingdotseq \dfrac{1}{a}F\left(\dfrac{1}{a}p\right) = \dfrac{1}{a} \dfrac{1}{\dfrac{p}{a}-1} = \dfrac{1}{p-a}$

2.2.4 延迟定理（关于时间 t 的位移性质）

如果 $f(t) \in D$，且 $f(t) \fallingdotseq F(p)$，且 $a > 0$，则有

$$f(t-a) \fallingdotseq e^{-ap}F(p)$$

证 当 $t < 0$ 时，$f(t) \equiv 0$ $(f(t) \in D)$，因此当 $t < a$ 时，$f(t-a) \equiv 0$，且 $f(t-a) \in D$.

$$f(t-a) \fallingdotseq \int_0^{+\infty} f(t-a) e^{-pt} dt$$

$$= \int_0^a f(t-a) e^{-pt} dt + \int_a^{+\infty} f(t-a) e^{-pt} dt$$

$$= \int_a^{+\infty} f(t-a) e^{-pt} dt$$

作变量代换 $u = t - a$，则

$$f(t-a) \fallingdotseq \int_0^{+\infty} f(u) e^{-p(u+a)} du$$

$$= e^{-pa} \int_0^{+\infty} f(u) e^{-pu} du$$

$$= e^{-pa} F(p)$$

即

$$f(t-a) \fallingdotseq e^{-ap}F(p)$$

注意 $f(t-a)$ 与 $f(t)$ 相比，$f(t)$ 是从 $t = 0$ 开始有非零值，而 $f(t-a)$ 是从 $t = a$ 开始有非零值，即延迟了一个时间段 a. 从图像上看，$f(t-a)$ 的图像是由 $f(t)$ 的图像沿 t 轴向右平移

了距离 a 而得到的，如图 2-2 所示.

这个性质表明，时间 t 延迟 a 的拉普拉斯变换等于它的象函数乘以指数因子 e^{-ap}.

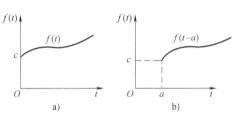

例 2-8　求 $f(t) = (t-2)^2$ 的象函数.

解法 1　$f(t) = (t-2)^2 = t^2 - 4t + 4$

因为 $t^2 \doteqdot \dfrac{2}{p^3}$，$t \doteqdot \dfrac{1}{p^2}$，$1 \doteqdot \dfrac{1}{p}$，利用线性性质求得

$$f(t) = t^2 - 4t + 4 \doteqdot \frac{2}{p^3} - \frac{4}{p^2} + \frac{4}{p}$$

图　2-2

解法 2　令 $f_1(t) = t^2$，而 $t^2 \doteqdot \dfrac{2}{p^3}$，则 $f(t) = (t-2)^2 = f_1(t-2)$，此时借助于延迟性定理可得到 $f(t) = (t-2)^2$ 的象函数，因此有

$$f_1(t) = t^2 \doteqdot \frac{2}{p^3}$$

$$f(t) = (t-2)^2 = f_1(t-2) \doteqdot e^{-2p}\frac{2}{p^3}$$

使用两种解法得到两个不同的结果，似乎违背了唯一性定理，其实不然，两种解法求得的结果是不同函数的象函数，解法 1 和解法 2 所求得的原象函数的图像分别如图 2-3a、b 所示.

于是我们知道，解法 2 是错误的.

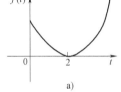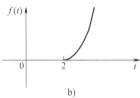

注意　延迟性定理的确切表达或者是不容易产生误解的表达应如下：

若 $f(t)\sigma(t) \doteqdot F(p)$，则

$$f(t-a)\sigma(t-a) \doteqdot e^{-pa}F(p)$$

图　2-3

例 2-9　求阶跃函数 $\sigma(t-a) = \begin{cases} 1 & t \geqslant a \\ 0 & t < a \end{cases}$ 的象函数.

解　由 $\sigma(t) \doteqdot \dfrac{1}{p}$，由延迟性定理可得到

$$\sigma(t-a) \doteqdot e^{-ap}\frac{1}{p}$$

例 2-10　求如图 2-4 所示波形的象函数.

解　已给波形的表达式为

$$f(t) = \begin{cases} 0 & t < 0 \\ t & 0 \leqslant t \leqslant 1 \\ 1 & t > 1 \end{cases}$$

可以把波形看成是图 2-5 中虚线所示的两个波形相减而得，即

$$f(t) = t\sigma(t) - (t-1)\sigma(t-1)$$

其中第二个虚线所示的波形是第一个延迟了一个单位. 已知

$$t = t\sigma(t) \doteqdot \frac{1}{p^2}$$

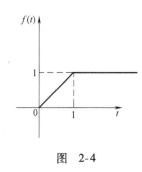

图 2-4

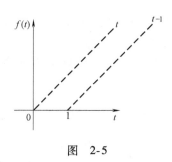

图 2-5

故由延迟性，

$$(t-1)\sigma(t-1) \doteqdot e^{-p}\frac{1}{p^2}$$

所以

$$f(t) \doteqdot \frac{1}{p^2}(1-e^{-p})$$

2.2.5 周期函数的象函数

设 $f(t)$ 是 $[0, +\infty)$ 内以 T 为周期的函数，且 $f(t)$ 在一周期内逐段光滑，则

$$f(t) \doteqdot \frac{1}{1-e^{-pT}}\int_0^T f(t)e^{-pt}\,dt$$

证 在拉普拉斯变换理论中，周期函数

$$f(t) \equiv 0,\ t < 0\ 时;\ f(t+T) = f(t),\ t > 0$$

设 $f(t)$ 是以 T 为周期的函数，我们定义

$$f_0(t) = \begin{cases} f(t) & 0 < t < T \\ 0 & t < 0\ 或\ t > T \end{cases}$$

此时 $f(t)$ 可以表示为下列收敛的级数

$$f(t) = \sum_{k=0}^{+\infty} f_0(t-kT)$$

如果 $f(t) \in D$ 且记 $f_0(t) \doteqdot F_0(p) = \int_0^T f(t)e^{-pt}dt$，于是根据延迟性定理得到

$$f_0(t-T) \doteqdot e^{-pT}F_0(p)$$

$$f_0(t-2T) \doteqdot e^{-2pT}F_0(p)$$

$$\vdots$$

$$f_0(t-kT) \doteqdot e^{-kpT}F_0(p)$$

所以有

$$f(t) = \sum_{k=0}^{+\infty} f_0(t-kT) \doteqdot F_0(p) + e^{-pT}F_0(p) + \cdots + e^{-kpT}F_0(p) + \cdots$$

$$= F_0(p)(1 + e^{-pT} + \cdots + e^{-kpT} + \cdots)$$

对于充分大的 $p(\operatorname{Re} p > s_0)$，有 $|e^{-pT}| < 1$，于是有

$$1 + \mathrm{e}^{-pT} + \cdots + \mathrm{e}^{-kpT} + \cdots = \frac{1}{1 - \mathrm{e}^{-pT}}$$

从而

$$f(t) \fallingdotseq F_0(p) \frac{1}{1 - \mathrm{e}^{-pT}} = \frac{1}{1 - \mathrm{e}^{-pT}} \int_0^T f(t) \mathrm{e}^{-pt} \mathrm{d}t$$

例 2-11　求函数 $f(t) = |\cos t|$ $(0 < t < +\infty)$ 的象函数.

解　由图 2-6 知 $f(t) = |\cos t|$ $(0 < t < +\infty)$ 是以 π 为周期的周期函数.

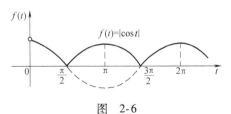

图　2-6

$$令 f_0(t) = \begin{cases} |\cos t| & 0 < t < \pi \\ 0 & t < 0 \text{ 或 } t > \pi \end{cases}$$

同时

$$f(t) = \sum_{k=0}^{+\infty} f_0(t - k\pi)$$

由于

$$f_0(t) \fallingdotseq F_0(p) = \int_0^\pi |\cos t| \mathrm{e}^{-pt} \mathrm{d}t$$

$$= \int_0^{\frac{\pi}{2}} \cos t \cdot \mathrm{e}^{-pt} \mathrm{d}t - \int_{\frac{\pi}{2}}^\pi \cos t \cdot \mathrm{e}^{-pt} \mathrm{d}t$$

$$= \frac{1}{p^2 + 1} \left[2\mathrm{e}^{-p\frac{\pi}{2}} + p(1 - \mathrm{e}^{p\pi}) \right]$$

所以

$$f(t) = |\cos t| \fallingdotseq \frac{F_0(p)}{1 - \mathrm{e}^{-pT}} = \frac{2\mathrm{e}^{-p\frac{\pi}{2}} + p(1 - \mathrm{e}^{p\pi})}{(1 - \mathrm{e}^{-pT})(p^2 + 1)}$$

2.2.6　逐段连续或逐段光滑函数的象函数

（1）函数

$$f(t) = \begin{cases} 0 & t < a \\ \varphi(t) & t \geqslant a \end{cases}$$

的图形由 Ot 轴上的区间与平滑曲线组成（图 2-7），它的象函数可由定义得出：

$$f(t) \fallingdotseq F(p) = \int_0^{+\infty} f(t) \mathrm{e}^{-pt} \mathrm{d}t$$

$$= \int_a^{+\infty} \varphi(t) \mathrm{e}^{-pt} \mathrm{d}t$$

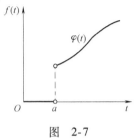

图　2-7

作积分代换 $z = t - a$, $\mathrm{d}t = \mathrm{d}z$, 则

$$f(t) \fallingdotseq \int_a^{+\infty} \varphi(t) \mathrm{e}^{-pt} \mathrm{d}t$$

$$= \int_0^{+\infty} \varphi(z + a) \mathrm{e}^{-p(z+a)} \mathrm{d}z$$

$$= \mathrm{e}^{-pa} \int_0^{+\infty} \varphi(z + a) \mathrm{e}^{-pz} \mathrm{d}z$$

$$= \mathrm{e}^{-ap} \Phi(p, a)$$

其中，$\Phi(p,a)$是函数$\varphi(z+a)$的象函数.

为此，在点$z=a$的邻域内，把函数$\varphi(t)$表为任意选取的、具有已知象函数的函数$\varphi_k(t)$之和(这样的函数称为坐标函数). 表为所选坐标函数的和可为有限项，也可为无限项，这主要依赖于函数$\varphi(t)$和坐标函数$\varphi_k(t)$. 选取坐标函数应使得和为有限项较好，因为此时不必研究象函数级数的收敛性.

然后利用延迟性定理把$f(t)$表示出来，并求出$\sigma(t-a)$的象函数和$\varphi_k(t-a)$的象函数级数和或部分和的象函数，这从解析式中看出.

设$\varphi(t) = \displaystyle\sum_{k=1}^{n} A_k\varphi_k(t-a)$，并且$\varphi_k(t) \fallingdotseq \Phi_k(p)$，此时

$$f(t) = \left[\sum_{k=1}^{n} A_k\varphi_k(t-a)\right]\sigma(t-a) \fallingdotseq \mathrm{e}^{-pa}\sum_{k=1}^{n}\Phi_k(p,a)$$

如果$\displaystyle\sum_{k=1}^{n}\Phi_k(p,a) = \Phi(p,a)$，则有

$$f(t) \fallingdotseq \mathrm{e}^{-pa}\Phi(p,a)$$

（2）函数

$$f(t) = \begin{cases} 0 & 0 < t < \alpha \\ \varphi(t) & \alpha < t < \beta \\ 0 & t > \beta \end{cases}$$

的图形是由断开的平滑弧和横轴上的两个区间组成(图2-8)，它的象函数可由定义得出

$$F(p) = \int_0^{+\infty} f(t)\mathrm{e}^{-pt}\mathrm{d}t = \int_{\alpha}^{\beta}\varphi(t)\mathrm{e}^{-pt}\mathrm{d}t$$

$$= \int_{\alpha}^{+\infty}\varphi(t)\mathrm{e}^{-pt}\mathrm{d}t - \int_{\beta}^{+\infty}\varphi(t)\mathrm{e}^{-pt}\mathrm{d}t$$

$$= \mathrm{e}^{-ap}\Phi(p,\alpha) - \mathrm{e}^{-ap}\Phi(p,\beta)$$

但在这里利用前面研究的延迟函数表示法是方便的，即选取坐标函数系，相应求出函数$\varphi(t)$在点$t=\alpha$和$t=\beta$的关于坐标函数系的展开式

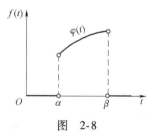

图　2-8

$$\varphi(t) = \sum_{k=1}^{n} A_k\varphi_k(t-\alpha) = \sum_{k=1}^{n} B_k\varphi_k(t-\beta)$$

然后借助于这些展开式表示$f(t)$，即

$$f(t) = \left[\sum_{k=1}^{n} A_k\varphi_k(t-\alpha)\right]\sigma(t-\alpha) - \left[\sum_{k=1}^{n} A_k\varphi_k(t-\beta)\right]\sigma(t-\beta)$$

同前阶段指出一样，最终可求的函数$f(t)$的象函数.

例 2-12　求函数(图2-9)

$$f(t) = \begin{cases} h & 1 < t < 3 \\ 0 & t < 1 \text{ 或 } t > 3 \end{cases}$$

的象函数.

解　由图像知

$$f(t) = h\sigma(t-1) - h\sigma(t-3) \fallingdotseq \frac{h}{p}(\mathrm{e}^{-p} - \mathrm{e}^{-3p})$$

例 2-13　求函数(图2-10)

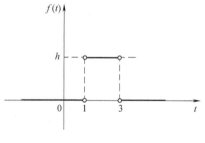

图　2-9

$$f(t) = \begin{cases} 0 & t < 1 \\ t^2 & 1 < t < 2 \\ 0 & t > 2 \end{cases}$$

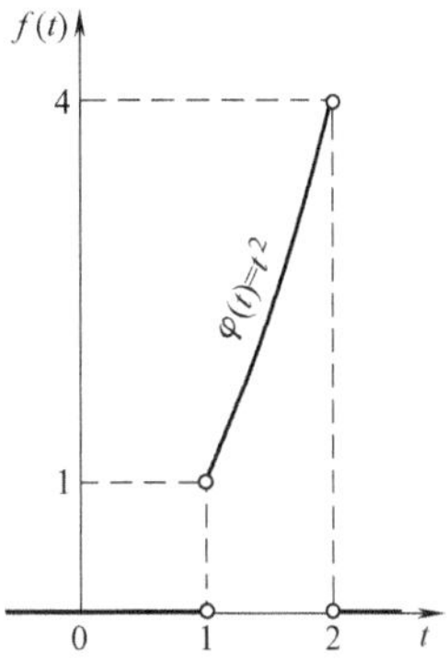

的象函数.

解 由图像知

$$\begin{aligned} f(t) &= t^2 \sigma(t-1) - t^2 \sigma(t-2) \\ &= \left[(t-1)^2 + 2(t-1) + 1 \right] \sigma(t-1) - \\ & \quad \left[(t-2)^2 + 4(t-2) + 4 \right] \sigma(t-2) \end{aligned}$$

因而

$$f(t) \fallingdotseq F(p) = \left(\frac{2}{p^3} + \frac{2}{p^2} + \frac{1}{p} \right) \mathrm{e}^{-p} - \left(\frac{2}{p^3} + \frac{4}{p^2} + \frac{4}{p} \right) \mathrm{e}^{-2p}$$

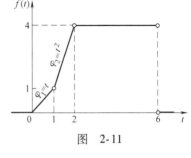

图 2-10

例 2-14 求函数(图 2-11)

$$f(t) = \begin{cases} t & 0 \leqslant t < 1 \\ t^2 & 1 < t < 2 \\ 4 & 2 < t < 6 \\ 0 & t < 0 \text{ 或 } t > 6 \end{cases}$$

的象函数.

图 2-11

解 此分段函数具备函数的连续性和光滑性. 在必须应用延迟性定理的时候可借助于单位函数把每一段函数表示出来. 为了写出整个函数, 必须把所得到的表达式加起来.

$$\begin{aligned} f(t) &= t\sigma(t) - (t-1)\sigma(t-1) + t^2\sigma(t-1) - t^2\sigma(t-2) + 4\sigma(t-2) - 4\sigma(t-6) \\ &= t\sigma(t) - (t-1)\sigma(t-1) + \left[(t-1)^2 + 2(t-1) + 1 \right]\sigma(t-1) - \left[(t-2)^2 + \right. \\ & \quad \left. 4(t-2) + 4 \right]\sigma(t-2) + 4\sigma(t-2) - 4\sigma(t-6) \end{aligned}$$

因而

$$f(t) \fallingdotseq F(p) = \left(\frac{1}{p^2} - \frac{\mathrm{e}^{-p}}{p^2} \right) + \left(\frac{2}{p^3} + \frac{2}{p^2} + \frac{1}{p} \right)\mathrm{e}^{-p} - \left(\frac{2}{p^3} + \frac{4}{p^2} + \frac{4}{p} \right)\mathrm{e}^{-2p} + \frac{4}{p}\mathrm{e}^{-2p} - \frac{4}{p}\mathrm{e}^{-6p}$$

例 2-15 求函数(图 2-12)

$$f(t) = \begin{cases} 0 & t < 2 \\ \sin t & 2 < t < 3 \\ 0 & t > 3 \end{cases}$$

的象函数.

图 2-12

解 由图像知

$$\begin{aligned} f(t) &= \sin t\, \sigma(t-2) - \sin t\, \sigma(t-3) \\ &= \sin(t-2+2)\sigma(t-2) - \sin(t-3+3)\sigma(t-3) \\ &= \left[\cos 2 \sin(t-2) + \sin 2 \cos(t-2) \right]\sigma(t-2) \\ & \quad - \left[\cos 3 \sin(t-3) + \sin 3 \cos(t-3) \right]\sigma(t-3) \end{aligned}$$

因而

$$f(t) \fallingdotseq F(p) = \left(\frac{1}{p^2+1}\cos 2 + \frac{p}{p^2+1}\sin 2 \right)\mathrm{e}^{-2p} - \left(\frac{1}{p^2+1}\cos 3 + \frac{p}{p^2+1}\sin 3 \right)\mathrm{e}^{-3p}$$

注意　为了得到任意的逐段连续或逐段光滑函数的象函数，把这个函数分成各段为连续光滑的部分，对于其中的每一段求出对应的象函数，然后把所得结果求和.

2.2.7　阶梯函数的象函数

已知阶梯函数(图 2-13)

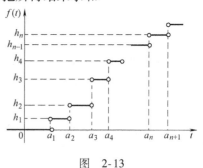

图　2-13

$$f(t) = \begin{cases} 0 & t < a_1 \\ h_1 & a_1 < t < a_2 \\ h_2 & a_2 < t < a_3 \\ \vdots & \vdots \\ h_n & a_n < t < a_{n+1} \end{cases}$$

显见

$$f(t) = [h_1\sigma(t-a_1) - h_1\sigma(t-a_2)] + [h_2\sigma(t-a_2) - h_2\sigma(t-a_3)] + $$
$$[h_3\sigma(t-a_3) - h_3\sigma(t-a_4)] + \cdots + [h_n\sigma(t-a_n) - h_n\sigma(t-a_{n+1})]$$

$$= \sum_{k=1}^{n} h_k[\sigma(t-a_k) - \sigma(t-a_{k+1})]$$

$$\doteqdot \sum_{k=1}^{n} \frac{h_k}{p}(e^{-a_k p} - e^{-a_{k+1} p})$$

如果取 $f(t) \doteqdot F(p)$，并记 $a_{k+1} - a_k = \Delta_k$，则

$$F(p) = \sum_{k=1}^{n} \frac{h_k}{p} e^{-a_k p}[1 - e^{(a_k - a_{k+1})p}] = \frac{1}{p}\sum_{k=1}^{n} h_k e^{-a_k p}(1 - e^{\Delta_k p})$$

2.2.8　关于 p 的位移性质

如果 $f(t) \in D$，且 $f(t) \doteqdot F(p)$，则对任意的复常数 a，

$$e^{-at}f(t) \doteqdot F(p+a)$$

证　事实上，

$$e^{-at}f(t) \doteqdot \int_0^{+\infty} e^{-at}f(t)e^{-pt}dt = \int_0^{+\infty} e^{-(a+p)t}f(t)dt = F(p+a)$$

例 2-16　求下列函数的象函数：

(1) $f(t) = te^{-4t}\cos 5t$　(2) $f(t) = \dfrac{e^{-3t}\sin 2t}{t}$

解　(1) 由于

$$\cos 5t \doteqdot \frac{p}{p^2 + 25}$$

由位移性质得

$$e^{-4t}\cos 5t \doteqdot \frac{p+4}{(p+4)^2 + 25}$$

再由象函数的微分性质，得

$$te^{-4t}\cos 5t \doteqdot -1\frac{d}{dp}\left[\frac{p+4}{(p+4)^2+25}\right] = \frac{(p+4)^2 - 25}{[(p+4)^2 + 25]^2}$$

(2) 由于

$$\sin 2t \doteqdot \frac{2}{p^2 + 4}$$

由象函数的积分性质, 得

$$
\frac{\sin 2t}{t} \risingdotseq \int_p^{+\infty} F(u)\,\mathrm{d}u = \int_p^{+\infty} \frac{2}{u^2 + 4}\,\mathrm{d}u
$$

$$
= \int_p^{+\infty} \frac{2}{4\left(\dfrac{u^2}{4} + 1\right)}\,\mathrm{d}u
$$

$$
= \arctan \frac{u}{2}\,\Big|_p^{+\infty}
$$

$$
= \frac{\pi}{2} - \arctan \frac{p}{2}
$$

再由位移性质得

$$
\mathrm{e}^{-3t}\frac{\sin 2t}{t} \risingdotseq \frac{\pi}{2} - \arctan \frac{p+3}{2}
$$

*2.2.9 δ 函数的象函数

在物理和工程技术中, 常常会遇到单位脉冲函数. 这种函数的特点是:

(1) 某一点或某一瞬间函数值为 ∞, 而在其他点处函数值为 0.

(2) $\displaystyle\int_{-\infty}^{+\infty} \delta(t)\,\mathrm{d}t = 1$

按照 δ 函数的性质, 对每一个连续函数都有下式成立:

$$
\int_a^b f(t)\delta(t - t_0)\,\mathrm{d}t = f(t_0)
$$

所以在拉普拉斯变换中直接应用这一性质, 得

$$
\int_0^{+\infty} \delta(t)\,\mathrm{e}^{-pt}\,\mathrm{d}t = \int_0^{+\infty} \delta(t - 0)\,\mathrm{e}^{-pt}\,\mathrm{d}t = \mathrm{e}^{-p \cdot 0} = 1
$$

即 $\delta(t) \risingdotseq 1$

注 这个象函数是在 $\delta(t)$ 无限增大的条件下得到的. 事实上, 尽管 $\delta(t)$ 是连续函数序列的极限函数, 但是它有无穷间断点, 所以在通常条件下函数 $\delta(t)$ 不属于原象函数. 这样, 它的象函数也不具备象函数应有的全部性质. 例如, 当 $p \to \infty$ 时其象函数不趋近于零.

习 题 2

1. 求下列函数的象函数:

(1) $\dfrac{1}{2}\sin 2t + \cos 3t$ (2) $\mathrm{e}^{3t} - \mathrm{e}^{-2t}$ (3) $\dfrac{\cos at - \sin bt}{b^2 - a^2}$ $(a \neq b)$

(4) $\dfrac{1}{a^3}(at - \sin at)$ (5) $t^2\mathrm{e}^t$ (6) $\mathrm{e}^{-3t}\sin 5t$

(7) $t^2\cos at$ (8) $\dfrac{\sin^2 at}{t}$

(9) $\cos a(t - \varphi)\sigma(t - \varphi)$ (10) $\cos a(t - \varphi)\sigma(t - 2\varphi)$

2. 求下列函数的象函数:

(1) 求周期性三角波 $f(t) = \begin{cases} t & 0 < t < b \\ 2b - t & b < t < 2b \end{cases}$, $f(t) = f(t + 2b)$ 的象函数.

（2）求函数 $f(t) = \begin{cases} 3t+4 & 2<t<5 \\ 0 & t<2 \text{ 或 } t>5 \end{cases}$ 的象函数.

2.3 由象函数求原象函数

前面一节我们讨论了由原象函数 $f(t)$ 求象函数 $F(p)$ 的方法，但是在拉普拉斯变换的应用中，还必须学会如何由象函数求原象函数，本节就来讨论这个问题.

2.3.1 拉普拉斯变换的反演公式

定理 2-2 设 $f(t)$ 满足拉普拉斯变换存在性定理中的条件（1）和（2），且 s_0 为其增长指数. 设 $f(t) \doteqdot F(p)$，则对任意取定的 $\text{Re } p = \beta > s_0$，有

$$\frac{f(t+0)+f(t-0)}{2} = \frac{1}{2\pi i}\int_{\beta-i\infty}^{\beta+i\infty} F(p)e^{pt}dp \quad (t>0,\ \text{Re } p>s_0)$$

即在连续点处有

$$f(t) = \frac{1}{2\pi i}\int_{\beta-i\infty}^{\beta+i\infty} F(p)e^{pt}dp \quad (t>0,\ \text{Re } p>s_0)$$

这就是由象函数 $F(p)$ 求原象函数 $f(t)$ 的一般公式，称作**拉普拉斯反演积分公式**，积分路径是右半平面上任意一条直线 $\text{Re } p = \beta$，即 p 的实部为 β，虚部为所有可能的值.

上述定理给出了拉普拉斯变换的反演公式，但是公式用起来右端的积分比较复杂，下面我们进一步给出利用留数计算原象函数的方法.

定理 2-3 若 $p_1, p_2, \cdots, p_n$ 是 $F(p)$ 的所有孤立奇点（有限个），除这些点以外 $F(p)$ 处处解析，适当选取 $\beta = \text{Re } p$ 使得这些奇点全在 $\text{Re } p < \beta$ 的范围内，且当 $p \to +\infty$ 时，$F(p) \to 0$，则有

$$\frac{1}{2\pi i}\int_{\beta-i\infty}^{\beta+i\infty} F(p)e^{pt}dp = \sum_{k=1}^{n} \text{Res}\left[F(p)e^{pt}, p_k\right] \tag{2-1}$$

即在连续点处有

$$f(t) = \sum_{k=1}^{n} \text{Res}\left[F(p)e^{pt}, p_k\right] \quad (t>0) \tag{2-2}$$

在间断点且 $t_0 > 0$ 处，左方代之以

$$\frac{f(t+0)+f(t-0)}{2}$$

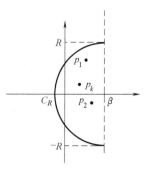

图 2-14

证 取 R 充分大，使得 $p_1, p_2, \cdots, p_n$ 都在圆弧 C_R 和直线 $\text{Re } p = \beta$ 所围成的区域内. 如图 2-14 所示，因为 e^{pt} 是解析的，根据留数定理，得

$$\frac{1}{2\pi i}\left[\int_{\beta-iR}^{\beta+iR} F(p)e^{pt}dp + \int_{C_R} F(p)e^{pt}dp\right] = \sum_{k=1}^{n} \text{Res}\left[F(p)e^{pt}, p_k\right] \tag{2-3}$$

由若尔当（Jordan）引理，有

$$\lim_{R \to +\infty}\int_{C_R} F(p)e^{pt}dp = 0$$

于是在式（2-3）中令 $R \to +\infty$，即得

$$\frac{1}{2\pi\mathrm{i}}\int_{\beta-\mathrm{i}\infty}^{\beta+\mathrm{i}\infty}F(p)\mathrm{e}^{pt}\mathrm{d}p = \sum_{k=1}^{n}\mathrm{Res}\bigl[F(p)\mathrm{e}^{pt},\ p_k\bigr]$$

当 $F(p)$ 是有理真分式函数时, $F(p)\mathrm{e}^{pt}$ 在极点处的留数很容易计算. 因而这时利用式(2-2) 计算原象函数很方便. 于是得到下列推论:

推论(展开定理)　若 $F(p)$ 是有理真分式函数, $F(p) = \dfrac{A(p)}{Q(p)}$, 其中 $A(p)$, $Q(p)$ 是互质的多项式, $A(p)$ 的次数为 n, $Q(p)$ 的次数为 m, $n < m$. 假定 $Q(p)$ 的零点为 p_1, p_2, $\cdots$, p_k, 其阶数分别为 m_1, m_2, $\cdots$, m_k $\left(\sum\limits_{j=1}^{k}m_k = m\right)$, 则 $f(t)$ 在连续点处有

$$f(t) = \sum_{j=1}^{k}\frac{1}{(m_j-1)!}\lim_{p\to p_j}\frac{\mathrm{d}^{m_j-1}}{\mathrm{d}p^{m_j-1}}\Bigl[(p-p_j)^{m_j}\frac{A(p)}{Q(p)}\mathrm{e}^{pt}\Bigr](t>0)$$

特别地, 如果 $Q(p)$ 有 m 个单根 p_1, p_2, $\cdots$, p_j, $\cdots$, p_m, 则

$$f(t) = \sum_{j=1}^{m}\frac{A(p_j)}{Q'(p_j)}\mathrm{e}^{p_j t}\quad(t>0)$$

证　根据定理 2-3 和极点的留数的计算方法可以直接求得.

例 2-17　求 $F(p) = \dfrac{2p^2-4p}{(2p+1)(p^2+1)}$ 的原象函数 $f(t)$.

解　分母 $Q(p) = (2p+1)(p^2+1) = (2p+1)(p-\mathrm{i})(p+\mathrm{i})$ 有三个一阶零点 $-1/2$, $-\mathrm{i}$, i, 因此它们都是 $F(p)$ 的一阶极点. 因 $Q'(p) = 6p^2+2p+2$, 于是

$$f(t) = \mathrm{Res}\bigl[F(p)\mathrm{e}^{pt},\ -1/2\bigr] + \mathrm{Res}\bigl[F(p)\mathrm{e}^{pt},\ \mathrm{i}\bigr] + \mathrm{Res}\bigl[F(p)\mathrm{e}^{pt},\ -\mathrm{i}\bigr]$$
$$= \mathrm{e}^{pt}\Bigl[\frac{2p^2-4p}{6p^2+2p+2}\Bigr]_{p=-1/2} + \mathrm{e}^{pt}\Bigl[\frac{2p^2-4p}{6p^2+2p+2}\Bigr]_{p=\mathrm{i}} + \mathrm{e}^{pt}\Bigl[\frac{2p^2-4p}{6p^2+2p+2}\Bigr]_{p=-\mathrm{i}}$$
$$= \mathrm{e}^{-t/2} - \frac{\mathrm{e}^{\mathrm{i}t}}{\mathrm{i}} + \frac{\mathrm{e}^{-\mathrm{i}t}}{\mathrm{i}}$$
$$= \mathrm{e}^{-t/2} - 2\sin t$$

例 2-18　求 $F(p) = \dfrac{p}{(p+1)^3(p-1)^2}$ 的原象函数 $f(t)$.

解　$p_1 = -1$ 及 $p_2 = 1$ 分别是 $F(p)$ 的三阶和二阶极点, 于是

$$f(t) = \mathrm{Res}\bigl[F(p)\mathrm{e}^{pt},\ -1\bigr] + \mathrm{Res}\bigl[F(p)\mathrm{e}^{pt},\ 1\bigr]$$
$$= \frac{1}{2}\Bigl\{\lim_{p\to-1}\frac{\mathrm{d}^2}{\mathrm{d}p^2}\Bigl[\frac{p\mathrm{e}^{pt}}{(p-1)^2}\Bigr] + \lim_{p\to1}\frac{\mathrm{d}}{\mathrm{d}p}\Bigl[\frac{p\mathrm{e}^{pt}}{(p+1)^3}\Bigr]\Bigr\}$$
$$= \frac{1}{16}\mathrm{e}^{-t}(1-2t^2) + \frac{1}{16}\mathrm{e}^t(2t-1)$$

2.3.2　部分分式法

在计算有理函数的不定积分时, 所使用的方法是把有理真分式函数分解为若干个最简分式的和, 这一方法也可用来计算有理真分式函数 $F(p) = \dfrac{A(p)}{Q(p)}$ 的原象函数, 当 $A(p)$ 及 $Q(p)$ 是实系数多项式时, 使用实数范围的分解式, 即先把 $Q(p)$ 分解成一次或二次实系数多项式的乘积, 再把有理真分式分解为部分分式, 在计算上要简便些.

例 2-19 求 $F(p) = \dfrac{p-1}{(p+1)(p^2+4)}$ 的原象函数 $f(t)$.

解法 1 设

$$F(p) = \frac{A}{p+1} + \frac{Bp+C}{p^2+4}$$

解出待定系数 $A = -\dfrac{2}{5}$, $B = \dfrac{2}{5}$, $C = \dfrac{3}{5}$, 从而

$$F(p) = -\frac{2}{5}\frac{1}{p+1} + \frac{\dfrac{2}{5}p + \dfrac{3}{5}}{p^2+4}$$

$$= -\frac{2}{5}\frac{1}{p+1} + \frac{2}{5}\frac{p}{p^2+4} + \frac{3}{5}\cdot\frac{1}{2}\frac{2}{p^2+4}$$

于是

$$f(t) = -\frac{2}{5}e^{-t} + \frac{2}{5}\cos 2t + \frac{3}{10}\sin 2t$$

解法 2 $p_1 = -1$, $p_2 = -2i$ 及 $p_3 = 2i$ 是 $F(p)$ 的单极点, 因 $Q'(p) = 3p^2 + 2p + 4$, 于是

$$f(t) = \mathrm{Res}[F(p)e^{pt}, -1] + \mathrm{Res}[F(p)e^{pt}, 2i] + \mathrm{Res}[F(p)e^{pt}, -2i]$$

$$= \left[\frac{p-1}{3p^2+2p+4}\right]_{p=-1}e^{pt} + \left[\frac{p-1}{3p^2+2p+4}\right]_{p=2i}e^{pt} + \left[\frac{p-1}{3p^2+2p+4}\right]_{p=-2i}e^{pt}$$

$$= -\frac{2}{5}e^{-t} + \frac{4-3i}{20}e^{2it} + \frac{4+3i}{20}e^{-2it}$$

$$= -\frac{2}{5}e^{-t} + \frac{2}{5}\cos 2t + \frac{3}{10}\sin 2t$$

比较两种方法, 解法 1 比解法 2 明显在计算上更简单, 所以要根据具体问题选择不同的方法来计算, 简化计算量.

例 2-20 求 $F(p) = \dfrac{1}{(p^2+a^2)(p^2+b^2)}$ $(a^2 \neq b^2)$ 的原象函数 $f(t)$.

解 考虑到

$$F(p) = \frac{1}{(p^2+a^2)(p^2+b^2)}$$

$$= \frac{1}{b^2-a^2}\left(\frac{1}{p^2+a^2} - \frac{1}{p^2+b^2}\right)$$

$$= \frac{1}{b^2-a^2}\left(\frac{1}{a}\frac{a}{p^2+a^2} - \frac{1}{b}\frac{b}{p^2+b^2}\right)$$

从而

$$f(t) = \frac{1}{b^2-a^2}\left(\frac{1}{a}\sin at - \frac{1}{b}\sin bt\right)$$

2.3.3 （乘法定理）卷积定理

定义 已知函数 $f_1(t)$, $f_2(t)$, 则称含参变量的积分

$$\int_0^t f_1(\tau) f_2(t-\tau) \mathrm{d}\tau \ \text{或者} \int_0^t f_1(t-\tau) f_2(\tau) \mathrm{d}\tau$$

为函数 $f_1(t)$ 和 $f_2(t)$ 的**卷积**,记作 $f_1(t) * f_2(t)$.

卷积定理 如果 $f_1(t) \in D$, $f_2(t) \in D$, $f_1(t) \doteqdot F_1(p)$, $f_2(t) \doteqdot F_2(p)$, 则 $f_1(t) * f_2(t)$ 的拉普拉斯变换存在, 且

$$f_1(t) * f_2(t) \doteqdot F_1(p) F_2(p)$$

证 由于当 $t<0$ 时, 有 $f_1(t) = f_2(t) = 0$, 于是当 $t<0$ 时 $f_1(t) * f_2(t) = 0$.

(1) 首先证明 $f_1(t) * f_2(t)$ 的拉普拉斯变换存在.

容易验证: 如果 $f_1(t)$ 和 $f_2(t)$ 都是指数增长型的, 则 $f_1(t) * f_2(t)$ 也是指数增长型的, 事实上, 如果存在数 $M_1 > 0$ 和 $s_1 > 0$, 且

$$|f_1(t)| \leqslant M_1 \mathrm{e}^{s_1 t}, \qquad |f_2(t)| \leqslant M_1 \mathrm{e}^{s_1 t}$$

则

$$\left| \int_0^t f_1(\tau) f_2(t-\tau) \mathrm{d}\tau \right| \leqslant \int_0^t |f_1(\tau)| \, |f_2(t-\tau)| \, \mathrm{d}\tau$$

$$\leqslant M_1^2 \int_0^t \mathrm{e}^{s_1 \tau} \mathrm{e}^{s_1(t-\tau)} \mathrm{d}\tau = M_1^2 \mathrm{e}^{s_1 t} t \leqslant M \mathrm{e}^{s_0 t}$$

其中 $s_0 > s_1 > 0$, 且 M 充分大.

由 $f_1(t)$ 和 $f_2(t)$ 的连续性, 可以推导出 $f_1(t) * f_2(t)$ 的连续性(两个连续函数乘积的不定积分仍为连续的).

综上知 $f_1(t) * f_2(t)$ 的拉普拉斯变换存在.

(2) 其次证明 $f_1(t) * f_2(t) \doteqdot F_1(p) F_2(p)$.

$$f_1(t) * f_2(t) \doteqdot \int_0^{+\infty} f_1(t) * f_2(t) \mathrm{e}^{-pt} \mathrm{d}t$$

$$= \int_0^{+\infty} \mathrm{e}^{-pt} \mathrm{d}t \int_0^t f_1(\tau) f_2(t-\tau) \mathrm{d}\tau$$

交换积分次序(积分域如图 2-15 所示), 得到

$$f_1(t) * f_2(t) \doteqdot \int_0^{+\infty} \mathrm{d}\tau \int_\tau^{+\infty} f_1(\tau) f_2(t-\tau) \mathrm{e}^{-pt} \mathrm{d}t$$

$$= \int_0^{+\infty} f_1(\tau) \mathrm{d}\tau \int_\tau^{+\infty} f_2(t-\tau) \mathrm{e}^{-pt} \mathrm{d}t$$

令 $u = t - \tau$, 则

$$\int_\tau^{+\infty} f_2(t-\tau) \mathrm{e}^{-pt} \mathrm{d}t = \int_0^{+\infty} f_2(u) \mathrm{e}^{-p(u+\tau)} \mathrm{d}u = \mathrm{e}^{-p\tau} \int_0^{+\infty} f_2(u) \mathrm{e}^{-pu} \mathrm{d}u = \mathrm{e}^{-p\tau} F_2(p)$$

故

$$f_1(t) * f_2(t) \doteqdot \int_0^{+\infty} f_1(\tau) \mathrm{e}^{-p\tau} F_2(p) \mathrm{d}\tau$$

$$= F_2(p) \int_0^{+\infty} f_1(\tau) \mathrm{e}^{-p\tau} \mathrm{d}\tau$$

$$= F_2(p) F_1(p)$$

因而

$$f_1(t) * f_2(t) \doteqdot F_2(p) F_1(p)$$

例 2-21 设 $F(p) = \dfrac{p}{(p^2+1)^2}$, 利用乘法原理求其原象函数 $f(t)$.

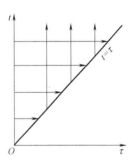

图 2-15

解 因为

$$F(p) = \frac{p}{(p^2+1)^2} = \frac{p}{p^2+1} \cdot \frac{1}{p^2+1}$$

并且已知

$$\frac{p}{p^2+1} \doteqdot \cos t, \quad \frac{1}{p^2+1} \doteqdot \sin t$$

所以由乘法原理，得

$$\begin{aligned}
F(p) &= \frac{p}{(p^2+1)^2} = \frac{p}{p^2+1} \cdot \frac{1}{p^2+1} \\
&\doteqdot \int_0^t \cos \tau \sin(t-\tau) \mathrm{d}\tau \\
&= \frac{1}{2} \int_0^t \left[\sin(t-\tau-\tau) + \sin t \right] \mathrm{d}\tau \\
&= \frac{1}{2} t \sin t
\end{aligned}$$

*2.3.4 杜梅勒积分

若 $f(t) * \varphi(t) = \int_0^t f(\tau)\varphi(t-\tau)\mathrm{d}\tau \doteqdot F(p)\Phi(p)$，其中 $f(t) \doteqdot F(p)$，$\varphi(t) \doteqdot \Phi(p)$，于是有

$$[f(t) * \varphi(t)]' \doteqdot pF(p)\Phi(p) - f(0) * \varphi(0) = pF(p)\Phi(p)$$

上述公式称作**杜梅勒积分**.

例 2-22 求 $G(p) = \dfrac{p^2}{(p^2+4)^2}$ 的原象函数 $f(t)$.

解 因为

$$G(p) = \frac{p^2}{(p^2+4)^2} = p \cdot \frac{p}{p^2+4} \cdot \frac{1}{p^2+4}$$

并且已知

$$\frac{p}{p^2+4} \doteqdot \cos 2t, \quad \frac{1}{p^2+4} \doteqdot \frac{1}{2}\sin 2t$$

所以由杜梅勒积分 $[f(t) * \varphi(t)]' = pF(p)\Phi(p)$，得

$$\begin{aligned}
G(p) &= p \cdot \frac{p}{p^2+4} \cdot \frac{1}{p^2+4} \\
&\doteqdot \frac{1}{2} \frac{\mathrm{d}}{\mathrm{d}t} \left[\int_0^t \cos 2\tau \sin 2(t-\tau)\mathrm{d}\tau \right] \\
&= \frac{1}{2} \frac{\mathrm{d}}{\mathrm{d}t} \int_0^t \left[\sin 2t - \sin(4\tau - 2t) \right] \mathrm{d}\tau \\
&= \frac{1}{4} \frac{\mathrm{d}}{\mathrm{d}t} t \sin 2t \\
&= \frac{1}{4}\sin 2t + \frac{1}{2} t \cos 2t
\end{aligned}$$

习　题　3

求下列函数的原象函数：

(1) $\dfrac{p-2}{p(p-1)^2}$

(2) $\dfrac{p}{(p+1)(p-2)(p+3)}$

(3) $\dfrac{10(p+2)(p+5)}{p(p+1)(p+3)}$

(4) $\dfrac{p^2+2p+3}{(p^2+2p+2)(p^2+2p+5)}$

(5) $\dfrac{p+3}{p^2+2p+2}$

(6) $\dfrac{p+7}{(p-1)(p^2+2p+5)}$

(7) $\dfrac{1}{p^2+2p+1}$

(8) $\dfrac{1}{(p^2+4p+13)^2}$

(9) $\dfrac{p^3}{p^4+a^4}$

(10) $\dfrac{a^2p}{p^4+a^4}$

(11) $\dfrac{p-1}{(p^2-2p+2)^2}$

(12) $\dfrac{3p+7}{p^2+2p+1+a^2}$

2.4　拉普拉斯变换的应用

2.4.1　求解常系数线性常微分方程或方程组

下面我们通过例子来看.

例 2-23　求微分方程 $y''-2y'-3y=4e^{2t}$ 满足初始条件 $y(0)=2$，$y'(0)=8$ 的解.

解　设 $y(t)\doteqdot Y(p)$，此时

$$y'(t)\doteqdot pY(p)-y(0)=pY(p)-2$$
$$y''(t)\doteqdot p^2Y(p)-py(0)-y'(0)=p^2Y(p)-2p-8$$

对方程两边同时取拉普拉斯变换得

$$p^2Y(p)-2p-8-2pY(p)+4-3Y(p)=\frac{4}{p-2}$$

$$(p^2-2p-3)Y(p)-2p-4=\frac{4}{p-2}$$

解关于 $Y(p)$ 的代数方程得到

$$Y(p)=\frac{2p^2-4}{(p^2-2p-3)(p-2)}$$

要求得方程的解，只需求 $Y(p)$ 的原象函数即可，利用部分分式法

$$Y(p)=\frac{2p^2-4}{(p^2-2p-3)(p-2)}=\frac{2p^2-4}{(p-3)(p+1)(p-2)}=\frac{A}{p-3}+\frac{B}{p+1}+\frac{C}{p-2}$$

利用待定系数法，求得 $A=\dfrac{7}{2}$，$B=-\dfrac{1}{6}$，$C=-\dfrac{4}{3}$

即

$$Y(p)=\frac{7}{2}\frac{1}{p-3}-\frac{1}{6}\frac{1}{p+1}-\frac{4}{3}\frac{1}{p-2}$$

于是可求得方程满足初始条件的解为

$$y(t) = \frac{7}{2}e^{3t} - \frac{1}{6}e^{-t} - \frac{4}{3}e^{2t}$$

通过上述例子我们可以看到，求解常系数线性常微分方程满足初始条件的解，通过拉普拉斯变换可以转化为求象函数对应的一元一次代数方程.

例 2-24 求常系数线性微分方程的初值问题：

$$\begin{cases} y''(t) - 2y'(t) + 2y(t) = 2e^t\cos t \\ y(0) = y'(0) = 0 \end{cases}$$

解 设 $y(t) \doteqdot Y(p)$，此时

$$y'(t) \doteqdot pY(p) - y(0) = pY(p)$$
$$y''(t) \doteqdot p^2Y(p) - py(0) - y'(0) = p^2Y(p)$$

对方程两边同时取拉普拉斯变换得

$$p^2Y(p) - 2pY(p) + 2Y(p) = \frac{2(p-1)}{(p-1)^2 + 1}$$

$$(p^2 - 2p + 2)Y(p) = \frac{2(p-1)}{(p-1)^2 + 1}$$

解关于 $Y(p)$ 的代数方程得到

$$Y(p) = \frac{2(p-1)}{\left[(p-1)^2 + 1\right]^2}$$

要求得方程的解，只需求 $Y(p)$ 的原象函数即可，分析 $Y(p)$，即

$$Y(p) = \frac{2(p-1)}{\left[(p-1)^2 + 1\right]^2} = 2\frac{1}{(p-1)^2 + 1} \cdot \frac{p-1}{(p-1)^2 + 1}$$

已知 $\dfrac{1}{(p-1)^2 + 1} \doteqdot e^t\sin t$，$\dfrac{p-1}{(p-1)^2 + 1} \doteqdot e^t\cos t$，于是由卷积定理

$$y(t) = 2\int_0^t e^\tau\sin\tau e^{t-\tau}\cos(t-\tau)\mathrm{d}\tau$$

$$= 2e^t\int_0^t \sin\tau\cos(t-\tau)\mathrm{d}\tau$$

$$= e^t\int_0^t \left[\sin t + \sin(2\tau - t)\right]\mathrm{d}\tau$$

$$= te^t\sin t$$

例 2-25 求常系数线性微分方程组

$$\begin{cases} y''(t) - x''(t) + x'(t) - y(t) = e^t - 2 \\ 2y''(t) - x''(t) - 2y'(t) + x(t) = -t \end{cases}$$

满足初始条件

$$\begin{cases} y(0) = y'(0) = 0 \\ x(0) = x'(0) = 0 \end{cases}$$

的解.

解 设 $x(t) \doteqdot X(p)$，$y(t) \doteqdot Y(p)$，此时

$$x'(t) \doteqdot pX(p) - x(0) = pX(p)$$
$$x''(t) \doteqdot p^2X(p) - px(0) - x'(0) = p^2X(p)$$

$$y'(t) \doteqdot pY(p) - y(0) = pY(p)$$

$$y''(t) \doteqdot p^2Y(p) - py(0) - y'(0) = p^2Y(p)$$

对方程组中的两个方程两边同时取拉普拉斯变换得

$$\begin{cases} p^2Y(p) - p^2X(p) + pX(p) - Y(p) = \dfrac{1}{p-1} - \dfrac{2}{p} \\ 2p^2Y(p) - p^2X(p) - 2pY(p) + X(p) = -\dfrac{1}{p^2} \end{cases}$$

解此代数方程组得

$$\begin{cases} X(p) = \dfrac{2p-1}{p^2(p-1)^2} \\ Y(p) = \dfrac{1}{p(p-1)^2} \end{cases}$$

要求得方程组的解, 只需求 $X(p)$, $Y(p)$ 的原象函数即可, 解得

$$\begin{cases} x(t) = -t + te^t \\ y(t) = 1 - e^t + te^t \end{cases}$$

2.4.2　变系数线性微分方程的运算微积解法举例

例 2-26　求微分方程 $(1-t)y''(t) + (1+t)y(t) - 2y(t) = 0$ 的通解.

解　设 $y(0) = c_1$, $y'(0) = c_2$, $y(t) \doteqdot Y(p)$, 则有

$$y'(t) \doteqdot pY(p) - y(0) = pY(p) - c_1$$

$$y''(t) \doteqdot p^2Y(p) - py(0) - y'(0) = p^2Y(p) - c_1p - c_2$$

$$ty'(t) \doteqdot -\frac{d}{dp}[pY(p) - c_1] = -Y(p) - pY'(p)$$

$$ty''(t) \doteqdot -\frac{d}{dp}[p^2Y(p) - c_1p - c_2]$$

$$= -2pY(p) - p^2Y'(p) + c_1p^2Y(p) - c_1p - c_2 + 2pY(p) + p^2Y'(p) -$$

$$c_1 + pY(p) - c_1 - Y(p) - pY'(p) - 2Y(p) = 0$$

$$Y'(p) + \frac{p^2 + 3p - 3}{p(p-1)}Y(p) = \frac{c_1(p+2) + c_2}{p(p-1)}$$

先考虑齐次方程, 分离变量得

$$\frac{dY(p)}{Y(p)} = \frac{3 - 3p - p^2}{p(p-1)}dp$$

$$\ln Y(p) = \int \frac{3 - 3p - p^2}{p(p-1)}dp = -\int \left(1 + \frac{4p-3}{p^2 - p}\right)dp$$

$$= -p - \int \frac{4p-3}{p(p-1)}dp = -p - 3\ln p - \ln(p-1) + \ln c$$

把 c 看作 $c(p)$, 则有

$$Y(p) = \frac{c(p)}{p^3(p-1)}e^{-p}$$

$$Y'(p) = \frac{c'(p)p^3(p-1) - c(p)p^2(4p-3)}{p^6(p-1)^2} \, e^{-p} - \frac{c(p)}{p^3(p-1)} \, e^{-p}$$

$$= \frac{p(p-1)c'(p) - (4p-3)c(p)}{p^4(p-1)^2} \, e^{-p} - \frac{c(p)}{p^3(p-1)} \, e^{-p}$$

把 $Y(p)$ 与 $Y'(p)$ 代入非齐次方程, 可求得 $c(p)$, 得

$$\frac{p(p-1)c'(p) - (4p-3)c(p)}{p^4(p-1)^2} \, e^{-p} - \frac{c(p)}{p^3(p-1)} \, e^{-p} + \frac{p^2+3p-3}{p(p-1)} \, \frac{c(p)}{p^3(p-1)} \, e^{-p}$$

$$= \frac{c_1(p+2) + c^2}{p(p-1)}$$

$$\frac{c'(p)}{p^3(p-1)} e^{-p} + c(p) e^{-p} \left[\frac{3-4p}{p^4(p-1)^2} - \frac{1}{p^3(p-1)} + \frac{p^2+3p-3}{p^4(p-1)^2} \right]$$

$$= \frac{c_1(p+2) + c_2}{p(p-1)}$$

$$c'(p) = p^2 \left[c_1(p+2) + c_2 \right] e^p$$

$$c(p) = \int p^2 \left[c_1(p+2) + c_2 \right] e^p \mathrm{d}p$$

$$c(p) = \left[c_1 p^3 - (c_1 - c_2) p^2 + 2(c_1 - c_2)p - 2(c_1 - c_2) \right] e^p$$

$$Y(p) = \frac{c_1}{p-1} - \frac{c_1 - c_2}{p(p-1)} + \frac{2(c_1 - c_2)}{p^2(p-1)} - \frac{2(c_1 - c_2)}{p^3(p-1)}$$

$$Y(p) = \frac{c^2}{p-1} + \frac{c_1 - c_2}{p} + \frac{2(c_1 - c_2)}{p^3}$$

$$y(t) = Ce^t + C_0(1+t^2)$$

其中　$C = c_2$, $C_0 = c_1 - c_2$.

2.4.3　用运算微积求解简单的积分方程

例 2-27　解积分方程 $y(t) = \int_0^t \mathrm{sh}(t-s)y(s)\mathrm{d}s + \sin t$.

解　设 $y(t) \fallingdotseq F(p)$, 则

$$\int_0^t \mathrm{sh}(t-s)y(s)\mathrm{d}s = \mathrm{sh}\, t * y(t) \fallingdotseq \frac{1}{p^2-1}F(p), \quad \sin t \fallingdotseq \frac{1}{p^2+1}$$

$$F(p) = \frac{1}{p^2-1} F(p) + \frac{1}{p^2+1}$$

$$F(p) = \frac{p^2-1}{(p^2-2)(p^2+1)} = \frac{1/3}{p^2-2} + \frac{2/3}{p^2+1}$$

所以

$$y(t) = \frac{1}{3\sqrt{2}} \mathrm{sh}\sqrt{2}t + \frac{2}{3}\sin t$$

*2.4.4　在电工学中应用运算微积的例子

在电工学里, 在研究集中参数 r、L 和 C 的线性电路的过渡过程中, 运算微积得到了广泛的应用. 这是由于在电路中发生的现象是用线性常微分方程及方程组来描述的, 而借助于运算微积很容易求解这些方程或方程组.

首先讨论电路过渡过程的基本特点和规律，并举其中大家所熟知的具体例子.

在电路中观察到的从一个稳定状态过渡到另一个稳定状态的现象叫作过渡过程.

电路中过渡过程是由于电路的变换而产生的. 这些变换包括电源的接通与断开、各种转换、在电路中的短暂接通、突然改变电路的参数等. 在电路中这些过渡过程总是电磁现象，一般都以很高的速度进行，通常瞬间就结束. 在这里可能有这种情形：在过渡过程中，在电路中或在它的个别元件上的电流或电压大大超过它们的额定状态的值，稍后可导致电路的某些元件向外输出能量. 在电路中，当过渡过程进行的时候，总满足变换规律(过渡过程规律)，可把它们叙述为：

（1）在电感 L 上的电流不能发生突变. 在初始时刻(变换后瞬间)它保持着变换前瞬间的值：$i_L(0_+) = i_L(0_-) = i_L(0)$.

（2）在电容 C 上的电压不能发生突变. 在初始时刻(变换后瞬间)它保持着变换前瞬间的值：$u_C(0_+) = u_C(0_-) = u_C(0)$.

电感上的电流与电容上的电压在电路变换前瞬间的值 $i_L(0)$ 和 $u_C(0)$ 确定了过渡过程的初始条件. 在计算电路的过渡过程时，这些条件必须表示到完成全部运算为止. 如果 $i_L(0)$ 和 $u_C(0)$ 全都等于零，那么在电路中存在零初始条件，而在过渡过程中，电感上的电流和电容上的电压从零值开始变化.

在有非零初始条件的情况下，为了确定 $i_L(0)$ 和 $u_C(0)$ 的符号，必须给出有过渡过程通过的闭合回路的绕行方向，如果 $i_L(0)$ 和 $u_C(0)$ 的方向与回路的绕行方向一致，则保持正号. 反之，$i_L(0)$ 和 $u_C(0)$ 将取负号. 在这里，电感上的电流和电容上的电压(过渡过程中的)是从变换前瞬间的那些值开始的(考虑到对应量的符号).

假定电路中，如图 2-16 所示，把开关从位置 1 转换到位置 2. 此时，在 rLC 回路中产生过渡过程. 取初始条件 $i_L(0) \neq 0$ 和 $u_C(0) \neq 0$，在过渡过程的初始时刻，电感上电流和电容上电压的方向如图 2-16 所示，并选取回路的方向使 $i_L(0) > 0$ 和 $u_C(0) > 0$. 取与回路绕行一致的方向作为过渡过程的电流 $i = i(t)$ 瞬时值方向. 因为在 rLC 回路中，在过渡过程期间内起作用的电源电动势 $e = e(t)$ 的方向与回路的绕行方向是一致的，所以根据基尔霍夫第二定律得到方程

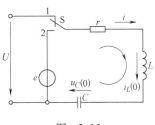

图 2-16

$$ri + L\frac{\mathrm{d}i}{\mathrm{d}t} + \frac{1}{C}\int_0^i i\,\mathrm{d}t + u_C(0) = e \tag{2-4}$$

记 $i(t) = i \fallingdotseq I(p)$，其中 $I(p)$ 是回路中过渡过程电流的象函数；$e(t) = e \fallingdotseq E(p)$，其中 $E(p)$ 是在回路中起作用的外部电源电动势的象函数. 此时，rLC 电路方程(2-4)的象函数可写成

$$rI(p) + L[pI(p) - i_L(0)] + \frac{1}{pC}I(p) + \frac{u_C(0)}{p} = E(p) \tag{2-5}$$

变形得

$$\left(r + pL + \frac{1}{pC}\right)I(p) = E(p) + L\,i_L(0) - \frac{u_C(0)}{p}$$

由此求得过渡过程的电流象函数的表达式

$$I(p) = \frac{E(p) + L\,i_L(0) + \dfrac{-u_c(0)}{p}}{r + pL + \dfrac{1}{pC}} \tag{2-6}$$

这个关系式表示了算符形式的欧姆定律. 标记

$$I(p) = \frac{\varepsilon(p)}{Z(p)} \tag{2-7}$$

其中，$\varepsilon(p) = E(p) + L\,i_L(0) + \dfrac{-u_c(0)}{p}$ 是在回路中起作用的总电动势的象函数；$Z(p) = r + pL + \dfrac{1}{pC}$ 是 rLC 回路的算符阻抗；$\dfrac{-u_c(0)}{p}$ 是电容初始电动势的象函数；这个电动势将使电容器极片上的初始电压均衡且方向与 $u_c(0)$ 相反.

在 rLC 电路中算符阻抗可写为

$$Z(p) = r + pL + \frac{1}{pC} \tag{2-8}$$

它可由这个回路总阻抗的复数表达式

$$Z = r + \mathrm{j}\omega L + \frac{1}{\mathrm{j}\omega C}$$

经过用 p 代替 $\mathrm{j}\omega$ 之后得到. 在电子技术中，虚数单位 i（$i^2 = -1$）用字母 j 来表示.

在无分支的电路中（仅在这种情况下），算符形式的欧姆定律允许直接研究过渡过程. 研究分支和复杂电路的过渡过程时，必须利用基尔霍夫第一和第二定律，它们可表为如下的算符形式.

第一定律：

$$\sum_{k=1}^{n} I_k(p) = 0 \tag{2-9}$$

第二定律：

$$\sum_{k=1}^{m} Z_k(p) I_k(p) = \sum_{k=1}^{m} \varepsilon_k(p) \tag{2-10}$$

按这些规律组成电路方程时，保留了计算直流和交流电路的稳恒状态时所使用的符号法则. 其中，如果在第 n 个分支内通过的过渡过程的电流瞬时值 $i_n(t)$ 的方向是指向给定的节点（对它按基尔霍夫第一定律组成方程），那么这个电流象函数 $I_n(p)$ 规定取一种符号（如取正号）. 如果电流 $i_m(t)$ 的方向是离开这个节点，那么它的象函数 $I_m(p)$ 取另一种符号（取负号）.

按基尔霍夫第二定律组成方程的时候，在含有非零初始条件的电感和电容的电路中，除了外电动势 $e_k(t) = e_k$ 之外，还有起作用的内电动势（电感和电容的初始电动势）. 并且，如果 $i_{L_k}(0)$ 的方向与回路绕行方向一致，那么 L_k，$i_{L_k}(0)$ 应取正号；如果 $u_{C_k}(0)$ 的方向与回路绕行方向一致，那么 $\dfrac{u_c(0)}{p}$ 的符号应取负号，这是因为电容的初始电动势总是和电容器的初始电压 $u_c(0)$ 方向相反.

研究关系式(2-7)、式(2-9)、式(2-10)可发现，算符形式的欧姆定律、基尔霍夫定律与直、交流电路的稳恒状态相应的定律都具有同样的形式. 所以运用运算微积来计算过渡过程,原则上能利用计算不变参数的复合线性电路的所有方法,基尔霍夫方程法、回路电流法、叠加法在研究复合与分支电路的过渡过程中得到了广泛的应用. 当计算非分支电路乃至具有非零初始条件的简单分支电路的过渡过程时,都可运用算符形式的欧姆定律. 在这里,分支电路中直接被确定的,仅仅是含有电源电动势的支路的变化状态的电流(每个回路一开始就归结为简单的非分支的回路).

在用运算微积的方法计算电路过渡过程的所有情形中,都按如下步骤进行算:首先确定初始条件. 然后写出已知电路的算符形式的方程或方程组,从中求出未知电流或电压的象函数. 最后,按得到象函数求出原象函数,即过渡状态的电流和电压的瞬时值.

下面举例说明运用运算微积计算具有集中不变参数的、线性电路的过渡过程的方法.

例 2-28 已知电路如图 2-17 所示,$U = 100\text{V}$,$r = 100\Omega$,$C = 10\mu\text{F}$,若把开关 S 由位置 1 转换到位置 2,试求电流和电压(i,u_r,u_C)的过渡值.

解 假设把开关由位置 1 转换到位置 2 时,电容器 C 被充电到电源电压 U. 如果回路取顺时针方向,那么在电容器上的初始电压 $u_C(0)$ 应看成是正的,$u_C(0) = U = 100\text{V}$. 回路的算符阻抗

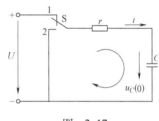

$$Z(p) = r + \frac{1}{pC}$$

图 2-17

在回路中没有外电源电动势,内电动势(电容的初始电动势)的象函数为

$$\frac{-u_C(0)}{p} = \frac{-U}{p} = \varepsilon(p)$$

按算符形式的欧姆定律有

$$I(p) = \frac{\varepsilon(p)}{Z(p)} = \frac{-\dfrac{U}{p}}{r + \dfrac{1}{pC}} = \frac{-UC}{rCp + 1}$$

过渡过程的电流象函数满足运用展开定理的条件,所以写成

$$I(p) = \frac{-UC}{rCp + 1} = \frac{P(p)}{Q(p)}$$

其中

$$P(p) = -UC = -100 \times 10 \times 10^{-6} = -10^{-3}$$

$$Q(p) = rCp + 1$$

$$a_1 = -\frac{1}{rC} = -\frac{1}{100 \times 10 \times 10^{-6}} = -10^3$$

$$P(a_1) = -10^{-3}$$

$$Q'(P) = rC = 100 \times 10 \times 10^{-6} = 10^{-3}$$

$$Q'(a_1) = 10^{-3}$$

所以，过渡过程的电流瞬时值

$$i = i(t) = \frac{P(a_1)}{Q'(a_1)} e^{a_1 t} \mathrm{A} = \frac{-10^{-3}}{10^{-3}} e^{-10^3 t} \mathrm{A} = -e^{-1000t} \mathrm{A}$$

电流的负号意味着，当电容器放电时通过串联电阻 r 的电流 $i(t)$ 的方向，同从前选择的回路绕行方向相反. 过渡过程中串联电阻上的电压瞬时值也将是负的

$$u_r = ri = -100 e^{-1000t} \mathrm{V}$$

而根据基尔霍夫第二定律

$$ri + u_C = 0$$

得到电容器上的过渡电压瞬时值 $u_C = -ri = -u$，取正号且

$$u_C = 100 e^{-1000t} \mathrm{V}$$

i 和 u_C 在过渡状态下的变化特征如图 2-18 所示.

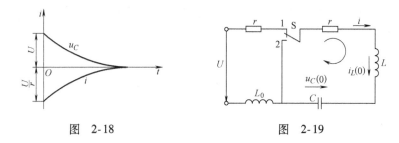

图　2-18　　　　　　　　　图　2-19

例 2-29　已知电路如图 2-19 所示. 如果把开关从位置 1 转换到位置 2，且在 $t = 0$ 时刻有 $U = 4\sin(2500t + 105°) \mathrm{V}$，$r = 1000\Omega$，$L = 1\mathrm{H}$，$L_0 = 0.2\mathrm{H}$，$C = 0.4\mu\mathrm{F}$，试求在电路中通过的电流及电压 (i, u_r, u_C, u_L).

解　在转换开关之前，在电路中通过了正弦电流

$$i = I_m \sin(2500t + 105° - \varphi)$$

而在电容器上有电压

$$u_C = x_C I_m \sin(2500t + 105° - \varphi - 90°)$$

在这里 $\omega = 2500 \dfrac{1}{C}$ 是电源电压的角频率；$\varphi = \arctan \dfrac{x}{2r}$ 是电路中电源电压和电流的相位角；

$$x = x_L - x_C = \omega(L + L_0) - \frac{1}{\omega C}$$

$$= \left[2500(1 + 0.2) - \frac{10^6}{2500 \times 0.4} \right] \Omega = 2000\Omega$$

即电路有感应的特征，并且 $x_C = 1000\Omega$；

$$\varphi = \arctan \frac{x}{2r} = \arctan \frac{2000}{2 \times 1000} = \arctan 1 = 45°$$

$$I_m = \frac{U_m}{z}, \quad U_m = 141\mathrm{V}$$

$$z = \sqrt{(2r)^2 + x^2} = \sqrt{(2000)^2 + (2000)^2}\,\Omega = 2\sqrt{2} \times 10^3\,\Omega$$

$$I_m = \frac{141}{2\sqrt{2} \times 10^3}\,\mathrm{A} = 0.05\,\mathrm{A}, \quad x_C I_m = 1000 \times 0.05\,\mathrm{V} = 50\,\mathrm{V}$$

所以有

$$i = 0.05\sin(2500t + 105° - 45°)\,\mathrm{A} = 0.05\sin(2500t + 60°)\,\mathrm{A}$$

$$u_C = 50\sin(2500t + 105° - 45° - 90°)\,\mathrm{V} = 50\sin(2500t - 30°)\,\mathrm{V}$$

当 $t = 0$ 时（变换前瞬间），得到

$$i_L(0) = 0.05\sin 60°\,\mathrm{A} \approx 0.0433\,\mathrm{A}$$

$$u_C(0) = 50\sin(-30°)\,\mathrm{V} = -25\,\mathrm{V}$$

在图 2-19 上表示了电压 $u_C(0)$ 的实际方向.

转换开关以后，过渡过程将通过含有电阻 r、电感 L 和电容 C 的回路，在回路中没有外电源电动势. 选择顺时针方向为回路的绕行方向，此时有

$$i_L(0) = 0.0433\,\mathrm{A}, \quad u_C(0) = -25\,\mathrm{V}$$

而内电动势的象函数可写成（注意符号）

$$\varepsilon(p) = L\,i_L(0) + \frac{-u_C(0)}{p} = 0.0433 + \frac{25}{p}$$

回路的算符阻抗

$$Z(p) = r + pL + \frac{1}{pC}$$

算符形式的欧姆定律应为

$$I(p) = \frac{0.0433 + \dfrac{25}{p}}{r + pL + \dfrac{1}{pC}} = \frac{C(0.0433p + 25)}{LCp^2 + rCp + 1}$$

因为得到了分母具有单根的、不可约的有理真分式，所以可运用展开定理. 在这里

$$P(p) = C(0.0433p + 25) = 0.4 \times 10^{-6}(0.0433p + 25)$$

$$Q(p) = LCp^2 + rCp + 1 = 1 \times 0.4 \times 10^{-6}p^2 + 1000 \times 0.4 \times 10^{-6}p + 1$$

$$= 0.4 \times 10^{-6}p^2 + 0.4 \times 10^{-3}p + 1$$

$$a_1 = -500 + 1500\mathrm{j}, \quad a_2 = -500 - 1500\mathrm{j}$$

$$Q'(p) = 0.4 \times 10^{-6}(2p + 1000)$$

$$P(a_1) = 0.4 \times 10^{-6}(3.35 + 64.95\mathrm{j})$$

$$P(a_2) = 0.4 \times 10^{-6}(3.35 - 64.95\mathrm{j})$$

$$Q'(a_1) = 0.4 \times 10^{-6}\mathrm{j} \times 3000$$

$$Q'(a_2) = -0.4 \times 10^{-6}\mathrm{j} \times 3000$$

同时

$$i = i(t) = \frac{0.4 \times 10^{-6}(3.35 + 64.95\mathrm{j})}{0.4 \times 10^{-6}\mathrm{j} \times 3000}\mathrm{e}^{(-500+1500\mathrm{j})t} +$$

$$\frac{0.4 \times 10^{-6}(3.35 - 64.95\mathrm{j})}{-0.4 \times 10^{-6}\mathrm{j} \times 3000}\mathrm{e}^{(-500-1500\mathrm{j})t}$$

$$= \mathrm{e}^{-500t}\left(\frac{3.35 + 64.95\mathrm{j}}{3000\mathrm{j}}\mathrm{e}^{\mathrm{j}1500t} - \frac{3.35 - 64.95\mathrm{j}}{3000\mathrm{j}}\mathrm{e}^{-\mathrm{j}1500t}\right)\mathrm{A}$$

$$= \mathrm{e}^{-500t}\left(\frac{3.35}{1500}\frac{\mathrm{e}^{\mathrm{j}1500t} - \mathrm{e}^{-\mathrm{j}1500t}}{2\mathrm{j}} + \frac{64.95}{1500}\frac{\mathrm{e}^{\mathrm{j}1500t} + \mathrm{e}^{-\mathrm{j}1500t}}{2}\right)\mathrm{A}$$

$$= \frac{1}{1500}\mathrm{e}^{-500t}(3.35\,\sin 1500t + 64.95\,\cos 1500t)\mathrm{A}$$

$$= \frac{\sqrt{3.35^2 + 64.95^2}}{1500}\mathrm{e}^{-500t}\left(\frac{3.35}{\sqrt{4230}}\sin 1500t + \frac{64.95}{\sqrt{4230}}\cos 1500t\right)\mathrm{A}$$

$$= 0.0434\mathrm{e}^{-500t}\sin(1500t + 87°5')\mathrm{A}$$

因此，过渡过程的电流瞬时值

$$i = 0.0434\mathrm{e}^{-500t}\sin(1500t + 87°5')\mathrm{A}$$

在串联电阻上和回路电感上通过的电压

$$u_r = ri = 1000 \times 0.0434\mathrm{e}^{-500t}\sin(1500t + 87°5')\mathrm{V}$$

$$= 43.4\mathrm{e}^{-500t}\sin(1500t + 87°5')\mathrm{V}$$

$$u_L = L\frac{\mathrm{d}i}{\mathrm{d}t} = 1 \times 0.0434 \times 500\mathrm{e}^{-500t}\left[3\cos(1500t + 87°5') - \right.$$

$$\left.\sin(1500t + 87°5')\right]\mathrm{V}$$

$$= 1 \times 21.7\mathrm{e}^{-500t}\sqrt{10}\left[\frac{3}{\sqrt{10}}\cos(1500t + 87°5') - \right.$$

$$\left.\frac{1}{\sqrt{10}}\sin(1500t + 87°5')\right]\mathrm{V}$$

$$= 68.7\mathrm{e}^{-500t}\sin(1500t + 87°5' + 108°27')\mathrm{V}$$

$$= 68.7\mathrm{e}^{-500t}\sin(1500t + 195°32')\mathrm{V}$$

现在能确定过渡状态下电容器上的电压瞬时值，根据基尔霍夫第二定律有

$$u_C = -u_r - u_L$$

$$= -43.4\mathrm{e}^{-500t}\sin(1500t + 87°5') - 68.7\mathrm{e}^{-500t}\sin(1500t + 195°32')\mathrm{V}$$

$$= 68.7\mathrm{e}^{-500t}\sin(1500t - 21°22')\mathrm{V}$$

对 $t = 0$ 时刻进行验算，得

$$i(0) = i_L(0) = 0.0434\sin 87°5'\mathrm{A} \approx 0.0433\mathrm{A}$$

$$u_C(0) = 68.7\sin(-21°22')\,\mathrm{V} \approx -25\,\mathrm{V}$$

从而断定所得结果是正确的.

在图 2-20 上表示了回路中通过的电流及在电感上的电压变化特征, $i(t)$ 和 $u_L(t)$ 是衰减的周期正弦振荡. 在电容上通过的电压也有类似的变化特征, 这些振荡频率都等于 $1500\dfrac{1}{C}$, 而它们的振幅均按阻尼系数为 $500\dfrac{1}{C}$ 的指数规律减少.

例 2-30　在图 2-21 所表示的电路中, 已知 U、r_1、r_2、C 和 U_0, 当把开关从位置 1 转移到位置 2 时, 试求在电容器上通过的电流值.

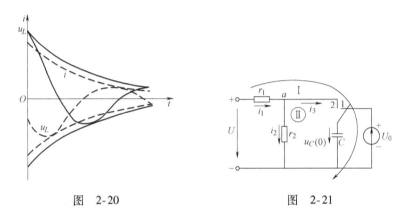

图　2-20　　　　　　　　　图　2-21

解　这是过渡状态下具有非零初始条件的分支电路, 所以不能利用算符形式的欧姆定律来计算, 必须运用某种计算复合电路的方法, 假定这个方法是基尔霍夫方程法. 假设在过渡过程之前电容器充电到 U, 此时, 对于节点 a, 回路 I 和 II 得到算符形式的方程组

$$\begin{cases} I_1(p) = I_2(p) + I_3(p) \\[1mm] r_1 I_1(p) + \dfrac{1}{pC} I_3(p) = \dfrac{U}{p} - \dfrac{U_0}{p} \\[1mm] -r_2 I_2(p) + \dfrac{1}{pC} I_3(p) = -\dfrac{U_0}{p} \end{cases}$$

对 $I_3(p)$ 解这个方程组, 求得

$$I_3(p) = \frac{C[r_2 U - (r_1 + r_2) U_0]}{r_1 r_2 C p + (r_1 + r_2)}$$

由此, 应用展开定理后, 有

$$i_C = i_3 = \left[\frac{U}{r_1} - \left(\frac{1}{r_1} + \frac{1}{r_2} \right) U_0 \right] \mathrm{e}^{-\frac{r_1 + r_2}{r_1 r_2 C} t}$$

类似地, 还可求得电流 i_1 和 i_2.

从举出的例子中可看到, 用运算微积的方法来计算电路的过渡过程, 不必专门确定积分常数. 这就简化了问题的求解过程.

习　题　4

利用拉普拉斯变换求解下列微分方程:

(1) $\begin{cases} y''(t) + y'(t) = 1 \\ y(0) = y'(0) = 0 \end{cases}$

(2) $\begin{cases} y''(t) - y'(t) = e^t \\ y(0) = y'(0) = 0 \end{cases}$

(3) $\begin{cases} y''(t) - 2y'(t) + y(t) = te^t \\ y(0) = y'(0) = 0 \end{cases}$

(4) $\begin{cases} y''(t) - y(t) = 4\sin t + 5\cos 2t \\ y(0) = -1, \ y'(0) = -2 \end{cases}$

(5) $\begin{cases} x'(t) - 2y'(t) = \sin t \\ x'(t) + y'(t) = \cos t \\ x(0) = 0, \ y(0) = 1 \end{cases}$

第3章

离散的拉普拉斯变换

3.1 格点函数 D—变换与 Z—变换

称整数变元的函数 $f(n)=f_n$ 是**格点函数**(图 3-1),如果仅有 $f_n=f(t)$ $(t=n\in\mathbf{N})$,则函数 f_n 可以对应于不同的函数 $f(t)$,称这样的函数 $f(t)$ 是格点函数 f_n 的**包络**(图 3-2a),格点函数的最简单的包络是阶梯函数 $f[t]$ $(n\leqslant t<n+1, n\in\mathbf{N})$,其中 $[t]$ 表示不超过 t 的最大整数部分(图 3-2b)

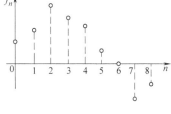

对格点函数可以运用拉普拉斯变换理论,称它为**离散的拉普拉斯变换**,或 D—**变换**.

象原函数的定义

如果函数 f_n 的包络是拉普拉斯变换的象原函数,则称 f_n 是 D—变换的**象原函数**.

图 3-1

根据定义,格点函数即象原函数 f_n 当 $n\in\mathbf{N}$ 时有定义;当 $n=-1$,-2,$\cdots$ 时,$f_n=0$.

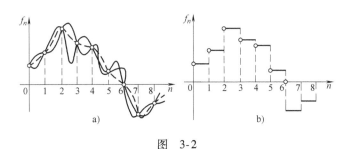

图 3-2

象函数的定义

称由级数

$$F^*(p) = \sum_{n=0}^{\infty} \mathrm{e}^{-pn} f_n \tag{3-1}$$

确定的复变元 $p=s+\mathrm{i}\sigma$ 的函数 $F^*(p)=F(\mathrm{e}^p)$ 为 D—变换的象原函数 f_n 的**象函数**.

函数 f_n 与 $F^*(p)$ 之间的对应关系记作 $f_n \to F^*(P)$ 或 $F^*(p) \to f_n$.

定理 3-1 如果级数(3-1)当 $\mathrm{Re}\, p=s_c$ 时收敛,则当 $\mathrm{Re}\, p>s_c$ 时一致收敛且绝对收敛.

证 根据级数收敛的必要条件知,当 $\mathrm{Re}\, p=s_c$ 时有 $\lim_{n\to\infty}\mathrm{e}^{-pn}f_n=0$,因而存在 $M>0$,使在 $n=\infty$ 的邻域内,有

$$e^{-s_c n} |f_n| < M \tag{3-2}$$

利用式(3-2)求得式(3-1)的通项当 $\mathrm{Re}\, p > s_c$ 时的估计式:

$$|e^{-pn} f_n| < Me^{-(s-s_c)n}$$

当 $s - s_c > 0$ 时, 这个不等式的右端是收敛的几何级数的通项, 因而, 根据维尔斯特拉斯判别法(或 M 判别法), 当 $\mathrm{Re}\, p > s_c$ 时级数(3-1)一致收敛且绝对收敛.

类似可证明定理: 若当 $\mathrm{Re}\, p = s_c$ 时级数(3-1)是发散的, 则当 $\mathrm{Re}\, p < s_c$ 时, 它也发散.

定义 3-1 如果当 $\mathrm{Re}\, p > s_c$ 时级数(3-1)收敛; 而当 $\mathrm{Re}\, p < s_c$ 时, 这个级数发散, 则称数 s_c 是级数收敛的**横坐标**.

定理 3-2 如果函数 f_n 是具有增长指数的象原函数, 则它的象函数 $F^*(p)$ 在区域 $\mathrm{Re}\, p > s_0$ 存在, 且在这个区域内是解析函数.

证 (1) 有 $|f_n| < Me^{s_0 n}$, 由式(3-2)得知收敛横坐标 s_c 是值 s_0 的下确界, 即 $s_c < s_0$, 因而级数(3-1)在半平面 $\mathrm{Re}\, p > s_0$ 内收敛.

(2) 由级数(3-1)的各项对 p 的导数项组成的级数 $\sum\limits_{n=0}^{\infty} e^{-pn}(-nf_n)$, 当 $\mathrm{Re}\, p > s_0$ 时是一致收敛的, 这是因为 $|-ne^{-pn}f_n| < nMe^{-(s-s_0)n}$, 且级数 $\sum\limits_{n=0}^{\infty} nMe^{-(s-s_0)n}$ 当 $s - s_0 > 0$ 时收敛, 从而由级数理论知 $\dfrac{\mathrm{d}}{\mathrm{d}p}F^*(p) = \sum\limits_{n=0}^{\infty} e^{-pn}(-nf_n)$, 所以在区域 $\mathrm{Re}\, p > s_0$ 内函数 $F^*(p)$ 是解析的, 因为 $e^{-(p+2k\pi\mathrm{i})n}$ 是周期为 $2\pi\mathrm{i}$ 的周期函数, 因而, 仅在条形区域 $-\pi \leqslant \mathrm{Im}\, p \leqslant \pi$ 考虑它就足够了.

因此, 象原函数 f_n 的象函数在区域 $\mathrm{Re}\, p > s_0$, $-\pi \leqslant \mathrm{Im}\, p \leqslant \pi$ 内(图 3-3)存在且是单值解析函数. 如果函数 $F^*(p)$ 在条形区域 $-\pi \leqslant \mathrm{Im}\, p \leqslant \pi$ 内, 当 $\mathrm{Re}\, p \leqslant s_0$ 时除有限个奇点外是解析的, 则可把函数 $F^*(p)$ 在整个条形区域内解析延拓.

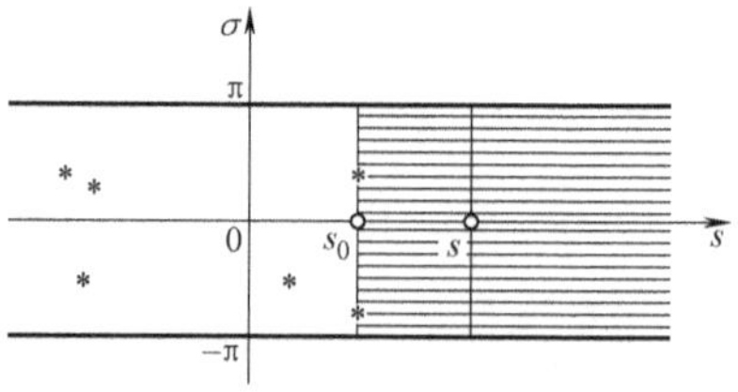

图 3-3

洛朗变换

记 $e^p = z$, $F^*(p) = F(e^p) = F(z)$, 则得到对应

$$f_n \to F(z)$$

其中

$$F(z) = \sum_{n=0}^{\infty} f_n z^{-n} \tag{3-3}$$

(这个等式的右端是在 $z = \infty$ 邻域内的洛朗级数)称此变换是**洛朗变换**或 **Z—变换**.

如果记 $e^{-p} = z$, 则得到含正指数的级数, 可称它为泰勒变换.

函数 $z = e^p$ 把条形区域 $-\pi \leqslant \mathrm{Im}\, p \leqslant \pi$ 映射到带有负实轴切口的整个 Z 平面($\sigma = \pm\pi\mathrm{i}$, $z = e^{s\pm\pi\mathrm{i}} = -e^s < 0$); 把函数 $F^*(p)$ 的存在区域 $\mathrm{Re}\, p > s_0$, $-\pi \leqslant \mathrm{Im}\, p \leqslant \pi$ 映射到 $|z| > e^{s_0}$ (图 3-4a); 把函数 $F^*(p)$ 的解析延拓区域 $\mathrm{Re}\, p \leqslant s_0$, $-\pi \leqslant \mathrm{Im}\, p \leqslant \pi$ 映射到 $|z| = e^{s_0}$ (图3-4b).

因此, 函数 $F(z)$ 在除去位于在圆周 $|z| = e^{s_0}$ 及其内部的有限个奇点外, 具有负实轴切口的 Z 平面内是单值解析的.

Z—变换的逆变换

Z—变换的逆变换公式为

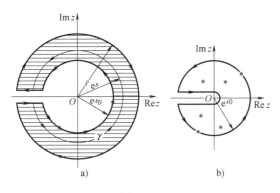

图　3-4

$$f_n = \frac{1}{2\pi i} \int_\gamma F(z) z^{n-1} \mathrm{d}z \tag{3-4}$$

其中 γ 具有逆时针方向的积分回路是位于函数 $F(z)$ 的收敛域内的, 以坐标原点为中心的任意圆周(图 3-4b).

函数 $F(z)$ 在 $z = \infty$ 处解析, $F(\infty) = f_0$, 所以在它的邻域内 $|F(z)| \leqslant M$, 从而

$$\left| \frac{1}{2\pi i} \int_\gamma F(z) z^{n-1} \mathrm{d}z \right| \leqslant \frac{1}{2\pi} M |z|^{n-1} \times 2\pi |z| \ \text{或} \ |f_n| \leqslant M |z|^n$$

其中 $|z|$ 是圆周 γ 的半径, 由这个估计式得出: 当 $n < 0$ 时, $\lim\limits_{|z| \to +\infty} f_n = 0$, 由于在式(3-4)中 f_n 不依赖于半径 $|z|$, 故 $f_n = 0 (n = -1, -2, \cdots)$.

根据洛朗级数的展开式的唯一性定理知, 由公式(3-4)定义的 Z—变换的逆变换是单值的.

D—变换的逆变换

在等式(3-4)中设 $z = e^p$, 则把 Z 平面的圆周 γ 映射到 P 平面的线段 $[s - i\pi, s + i\pi]$, $s > s_0$ (见图 3-3), 从而得 D—变换的反演公式

$$f_n = \frac{1}{2\pi i} \int_{s-i\pi}^{s+i\pi} e^{pn} F^*(p) \mathrm{d}p \tag{3-5}$$

由于映射 $z = e^p$ 是一一对应的, 故 D—变换的逆变换由式(3-5)单值确定. 在式(3-5)中沿区间积分可用沿着包围函数 $F^*(p)$ 的解析延拓区域: $-\pi \leqslant \mathrm{Re}\, p \leqslant \pi$, $\mathrm{Re}\, p \leqslant s_0$ 的回路 γ 的积分来代替, 由于沿着这个区域的回路 $\mathrm{Im}\, p = \pm \pi$ 与 $\mathrm{Re}\, p = s_0$ 的积分, 根据被积函数的周期性与单值性知, 取相反符号, 故积分的和为零, 由于 $\lim\limits_{\mathrm{Re}\, p \to -\infty} F^*(p) e^{pn} = 0$, $n > 0$ 且在 $p = \infty$ 的邻域内有 $|F^*(p)| < M$, 所以沿着无限远处的区间 $-\pi \leqslant \mathrm{Im}\, p \leqslant \pi$, $\mathrm{Re}\, p = -\infty$ 的积分等于零. 因而

$$f_n = \frac{1}{2\pi i} \int_\gamma e^{pn} F^*(p) \mathrm{d}p \tag{3-6}$$

如果在式(3-6)中回路 γ 位于函数 $F^*(p)$ 的解析区域: $-\pi \leqslant \mathrm{Im}\, p \leqslant \pi$, $\mathrm{Re}\, p > s_0$, 则由柯西定理知 $\int_\gamma e^{pn} F^*(p) \mathrm{d}p = 0$, 在式(3-5)中的积分在解析区域内不依赖于 s, 在无穷大 $p = \infty$ 的邻域内对 s 的积分区间上有 $|F^*(p)| < M$, 所以仅在 $n < 0$ 时积分等于零, 因而在式(3-5)

中，当 $n < 0$ 时有 $f_n = 0$.

某些格点函数的象函数

例 3-1 求下列格点函数的象函数：

（1）单位函数（图 3-5）

$$\eta_n = \begin{cases} 1 & n \geqslant 0 \\ 0 & n < 0 \end{cases}$$

由等式(3-1)得

$$\eta_n \to \sum_{n=0}^{\infty} e^{-pn} \ 或 \ 1 \to \frac{e^p}{e^p - 1} \ (\text{Re } p > 0)$$

（2）$f_n = (-1)^n$（图 3-6）

由等式(3-1)得

$$(-1)^n \to \sum_{n=0}^{\infty} (-1)^n e^{-pn} \ 或 \ (-1)^n \to \frac{e^p}{e^p + 1} \ (\text{Re } p > 0)$$

（3）$f_n = e^{\alpha n}$（图 3-7）

由等式(3-1)得

$$e^{\alpha n} \to \sum_{n=0}^{\infty} e^{\alpha n} e^{-pn} = \sum_{n=0}^{\infty} e^{-(p-\alpha)n}$$

或

$$e^{\alpha n} \to \frac{e^p}{e^p - e^\alpha} \qquad (\text{Re}(p - \alpha) > 0) \tag{3-7}$$

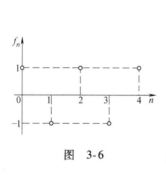

图 3-6

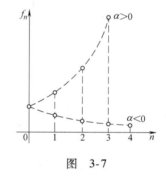

图 3-7

（4）$f_n = a^{\alpha n}$

由 $a^{\alpha n} = e^{\alpha n \ln a}$，且根据式(3-7)得

$$a^{\alpha n} \to \frac{e^p}{e^p - a^\alpha} \qquad (\text{Re}(p - \alpha \ln a) > 0) \tag{3-8}$$

当 $\alpha = 1$ 时，由式(3-8)求得

$$a^n \to \frac{e^p}{e^p - a}$$

3.2 *D*—变换的性质

定理 3-3(线性性质) 如果 $f_{1n} \to F_1^*(p)$，$f_{2n} \to F_2^*(p)$，$\cdots$，$f_{kn} \to F_k^*(p)$，且 α_1，α_2，$\cdots$，

α_k 均为复数，则

$$\sum_{v=1}^{k} \alpha_v f_{vn} \rightarrow \sum_{v=1}^{k} \alpha_v F_v^*(p)$$

证　由数乘收敛级数与收敛级数和的定理直接得证.

例 3-2　根据定理 3-3，利用式(3-7)求下列函数的象函数：

$$(1)\sin \alpha n = \frac{1}{2i}(e^{i\alpha n} - e^{-i\alpha n}) \rightarrow \frac{1}{2i}\left(\frac{e^p}{e^p - e^{i\alpha}} - \frac{e^p}{e^p - e^{-i\alpha}}\right)$$

$$\sin \alpha n \rightarrow \frac{e^p \sin \alpha}{e^{2p} - 2e^p \cos \alpha + 1}$$

$$(2)\operatorname{sh} \alpha n = \frac{1}{2}(e^{\alpha n} - e^{-\alpha n}) \rightarrow \frac{1}{2}\left(\frac{e^p}{e^p - e^{\alpha}} - \frac{e^p}{e^p - e^{-\alpha}}\right)$$

$$\operatorname{sh} \alpha n \rightarrow \frac{e^p \operatorname{sh} \alpha}{e^{2p} - 2e^p \operatorname{ch} \alpha + 1}$$

$$(3)\cos \alpha n = \frac{1}{2}(e^{i\alpha n} + e^{-i\alpha n}) \rightarrow \frac{1}{2}\left(\frac{e^p}{e^p - e^{i\alpha}} + \frac{e^p}{e^p - e^{-i\alpha}}\right)$$

$$\cos \alpha n \rightarrow \frac{e^p(e^p - \cos \alpha)}{e^{2p} - 2e^p \cos \alpha + 1}$$

$$(4)\operatorname{ch} \alpha n = \frac{1}{2}(e^{\alpha n} - e^{-\alpha n}) \rightarrow \frac{1}{2}\left(\frac{e^p}{e^p - e^{\alpha}} - \frac{e^p}{e^p - e^{-\alpha}}\right)$$

$$\operatorname{ch} \alpha n \rightarrow \frac{e^p(e^p - \operatorname{ch} \alpha)}{e^{2p} - 2e^p \operatorname{ch} \alpha + 1}$$

定理 3-4(延迟性质)　若 $f_n \rightarrow F^*(p)$ 且 $k > 0$ 是整数，当 $k < n$，则
$$f_{n-k} \rightarrow e^{-pk} F^*(p)$$

证　作代换 $n - k = r$，得

$$f_{n-k} \rightarrow \sum_{n=0}^{\infty} e^{-pn} f_{n-k} = e^{-pk} \sum_{r=-k}^{\infty} e^{-pr} f_r = e^{-pk}\left(\sum_{r=0}^{\infty} e^{-pr} f_r + \sum_{r=-k}^{-1} e^{-pr} f_r\right)$$

$$= e^{-pk}\left(F^*(p) + \sum_{r=1}^{k} e^{pr} f_{-r}\right)$$

因
$$f_{-r} = 0 (r \in \mathbf{N}) \tag{3-9}$$
故

$$f_{n-k} \rightarrow e^{-pk} F^*(p)$$

例 3-3　利用式(3-9)求下列函数 f_n 的象函数：

$(1)\ f_n = \eta_{n-1} = \begin{cases} 1 & n \geqslant 1 \\ 0 & n < 1 \end{cases}$(图 3-8)

根据式(3-9)，并由例 3-1(1)有

$$\eta_{n-1} \rightarrow e^{-p} \frac{e^p}{e^p - 1} \text{ 或 } 1 \rightarrow \frac{1}{e^p - 1} \quad (\text{当 } n \geqslant 1)$$

$(2)\ f_n = e^{\alpha(n-1)}$(图 3-9)

根据式(3-9)并由式(3-7)得

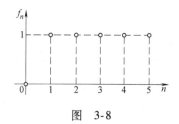

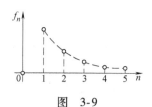

图 3-8

图 3-9

$$e^{\alpha(n-1)} \rightarrow e^{-p}\frac{e^p}{e^p - e^{\alpha}}$$

即
$$e^{\alpha(n-1)} \rightarrow \frac{1}{e^p - e^{\alpha}} \tag{3-10}$$

(3) $f_n = a^{n-1}$

当 $\alpha = 1$ 时, 根据式(3-8), 利用式(3-9)求得

$$a^{n-1} \rightarrow \frac{1}{e^p - a} \tag{3-11}$$

(4) $f_n = \sin \alpha(n-1)$

$$\sin \alpha(n-1) \rightarrow \frac{\sin \alpha}{e^{2p} - 2e^p\cos \alpha + 1}$$

定理 3-5(超越性质) 若 $f_n \rightarrow F^*(p)$, 且 $k > 0$ 是整数, 则

$$f_{n+k} = e^{pk}\left(F^*(p) - \sum_{r=0}^{k-1} e^{-pr}f_r\right)$$

证 作代换 $n + k = r$, 得

$$f_{n+k} \rightarrow \sum_{n=0}^{\infty} e^{-pn}f_{n+k} = e^{pk}\sum_{r=k}^{\infty} e^{-pr}f_r = e^{pk}\left(\sum_{r=0}^{\infty} e^{-pr}f_r - \sum_{r=0}^{k-1} e^{-pr}f_r\right)$$

或

$$f_{n+k} \rightarrow e^{pk}\left(F^*(p) - \sum_{r=0}^{k-1} e^{-pr}f_r\right) \tag{3-12}$$

例 3-4 利用式(3-12)求下列函数的象函数:

(1) $a^{n+2} \rightarrow e^{2p}\left(\dfrac{e^p}{e^p - a} - 1 - ae^{-p}\right)$

(2) $\sin \alpha(n+1) \rightarrow \dfrac{e^{2p}\sin \alpha}{e^{2p} - 2e^p\cos \alpha + 1}$

(3) $\cos \alpha(n+1) \rightarrow e^p\left[\dfrac{e^p(e^p - \cos \alpha)}{e^{2p} - 2e^p\cos \alpha + 1} - 1\right]$

定理 3-6(位移性质) 若 $f_n \rightarrow F^*(p)$ 且 p_0 是复数, 则

$$e^{\pm p_0 n}f_n \rightarrow F^*(p \mp p_0)$$

证 考虑到式(3-1)得

$$e^{\pm p_0 n}f_n \rightarrow \sum_{n=0}^{\infty} e^{-pn}e^{\pm p_0 n}f_n = \sum_{n=0}^{\infty} e^{-(p \mp p_0)n}f_n$$

或
$$\mathrm{e}^{\pm p_0 n} f_n \to F^*(p \mp p_0) \tag{3-13}$$

例 3-5 利用式(3-13)求下列函数的象函数：

（1）$\mathrm{e}^{\pm p_0 n} \sin \alpha n \to \dfrac{\mathrm{e}^{p \mp p_0} \sin \alpha}{\mathrm{e}^{2(p \mp p_0)} - 2\mathrm{e}^{p \mp p_0} \cos \alpha + 1}$

$\qquad\qquad = \dfrac{\mathrm{e}^p \mathrm{e}^{\pm p_0} \sin \alpha}{\mathrm{e}^{2p} - 2\mathrm{e}^p \mathrm{e}^{\pm p_0} \cos \alpha + \mathrm{e}^{\pm 2p_0}}$

（2）$\mathrm{e}^{\pm p_0 n} \mathrm{sh} \, \alpha n \to \dfrac{\mathrm{e}^{p \mp p_0} \mathrm{sh} \, \alpha}{\mathrm{e}^{2(p \mp p_0)} - 2\mathrm{e}^{p \mp p_0} \mathrm{ch} \, \alpha + 1}$

$\qquad\qquad = \dfrac{\mathrm{e}^p \mathrm{e}^{\pm p_0} \mathrm{sh} \, \alpha}{\mathrm{e}^{2p} - 2\mathrm{e}^p \mathrm{e}^{\pm p_0} \mathrm{ch} \, \alpha + \mathrm{e}^{\pm 2p_0}}$

（3）$\mathrm{e}^{\pm p_0 n} \cos \alpha n \to \dfrac{\mathrm{e}^{p \mp p_0}(\mathrm{e}^{p \mp p_0} - \cos \alpha)}{\mathrm{e}^{2(p \mp p_0)} - 2\mathrm{e}^{p \mp p_0} \cos \alpha + 1}$

$\qquad\qquad = \dfrac{\mathrm{e}^p(\mathrm{e}^p - \mathrm{e}^{\pm p_0} \cos \alpha)}{\mathrm{e}^{2p} - 2\mathrm{e}^p \mathrm{e}^{\pm p_0} \cos \alpha + \mathrm{e}^{\pm 2p_0}}$

（4）$\mathrm{e}^{\pm p_0 n} \mathrm{ch} \, \alpha n \to \dfrac{\mathrm{e}^{p \mp p_0}(\mathrm{e}^{p \mp p_0} - \mathrm{ch} \, \alpha)}{\mathrm{e}^{2(p \mp p_0)} - 2\mathrm{e}^{p \mp p_0} \mathrm{ch} \, \alpha + 1}$

$\qquad\qquad = \dfrac{\mathrm{e}^p(\mathrm{e}^p - \mathrm{e}^{\pm p_0} \mathrm{ch} \, \alpha)}{\mathrm{e}^{2p} - 2\mathrm{e}^p \mathrm{e}^{\pm p_0} \mathrm{ch} \, \alpha + \mathrm{e}^{\pm 2p_0}}$

（5）求象函数 $F^*(p) = \dfrac{\mathrm{e}^p}{3\mathrm{e}^{2p} - 6a\mathrm{e}^p + 4a^2}$ 的象原函数.

对 $\sin \dfrac{\pi}{6} n$ 的象函数利用式(3-13)，得

$$F^*(p) = \dfrac{\mathrm{e}^p \dfrac{2a}{\sqrt{3}} \cdot \dfrac{1}{2}}{\mathrm{e}^{2p} - \sqrt{3} \, \dfrac{2a}{\sqrt{3}} \, \mathrm{e}^p + \left(\dfrac{2a}{\sqrt{3}}\right)^2}$$

考虑到

$$\mathrm{e}^{p_0} = \dfrac{2a}{\sqrt{3}} \ \text{与} \ \sqrt{3} = 2\cos \alpha, \ \alpha = \dfrac{\pi}{6}$$

得

$$F^*(p) \to \dfrac{1}{a\sqrt{3}} \left(\dfrac{2a}{\sqrt{3}}\right)^n \sin \dfrac{\pi}{6} n$$

格点函数的有限差分

称表达式 $\Delta f_n = f_{n+1} - f_n$ 为格点函数 f_n 的**一阶差分**，k 阶差分为
$$\Delta^k f_n = \Delta(\Delta^{k-1} f_n) = \Delta^{k-1} f_{n+1} - \Delta^{k-1} f_n$$
差分 $\Delta^k f_n$ 可由 $f_{n+v}(v=0, 1, \cdots, k)$ 表示：
$$\Delta^2 f_n = \Delta f_{n+1} - \Delta f_n = (f_{n+2} - f_{n+1}) - (f_{n+1} - f_n)$$
或
$$\Delta^2 f_n = f_{n+2} - 2f_{n+1} + f_n$$

$$\Delta^3 f_n = f_{n+3} - 3f_{n+2} + 3f_{n+1} - f_n \tag{3-14}$$

$$\vdots$$

$$\Delta^k f_n = \sum_{v=0}^{k} (-1)^v c_k^v f_{n+k-v}$$

其中, $c_k^v = \dfrac{k!}{v!\,(k-v)!}$ 是组合系数.

函数 f_{n+k} 可由 $\Delta^v f_n (v=0,1,\cdots,k)$ 表示 $(\Delta^0 f_n = f_n)$, 得

$$f_{n+1} = f_n + \Delta f_n,$$

$$f_{n+2} = f_{n+1} + \Delta f_{n+1} = f_n + \Delta f_n + \Delta f_n + \Delta^2 f_n$$

$$= f_n + 2\Delta f_n + \Delta^2 f_n$$

$$f_{n+3} = f_n + 3\Delta f_n + 3\Delta^2 f_n + \Delta^3 f_n \tag{3-15}$$

$$\vdots$$

$$f_{n+k} = \sum_{v=0}^{k} c_k^v \Delta^v f_n$$

例 3-6 求广义阶梯函数 $n^{(m)} = n(n-1)(n-2)\cdots(n-(m-1))$, $n^{(0)} = 1$(图 3-10)的 k 阶差分.

解 $\Delta n^{(m)} = (n+1)^{(m)} - n^{(m)} = (n+1)n(n-1)\cdots(n-(m-2)) - n(n-1)\cdots(n-(m-1))$

或

$$\Delta n^{(m)} = mn^{(m-1)}$$

$$\Delta^2 n^{(m)} = \Delta(\Delta n^{(m)}) = \Delta(mn^{(m-1)})$$

或

$$\Delta^2 n^{(m)} = m(m-1)n^{m-2}$$

用数学归纳法容易证明公式

$$\Delta^k n^{(m)} = m(m-1)\cdots(m-(k-1))n^{(m-k)}$$

$$(k=1,2,\cdots,m)$$

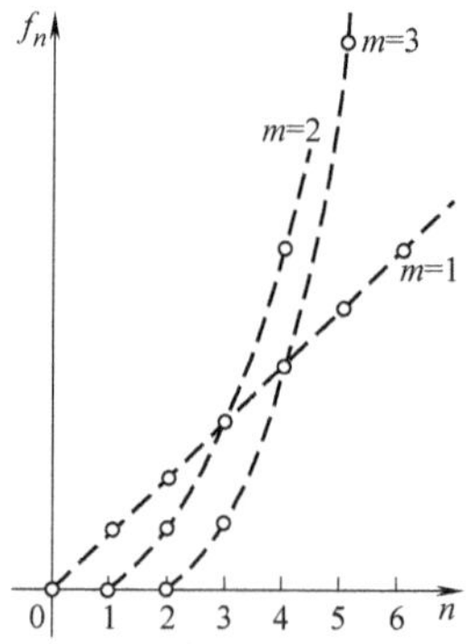

图 3-10

这个公式从形式上看, 类似于公式:

$$\frac{\mathrm{d}^k}{\mathrm{d}t^k}(t^m) = m(m-1)\cdots(m-(k-1))t^{m-k}$$

定理 3-7(象原函数的差分) 如果 $f_n \rightarrow F^*(p)$, 则

$$\Delta^k f_n \rightarrow (\mathrm{e}^p - 1)^k F^*(p) - \mathrm{e}^p \sum_{v=0}^{k-1} (\mathrm{e}^p - 1)^{k-1-v} \Delta^v f_0$$

证 有

$$\Delta f_n = f_{n+1} - f_n$$

根据线性性质与超越性质定理得

$$\Delta f_n \rightarrow \mathrm{e}^p (F^*(p) - f_0) - F^*(p)$$

即

$$\Delta f_n \rightarrow (\mathrm{e}^p - 1)F^* - \mathrm{e}^p f_0 \tag{3-16}$$

求函数 f_n 的二阶差分的象函数

$$\Delta^2 f_n = \Delta f_{n+1} - \Delta f_n \tag{3-17}$$

按超越性质定理得

$$\Delta f_{n+1} \rightarrow \mathrm{e}^p((\mathrm{e}^p-1)F^* - \mathrm{e}^p f_0 - \Delta f_0) \tag{3-18}$$

把式(3-16)和式(3-18)代入式(3-17)得

$$\Delta^2 f_n \rightarrow \mathrm{e}^p((\mathrm{e}^p-1)F^* - \mathrm{e}^p f_0 - \Delta f_0) - ((\mathrm{e}^p-1)F^* - \mathrm{e}^p f_0)$$

即

$$\Delta^2 f_n \rightarrow (\mathrm{e}^p-1)^2 F^* - \mathrm{e}^p(\mathrm{e}^p-1)f_0 - \mathrm{e}^p \Delta f_0$$

利用数学归纳法可以证明：函数 f_n 的 k 阶差分（$\Delta^0 f = f_0$）的象函数可表为

$$\Delta^k f_n \rightarrow (\mathrm{e}^p-1)^k F^* - \mathrm{e}^p \sum_{v=0}^{k-1} (\mathrm{e}^p-1)^{k-1-v} \Delta^v f_0 \tag{3-19}$$

定理 3-8（象函数的微分性质）　若 $f_n \rightarrow F^*(p)$，则有

$$F^{*\prime}(p) \rightarrow -n f_n$$

$$F^{*\prime\prime}(p) \rightarrow n^2 f_n$$

$$\vdots$$

$$F^{*(k)}(p) \rightarrow (-1)^k n^k f_n$$

证　象函数 $F^*(p)$ 是在区域 $\mathrm{Re}\, p > s_0$，$-\pi \leqslant \mathrm{Im}\, p \leqslant \pi$（图 3-4）内的单值解析函数，因此，级数(3-1)可以逐项微分，即 $F^{*\prime}(p) \rightarrow -n f_n$，从而，根据解析函数的性质知，复变元函数 $F^*(p)$ 在这个区域内有任意阶导数. 求式(3-1)的 k 阶导数，得

$$F^{*(k)}(p) \rightarrow (-1)^k n^k f_n \tag{3-20}$$

例 3-7　求下列函数的象函数：

(1) $f_n = n^k$

根据公式 $1 \rightarrow \dfrac{\mathrm{e}^p}{\mathrm{e}^p-1}$，利用式(3-20)得

$$n \rightarrow -\left(\frac{\mathrm{e}^p}{\mathrm{e}^p-1}\right)' \text{或} n \rightarrow \frac{\mathrm{e}^p}{(\mathrm{e}^p-1)^2}$$

$$n^2 \rightarrow (-1)^2 \left(\frac{\mathrm{e}^p}{\mathrm{e}^p-1}\right)'' = \frac{\mathrm{e}^p}{(\mathrm{e}^p-1)^3}(\mathrm{e}^p+1)$$

或

$$n^2 \rightarrow \frac{\mathrm{e}^p}{(\mathrm{e}^p-1)^3} \cdot 2! \begin{vmatrix} 1 & 1-\mathrm{e}^p \\ \dfrac{1}{2!} & 1 \end{vmatrix}$$

$$n^3 \rightarrow (-1)^3 \left(\frac{\mathrm{e}^p}{\mathrm{e}^p-1}\right)''' = \frac{\mathrm{e}^p}{(\mathrm{e}^p-1)^4}(\mathrm{e}^{2p}+4\mathrm{e}^p+1)$$

或

$$n^3 \rightarrow \frac{\mathrm{e}^p}{(\mathrm{e}^p-1)^4} \cdot 3! \begin{vmatrix} 1 & 1-\mathrm{e}^p & 0 \\ \dfrac{1}{2!} & 1 & 1-\mathrm{e}^p \\ \dfrac{1}{3!} & \dfrac{1}{2!} & 1 \end{vmatrix}$$

$$n^4 \rightarrow (-1)^4 \left(\frac{\mathrm{e}^p}{\mathrm{e}^p-1}\right)^{(4)} = \frac{\mathrm{e}^p}{(\mathrm{e}^p-1)^5}(\mathrm{e}^{3p}+11\mathrm{e}^{2p}+11\mathrm{e}^p+1)$$

或

$$n^4 \to \frac{e^p}{(e^p-1)^5} \cdot 4! \begin{vmatrix} 1 & 1-e^p & 0 & 0 \\ \dfrac{1}{2!} & 1 & 1-e^p & 0 \\ \dfrac{1}{3!} & \dfrac{1}{2!} & 1 & 1-e^p \\ \dfrac{1}{4!} & \dfrac{1}{3!} & \dfrac{1}{2!} & 1 \end{vmatrix}$$

$$n^5 \to \frac{e^p}{(e^p-1)^6}(e^{4p}+26e^{3p}+66e^{2p}+26e^p+1)$$

$$= \frac{e^p}{(e^p-1)^6} \cdot 5! \begin{vmatrix} 1 & 1-e^p & 0 & 0 & 0 \\ \dfrac{1}{2!} & 1 & 1-e^p & 0 & 0 \\ \dfrac{1}{3!} & \dfrac{1}{2!} & 1 & 1-e^p & 0 \\ \dfrac{1}{4!} & \dfrac{1}{3!} & \dfrac{1}{2!} & 1 & 1-e^p \\ \dfrac{1}{5!} & \dfrac{1}{4!} & \dfrac{1}{3!} & \dfrac{1}{2!} & 1 \end{vmatrix}$$

一般地，有

$$n^k \to (-1)^k \left(\frac{e^p}{e^p-1}\right)^{(k)}$$

$$= \frac{e^p}{(e^p-1)^{k+1}} \cdot k! \begin{vmatrix} 1 & 1-e^p & 0 & \cdots & 0 \\ \dfrac{1}{2!} & 1 & 1-e^p & \cdots & 0 \\ \vdots & \vdots & \vdots & & \vdots \\ \dfrac{1}{(k-1)!} & \dfrac{1}{(k-2)!} & \dfrac{1}{(k-3)!} & \cdots & 1-e^p \\ \dfrac{1}{k!} & \dfrac{1}{(k-1)!} & \dfrac{1}{(k-2)!} & \cdots & 1 \end{vmatrix} \tag{3-21}$$

(2) $f_n = n^{(m)}$

根据公式(3-9)，由 $n \to \dfrac{e^p}{(e^p-1)^2}$ 得

$$n-1 \to \frac{1}{(e^p-1)^2}$$

再先后运用式(3-20)与式(3-9)，对应得

$$n(n-1) \to 2! \frac{e^p}{(e^p-1)^3} \text{ 和}(n-1)(n-2) \to 2! \frac{1}{(e^p-1)^3}$$

其次有

$$n(n-1)(n-2) \to 3! \frac{e^p}{(e^p-1)^4}$$

和

$$(n-1)(n-2)(n-3) \to 3! \frac{1}{(e^p-1)^4}$$

用数学归纳法容易证明

$$n(n-1)\cdots(n-(m-1)) \to \frac{m! \, e^p}{(e^p-1)^{m+1}}$$

或

$$n^{(m)} \to \frac{m! \, e^p}{(e^p-1)^{m+1}} \tag{3-22}$$

（3）$f_n = n \sin \alpha(n-1)$

有 $\sin \alpha n \to \dfrac{e^p \sin \alpha}{e^{2p} - 2e^p \cos \alpha + 1}$，由式（3-9）得

$$\sin \alpha(n-1) \to \frac{\sin \alpha}{e^{2p} - 2e^p \cos \alpha + 1}$$

利用式（3-20）得

$$n \sin \alpha(n-1) \to \left(\frac{\sin \alpha}{e^{2p} - 2e^p \cos \alpha + 1} \right)'$$

或

$$n \sin \alpha(n-1) \to \frac{-2e^{2p} \sin \alpha + e^p \sin 2\alpha}{(e^{2p} - 2e^p \cos \alpha + 1)^2}$$

（4）求函数 $F^*(p) = \dfrac{e^{2p} - 2e^p}{(e^{2p} - e^p + 1)^2}$ 的象原函数.

有 $\sin \alpha n \to \dfrac{e^p \sin \alpha}{e^{2p} - 2e^p \cos \alpha + 1}$，由此知 $2\cos \alpha = 1$，$\alpha = \dfrac{\pi}{3}$，从而有 $\dfrac{2}{\sqrt{3}} \sin \dfrac{\pi}{3} n \to \dfrac{e^p}{e^{2p} - e^p + 1}$，

$\dfrac{2}{\sqrt{3}} \sin \dfrac{\pi}{3}(n+1) \to \dfrac{e^{2p}}{e^{2p} - e^p + 1}$

利用式（3-20）得

$$\frac{2}{\sqrt{3}} n \sin \frac{\pi}{3}(n+1) \to -\left(\frac{e^{2p}}{e^{2p} - e^p + 1} \right)'$$

或

$$\frac{2}{\sqrt{3}} n \sin \frac{\pi}{3}(n+1) \to \frac{e^p(e^{2p} - 2e^p)}{(e^{2p} - e^p + 1)^2}$$

由公式（3-9）得 $\qquad F^*(p) \to \dfrac{2}{\sqrt{3}}(n-1)\sin \dfrac{\pi}{3} n$

象原函数的和

称
$$\varphi_n = \sum_{k=0}^{n-1} f_k \, (n=0,\ 1,\ 2,\ \cdots,\ \text{且}\ \varphi_0 = f_{-1} = 0)$$

为格点函数 f_n 的和.

定理 3-9 若 $f_n \to F^*(p)$，则

$$\sum_{k=0}^{n-1} f_k \to \frac{F^*(p)}{\mathrm{e}^p - 1}$$

证 显然函数 $\varphi_n = \sum\limits_{k=0}^{n-1} f_k$ 是象原函数，设 $\varphi_n \to \Phi^*(p)$，则由公式(3-19)得

$$\Delta \varphi_n \to (\mathrm{e}^p - 1)\Phi^*(p) - \varphi_0 \mathrm{e}^p \quad (\varphi_0 = 0)$$

或

$$\Delta \varphi_n \to (\mathrm{e}^p - 1)\Phi^*(p)$$

由于

$$\Delta \varphi_n = \sum_{k=0}^{n} f_k - \sum_{k=0}^{n-1} f_k = f_n \to F^*(p)$$

故

$$F^*(p) = (\mathrm{e}^p - 1)\Phi^*(p)$$

从而

$$\Phi^*(p) = \frac{F^*(p)}{\mathrm{e}^p - 1}$$

所以

$$\sum_{k=0}^{n-1} f_k \to \frac{F^*(p)}{\mathrm{e}^p - 1} \tag{3-23}$$

定理 3-10(象函数的积分性质) 若 $f_n \to F^*(p)$，$f_0 = 0$ 且 $\left(\dfrac{f_n}{n}\right)_{n=0} = 0$，则

$$\int_p^\infty F^*(q)\,\mathrm{d}q \to \sum_{n=1}^\infty \mathrm{e}^{-pn} \cdot \frac{f_n}{n} \tag{3-24}$$

证 由于象函数 $F^*(p)$ 是解析函数，所以对式(3-1)两边可从 p 到 ∞ 积分，得

$$\int_p^\infty F^*(q)\,\mathrm{d}q = \int_p^\infty \sum_{n=1}^\infty \mathrm{e}^{-qn} f_n \mathrm{d}q = \sum_{n=1}^\infty f_n \int_p^\infty \mathrm{e}^{-qn}\mathrm{d}q = \sum_{n=1}^\infty f_n \left(\frac{\mathrm{e}^{-qn}}{-n}\right)\Bigg|_p^\infty$$

$$\int_p^\infty F^*(q)\,\mathrm{d}q = \sum_{n=1}^\infty \mathrm{e}^{-pn} \frac{f_n}{n}$$

若 $\left(\dfrac{f_n}{n}\right)_{n=0} = a$，则

$$a + \int_0^\infty F^*(q)\,\mathrm{d}q = \sum_{n=0}^\infty \mathrm{e}^{-pn} \frac{f_n}{n} \tag{3-25}$$

例 3-8 求下列象原函数的和：

(1) $\displaystyle\sum_{k=0}^{n} k$

有 $n \to \dfrac{\mathrm{e}^p}{(\mathrm{e}^p - 1)^2}$，并由公式(3-23)得

$$\sum_{k=0}^{n-1} k \longrightarrow \frac{\mathrm{e}^p}{(\mathrm{e}^p - 1)^3}$$

当 $m = 2$ 时由式(3-22)得

$$\frac{\mathrm{e}^p}{(\mathrm{e}^p - 1)^3} \longrightarrow \frac{n^{(2)}}{2}$$

因而

$$\sum_{k=0}^{n-1} k = \frac{n(n-1)}{2}$$

用 $n+1$ 代替 n, 得

$$\sum_{k=0}^{n} k = \sum_{k=1}^{n} k = \frac{n(n+1)}{2}$$

(2) $\sum_{k=1}^{n} k^3$

当 $k = 3$ 时由式(3-21)求得

$$n^3 \longrightarrow \frac{\mathrm{e}^p(\mathrm{e}^{2p} + 4\mathrm{e}^p + 1)}{(\mathrm{e}^p - 1)^4}$$

则由式(3-23)得

$$\sum_{k=0}^{n-1} k^3 \longrightarrow \frac{\mathrm{e}^p(\mathrm{e}^{2p} + 4\mathrm{e}^p + 1)}{(\mathrm{e}^p - 1)^5}$$

$$\frac{\mathrm{e}^p(\mathrm{e}^{2p} + 4\mathrm{e}^p + 1)}{(\mathrm{e}^p - 1)^5} = \mathrm{e}^{2p} \frac{\mathrm{e}^p}{(\mathrm{e}^p - 1)^5} + 4\mathrm{e}^p \frac{\mathrm{e}^p}{(\mathrm{e}^p - 1)^5} + \frac{\mathrm{e}^p}{(\mathrm{e}^p - 1)^5}$$

$$\longrightarrow \frac{(n+2)^{(4)}}{4!} + 4\frac{(n+1)^{(4)}}{4!} = \left(\frac{n(n-1)}{2}\right)^2$$

这样

$$\sum_{k=0}^{n-1} k^3 = \left[\frac{n(n-1)}{2}\right]^2$$

用 $n+1$ 代替 n, 有

$$\sum_{k=0}^{n} k^3 = \sum_{k=1}^{n} k^3 = \left[\frac{(n+1)n}{2}\right]^2$$

(3) $\sum_{k=m}^{n} k^{(m)}$

根据式(3-22)有

$$n^{(m)} \longrightarrow m! \; \frac{\mathrm{e}^p}{(\mathrm{e}^p - 1)^{m+1}}$$

由式(3-23)得

$$\sum_{k=0}^{n-1} k^{(m)} = \sum_{k=m}^{n-1} k^{(m)} \longrightarrow m! \frac{\mathrm{e}^p}{(\mathrm{e}^p - 1)^{m+2}}$$

由于

$$\frac{m! \; \mathrm{e}^p}{(\mathrm{e}^p - 1)^{m+2}} \longrightarrow \frac{1}{m+1} n^{(m+1)}$$

所以

$$\sum_{k=m}^{n-1} k^{(m)} = \frac{1}{m+1} n^{(m+1)}$$

用 $n+1$ 代替 n，有

$$\sum_{k=m}^{n} k^{(m)} = \frac{1}{m+1} (n+1)^{(m+1)}$$

（4）求函数 $f_n = \dfrac{\sin \alpha n}{n}$ 的象函数．

有

$$\sin \alpha n \rightarrow \frac{e^p \sin \alpha}{e^{2p} - 2e^p \cos \alpha + 1} \quad \text{和} \quad \left(\frac{\sin \alpha n}{n} \right)_{n=0} = \alpha$$

由公式（3-25）得

$$\sin \frac{\alpha n}{n} \rightarrow \alpha + \int_p^\infty \frac{e^q \sin \alpha}{e^{2q} - 2e^q \cos \alpha + 1} \, dq =$$

$$\alpha + \arctan \frac{e^q - \cos \alpha}{\sin \alpha} \bigg|_p^\infty = \alpha + \frac{\pi}{2} - \arctan \frac{e^p - \cos \alpha}{\sin \alpha}$$

$$\frac{\sin \alpha n}{n} \rightarrow \alpha + \arctan \frac{\sin \alpha}{e^p - \cos \alpha}$$

（5）求函数 $f_n = \dfrac{\eta_{n-1}}{n}$ （图 3-11）的象函数．

$$\left(\frac{\eta_n - 1}{n} \right)_{n=0} = 0$$

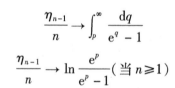

图 3-11

由关系式

$$\eta_{n-1} \rightarrow \frac{1}{e^p - 1}$$

利用式（3-24）得

$$\frac{\eta_{n-1}}{n} \rightarrow \int_p^\infty \frac{dq}{e^q - 1}$$

$$\frac{\eta_{n-1}}{n} \rightarrow \ln \frac{e^p}{e^p - 1} (\text{当 } n \geqslant 1)$$

象函数的乘法

称

$$f_n * \varphi_n = \sum_{k=0}^{n} f_{n-k} \varphi_k$$

为函数 f_n 与 φ_n 的**卷积**，记 $n-k=l$，则

$$\sum_{l=0}^{n} f_l \varphi_{n-1} = \varphi_n * f_n$$

卷积满足交换律：

$$f_n * \varphi_n = \varphi_n * f_n$$

定理 3-11 若 $f_n \rightarrow F^*(p)$ 且 $\varphi_n \rightarrow \Phi^*(p)$，则

$$F^*(p) \Phi^*(p) \rightarrow f_n * \varphi_n$$

证 因 $F^*(p) = \sum\limits_{k=0}^{\infty} \mathrm{e}^{-pk} f_k$，故有

$$F^*(p)\Phi^*(p) = \Phi^*(p) \sum_{k=0}^{\infty} \mathrm{e}^{-pk} f_k$$

或

$$F^*(p)\Phi^*(p) = \sum_{k=0}^{\infty} \mathrm{e}^{-pk} \Phi^*(p) f_k$$

由式(3-9)得 $\mathrm{e}^{-pk}\Phi^*(p) \to \varphi_{n-k}$，从而由线性性质定理及 $\varphi_{n-k} = 0(k > n)$
得

$$\sum_{k=0}^{\infty} \mathrm{e}^{-pk}\Phi^*(p) f_k \to \sum_{k=0}^{\infty} \varphi_{n-k} f_k = \sum_{k=0}^{n} \varphi_{n-k} f_k$$

或

$$f_n * \varphi_n \to F^*(p)\Phi^*(p) \tag{3-26}$$

例 3-9 求函数 $F^*(p) = \dfrac{\mathrm{e}^p}{(\mathrm{e}^p - \mathrm{e}^\alpha)(\mathrm{e}^p - \mathrm{e}^\beta)}$ 的象原函数.

解 由式(3-7)与式(3-10)得

$$\frac{\mathrm{e}^p}{\mathrm{e}^p - \mathrm{e}^\alpha} \to \mathrm{e}^{\alpha n} \text{与} \frac{1}{\mathrm{e}^p - \mathrm{e}^\beta} \to \mathrm{e}^{\beta(n-1)}$$

由式(3-26)得

$$F^*(p) \to \sum_{k=1}^{n} \mathrm{e}^{\alpha(n-k)} \mathrm{e}^{\beta(k-1)} = \mathrm{e}^{\alpha n - \beta} \sum_{k=1}^{n} \mathrm{e}^{(\beta-\alpha)k}$$

$$= \mathrm{e}^{\alpha n - \beta} \frac{\mathrm{e}^{(\beta-\alpha)(n+1)} - \mathrm{e}^{\beta-\alpha}}{\mathrm{e}^{\beta-\alpha} - 1}$$

$$F^*(p) \to \frac{\mathrm{e}^{\alpha n} - \mathrm{e}^{\beta n}}{\mathrm{e}^\alpha - \mathrm{e}^\beta}$$

象原函数的乘法

称

$$F^*(p) * \Phi^*(p) = \frac{1}{2\pi \mathrm{i}} \int_{s-\mathrm{i}\pi}^{s+\mathrm{i}\pi} F^*(q) \Phi^*(p-q) \mathrm{d}q$$

为函数 $F^*(p)$ 与 $\Phi^*(p)$ 的**卷积**.

如果函数 $F^*(p)$ 与 $\Phi^*(p)$ 在半平面 $\mathrm{Re}\, p > s_0$ 内解析，q 是积分区间 $[s - \mathrm{i}\pi, s + \mathrm{i}\pi]$，$s > s_0$ 的点，则 $F^*(p)$ 与 $\Phi^*(p-q)$ 当 $\mathrm{Re}(p-q) > s_0$，$\mathrm{Re}\, p > s + s_0$ 时解析(图 3-12a)，因而卷积 $F^*(p) * \Phi^*(p)$ 在半平面 $\mathrm{Re}\, p > s + s_0$ 解析.

有

$$F(\mathrm{e}^p) * \Phi(\mathrm{e}^p) = \frac{1}{2\pi \mathrm{i}} \int_{s-\mathrm{i}\pi}^{s+\mathrm{i}\pi} F(\mathrm{e}^q) \Phi(\mathrm{e}^{p-q}) \mathrm{d}q$$

作代换 $\mathrm{e}^p = z$，$\mathrm{e}^q = \xi$ 与 $\mathrm{d}q = \dfrac{1}{\xi} \mathrm{d}\xi$，得到关于 z 变换的函数 $F(z)$ 与 $\Phi(z)$ 的卷积：

$$F(z) * \Phi(z) = \frac{1}{2\pi \mathrm{i}} \int_\gamma F(\xi) \Phi\left(\frac{z}{\xi}\right) \frac{1}{\xi} \mathrm{d}\xi \tag{3-27}$$

卷积 $F(z) * \varPhi(z)$ 在区域 $|z| > e^{s-s_0}$（图 3-12b）内解析，在式（3-27）中作代换 $\dfrac{z}{\xi} = u$ $\left(\xi = \dfrac{z}{u}, \dfrac{\mathrm{d}\xi}{\xi} = -\dfrac{\mathrm{d}u}{u}\right)$，它把正向周围 γ（相对于半径为 $|z|$ 的反演圆周 H）变换成负向圆周（$\overrightarrow{\varGamma} = -\varGamma$）（图 3-12b），从而有

$$\int_{\gamma} F(\xi) \varPhi\left(\frac{z}{\xi}\right) \frac{\mathrm{d}\xi}{\xi} = -\int_{\overrightarrow{\varGamma}} F\left(\frac{z}{u}\right) \varPhi(u) \frac{\mathrm{d}u}{u} = \int_{\varGamma} F\left(\frac{z}{u}\right) \varPhi(u) \frac{\mathrm{d}u}{u}$$

所以 $F(z) * \varPhi(z) = \varPhi(z) * F(z)$，即卷积满足交换律.

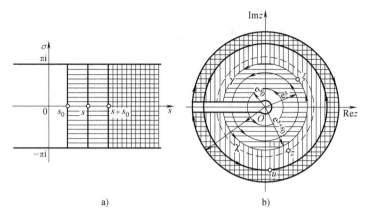

a)   b)

图 3-12

定理 3-12 若 $f_n \to F^*(p)$ 且 $\varphi_n \to \varPhi^*(p)$，则

$$f_n\varphi_n \to \frac{1}{2\pi \mathrm{i}} \int_{s-\mathrm{i}\pi}^{s+\mathrm{i}\pi} F^*(q) \varPhi^*(p-q) \mathrm{d}q \tag{3-28}$$

证 根据留数定理，有

$$\frac{1}{2\pi \mathrm{i}} \int_{\gamma} F(\xi) \varPhi\left(\frac{z}{\xi}\right) \frac{1}{\xi} \mathrm{d}\xi = \operatorname{Res}\left[F(\xi) \varPhi\left(\frac{z}{\xi}\right) \frac{1}{\xi}, \xi = \infty\right]$$

由于

$$F(\xi) = \sum_{n=0}^{\infty} f_n \xi^{-n} \quad 与 \quad \varPhi\left(\frac{z}{\xi}\right) = \sum_{n=0}^{\infty} \varphi_n \left(\frac{z}{\xi}\right)^{-n}$$

故有

$$F(\xi) \varPhi\left(\frac{z}{\xi}\right) \frac{1}{\xi} = \left(f_0 + f_1 \frac{1}{\xi} + f_2 \frac{1}{\xi^2} + \cdots + f_n \frac{1}{\xi^n} + \cdots\right) \times$$

$$\left(\varphi_0 \frac{1}{\xi} + \frac{\varphi_1}{z} + \frac{\varphi_2}{z^2}\xi + \cdots + \frac{\varphi_n}{z^n}\xi^{n-1} + \cdots\right)$$

在这个被积函数的展开式中，ξ^{-1} 的系数等于在它的奇点 $\xi = \infty$ 处的积分留数，有

$$\operatorname{Res}\left(F(\xi) \varPhi\left(\frac{z}{\xi}\right) \frac{1}{\xi}, \xi = \infty\right) = f_0\varphi_0 + f_1\varphi_1 \frac{1}{z} + \cdots + f_n\varphi_n \frac{1}{z^n} + \cdots$$

$$= \sum_{n=0}^{\infty} f_n\varphi_n z^{-n}$$

因而

$$\frac{1}{2\pi i}\int_{\gamma} F(\xi)\Phi\left(\frac{z}{\xi}\right)\frac{1}{\xi}\,d\xi = \sum_{n=0}^{\infty} f_n\varphi_n z^{-n}$$

或

$$f_n\varphi_n \to F(z) * \Phi(z)$$

由于

$$\int_{v} F(\xi)\Phi\left(\frac{z}{\xi}\right)\left(\frac{1}{\xi}\right)d\xi = \int_{s-i\pi}^{s+i\pi} F^*(q)\Phi^*(p-q)\,dq$$

故对 D—变换有

$$f_n\varphi_n \to F^*(p) * \Phi^*(p)$$

推论　设 $f_n = \varphi_n$，则由式(3-28)得

$$f_n^2 \to \frac{1}{2\pi i}\int_{s-i\pi}^{s+i\pi} F^*(q)F^*(p-q)\,dq$$

当 $p=0$ 时，有

$$\sum_{n=0}^{\infty} f_n^2 = \frac{1}{2\pi i}\int_{s-i\pi}^{s+i\pi} F^*(q)F^*(-q)\,dq$$

令 $q = i\sigma$，则 $\quad F(i\sigma)\cdot\overline{F(-i\sigma)} = F(i\sigma)\overline{F(i\sigma)} = |F^*(i\sigma)|^2$

从而得巴尔塞瓦公式

$$\sum_{n=0}^{+\infty} |f_n|^2 = \frac{1}{\pi}\int_0^{\pi} |F^*(i\sigma)|^2\,d\sigma$$

极限定理

（1）由于 $F(z)$ 在 $z=\infty$ 解析，则由式(3-3)得

$$\lim_{z\to\infty} F(z) = f_0 \text{ 或} \lim_{z\to\infty} F^*(p) = f_0 \tag{3-29}$$

$$\lim_{z\to\infty} z[F(z)-f_0] = f_1 \text{ 或} \lim_{z\to\infty} e^p[F^*(p)-f_0] = f_1$$

$$\lim_{z\to\infty} (z^2(F(z)-f_0)-f_1 z) = f_2$$

或

$$\lim_{z\to\infty} (e^{2p}(F^*(p)-f_0)-f_1 e^p) = f_2$$

一般地，

$$\lim_{z\to\infty} (z^{n-1}(F(z)-f_0)-z^{n-2}f_1-z^{n-3}f_2-\cdots-zf_{n-2}) = f_{n-1}$$

或

$$\lim_{p\to\infty} (e^{(n-1)p}(F^*(p)-f_0)-e^{(n-2)p}f_1-e^{(n-3)p}f_2-\cdots-e^p f_{n-2}) = f_{n-1}$$

（2）考虑对应 $f_n \to F^*(p)$ 且存在极限 $\lim_{n\to\infty} f_n = f_\infty$ 与 $\varphi_n \to \Phi^*(p)$，φ_n 有增长指数 $s_0 < 0$，

则级数 $\sum_{n=0}^{\infty} \varphi_n$ 收敛(由达朗贝尔准则 $\lim_{n\to\infty}\left|\dfrac{\varphi_{n+1}}{\varphi_n}\right| = e^{s_0} < 1$)，令 $p=0$ 得

$$\Phi^*(0) = \sum_{n=0}^{\infty} \varphi_n = \sum_{n=0}^{\infty} \Delta f_n = \sum_{n=0}^{\infty} (f_{n+1} - f_n)$$

或

$$\Phi^*(0) = f_\infty - f_0$$

由式(3-19)得

$$\Delta f_n \rightarrow (e^p - 1) F^*(p) - f_0$$

所以

$$\Phi^*(p) = (e^p - 1) F^*(p) - f_0$$

由此得

$$\lim_{p \to \infty} (e^p - 1) F^*(p) = f_\infty$$

$$\lim_{p \to 0} \Phi^*(p) = \Phi^*(0) = f_\infty - f_0$$

如果 $p = 0$ 是函数 $F^*(p)$ 的正常点, 则 $f_\infty = 0$.

定理 3-13(关于参数的微分与积分)   如果 $f_{n,\lambda} \rightarrow F^*(p, \lambda)$, λ 是参数, 则

$$\frac{\partial}{\partial \lambda} f_{n,\lambda} \rightarrow \frac{\partial}{\partial \lambda} F^*(p, \lambda) \ \text{与} \int_{\lambda_1}^{\lambda_2} f_{n,\lambda} d\lambda \rightarrow \int_{\lambda_1}^{\lambda_2} F^*(p, \lambda) d\lambda$$

其中假定 $f_{n,\lambda}$ 与 $F^*(p, \lambda)$ 满足关于对参数微分与积分的所有条件.

3.3   按反演公式求象原函数

可以根据公式(3-4)或(3-5)来求象函数 $F^*(p)$ 的象原函数, 即格点函数 f_n, 利用留数计算式(3-4)与式(3-6)中的回路积分, 有

$$f_n = \sum_k \text{Res}[F(z) z^{n-1}, z_k] \ \text{且} f_n = \sum_k \text{Res}[F^*(p) e^{pn}, p_k] (z_k = e^{\ln z_k} = e^{p_k})$$

展开公式

设 $F(z) = \dfrac{F_1(z)}{F_2(z)}$ 是普通公式, $F(\infty) = 0$ 且根据式(3-29) $F(\infty) = f(0) = 0$, 次 $F_1(z) \leqslant$ 次 $F_2(z)$, 这是因为 $z = \infty$ 是函数 $F(z)$ 的正常点, 如果分子的次数等于分母的次数, 则除得整数部分且等于 $F(\infty) = f_0$.

(1) $F(z)$ 有简单极点 z_k, 则有

$$f_n = \sum_k \frac{F_1(z_k)}{F_2'(z_k)} z_k^{n-1} \tag{3-30}$$

(2) $F(z)$ 有 m_k 重简单极点, 则有

$$f_n = \sum_k \frac{1}{(m_k - 1)!} \lim_{z \to z_k} \frac{d^{m_k-1}}{dz^{m_k-1}} [(z - z_k)^{m_k} F(z) z^{n-1}] \tag{3-31}$$

也可直接利用 D—变换的性质, 即把象函数展成基本分式, 函数 $F^*(p)$ 的展开式中有如下基

本分式：

（1）$\dfrac{A}{\mathrm{e}^p - \mathrm{e}^{p_0}}$，由公式（3-10）得

$$\frac{A}{\mathrm{e}^p - \mathrm{e}^{p_0}} \to A\mathrm{e}^{p_0(n-1)}$$

（2）$\dfrac{A}{(\mathrm{e}^p - \mathrm{e}^{p_0})^m}$，利用公式（3-10）得

$$\frac{\mathrm{e}^p}{(\mathrm{e}^p - 1)^m} \to \frac{n^{(m-1)}}{(m-1)!}$$

根据位移定理得

$$\frac{\mathrm{e}^{p-p_0}}{(\mathrm{e}^{p-p_0} - 1)^m} \to \mathrm{e}^{p_0 n}\frac{n^{(m-1)}}{(m-1)!} \quad 即 \quad \frac{\mathrm{e}^p \mathrm{e}^{p_0(m-1)}}{(\mathrm{e}^p - \mathrm{e}^{p_0})^m} \to \mathrm{e}^{p_0 n}\frac{n^{(m-1)}}{(m-1)!}$$

由延迟定理得

$$\frac{\mathrm{e}^{p_0(m-1)}}{(\mathrm{e}^p - \mathrm{e}^{p_0})^m} \to \frac{\mathrm{e}^{p_0(n-1)}(n-1)^{(m-1)}}{(m-1)!}$$

或

$$\frac{1}{(\mathrm{e}^p - \mathrm{e}^{p_0})^m} \to \mathrm{e}^{p_0(n-m)}\frac{(n-1)^{(m-1)}}{(m-1)!}$$

因而

$$\frac{A}{(\mathrm{e}^p - \mathrm{e}^{p_0})^m} \to A\mathrm{e}^{p_0(n-m)}\frac{(n-1)^{(m-1)}}{(m-1)!}$$

例 3-10　求下列函数 $F^*(p)$ 的象原函数：

（1）$F^*(p) = \dfrac{\mathrm{e}^p}{\mathrm{e}^{4p} - 16}$

有

$$F(z) = \frac{z}{z^4 - 16}$$

$z_{1,2} = \pm 2$，$z_{3,4} = \pm 2\mathrm{i}$ 是极点，由公式（3-30）得

$$f_n = \sum_{k=1}^{4}\left(\frac{z_k}{4z_k^3} \cdot z_k^{n-1}\right) = \sum_{k=1}^{4}\frac{1}{4}z_k^{n-3}$$

$$= \frac{1}{4}\left(2^{n-3} + (-2)^{n-3} + (2\mathrm{i})^{n-3} + (-2\mathrm{i})^{n-3}\right)$$

$$= 2^{n-5}\left(1 + (-1)^{n-1} - 2\frac{\mathrm{i}^n - (-\mathrm{i})^n}{2\mathrm{i}}\right)$$

$$f_n = 2^{n-5}\left(1 + (-1)^{n-1} - 2\sin\frac{\pi n}{2}\right)$$

（2）$F^*(p) = \dfrac{e^p}{3e^{2p} - 6ae^p + 4a^2}$

把函数变形，则

$$F^*(p) = \frac{1}{a\sqrt{3}} \cdot \frac{\dfrac{2a}{\sqrt{3}} e^p \cdot \dfrac{1}{2}}{e^{2p} - 2\dfrac{2a}{\sqrt{3}} e^p \dfrac{\sqrt{3}}{2} + \left(\dfrac{2a}{\sqrt{3}}\right)^2}$$

由此知 $\dfrac{\sqrt{3}}{2} = \cos\alpha,\ \alpha = \dfrac{\pi}{6}$，则有

$$F^*(p) \rightarrow \frac{1}{a\sqrt{3}} \left(\frac{2a}{\sqrt{3}}\right)^n \sin\frac{\pi}{6}n$$

（3）$F^*(p) = \dfrac{e^p}{(e^p - 1)(e^p - 2)(e^p - 3)}$

有

$$F(z) = \frac{z}{(z-1)(z-2)(z-3)}$$

$z_1 = 1, z_2 = 2, z_3 = 3$ 是极点，由公式(3-30)得

$$f_n = \sum_{k=1}^{3} \frac{z_k^n}{3z_k^2 - 12z_k + 11}$$

或

$$F^*(p) \rightarrow \frac{1}{2} - 2^n + \frac{1}{2} \cdot 3^n$$

（4）$F^*(p) = \dfrac{e^p}{e^{4p} + e^{2p} + 1}$

有

$$F^*(p) = \frac{1}{2}\left(\frac{1}{e^{2p} - e^p + 1} - \frac{1}{e^{2p} + e^p + 1}\right) \rightarrow$$

$$\frac{1}{\sqrt{3}}\left(\sin\frac{\pi}{3}(n-1) - \sin\frac{2}{3}\pi(n-1)\right)$$

或

$$F^*(p) \rightarrow \frac{2}{\sqrt{3}}\sin\frac{\pi}{2}n \sin\frac{\pi}{6}(1-n)$$

（5）$F^*(p) = \dfrac{e^p}{(e^p - 2)(e^p - 1)^2}$

有 $\qquad\qquad\qquad F(z) = \dfrac{z}{(z-2)(z-1)^2}$

$z=2$ 是简单极点, $z=1$ 是二阶极点, 利用式 $(3-30)$ 与 $(3-31)$ 得

$$f_n = 2^n + \left(\frac{z^n}{z-2}\right)'_{z=1} = 2^n - 1 - n$$

3.4 线性差分方程

称下述方程

$$b_0 x_n + b_1 \Delta x_n + b_2 \Delta^2 x_n + \cdots + b_k \Delta^k x_n = f_n \tag{3-32}$$

或

$$a_0 x_n + a_1 x_{n+1} + a_2 x_{n+2} + \cdots + a_k x_{n+k} = f_n \tag{3-33}$$

其中系数 b_i 与 $a_i (i=0,1,2,\cdots,k)$ 是数, f_n 是已知函数, 且 x_n 是未知函数, 为常系数 k **阶线性差分方程**.

利用式 $(3-14)$ 与式 $(3-15)$ 可把方程 $(3-32)$ 化为方程 $(3-33)$ 或反化, 方程 $(3-32)$ 的阶数由方程 $(3-33)$ 的阶数确定, 如果在变换方程中 a_0 与 a_k 不等于零, 则方程 $(3-32)$ 是 k 阶的, 如果 a_0 与 a_k 中至少有一个等于零, 则方程 $(3-32)$ 的阶数将小于 k.

设对于方程 $(3-32)$ 给定初始条件 x_0, Δx_0, $\cdots$, $\Delta^{k-1} x_0$ 或对方程 $(3-33)$ 的初始条件 x_0, x_1, $\cdots$, x_{k-1}, 且 $x_n \to X^*(p)$, 则对差分方程运用 D—变换并利用对方程 $(3-32)$ 的差分定理或对方程 $(3-33)$ 的超越定理, 得到与方程 $(3-32)$ 与 $(3-33)$ 相对应的算子方程, 且关于 $X^*(p)$ 是线性的方程, 由这个方程确定出 $X^*(p)$, 再根据反演公式或直接利用 D—变换的性质, 求出象原函数 x_n, 得到差分方程的特解, 如果差分方程的初始条件未知, 则把它们看作任意常数, 从而得到它的通解, D—变换也可求解常系数差分方程组.

例 3-11 试确定下列方程的阶数:

(1) $\Delta^3 x_n + \Delta^2 x_n - \Delta x_n - x_n = n^2$

由式 $(3-14)$ 得

$$\Delta x_n = x_{n+1} - x_n$$
$$\Delta^2 x_n = x_{n+2} - 2x_{n+1} + x_n$$
$$\Delta^3 x_n = x_{n+3} - 3x_{n+2} + 3x_{n+1} - x_n$$

有

$$x_{n+3} - 2x_{n+2} = n^2$$

引入代换 $n+2=k$ 得

$$x_{k+1} - 2x_k = (k-2)^2$$

因而已知方程是一阶的.

(2) $\Delta^3 x_n + 3\Delta^2 x_n + 3\Delta x_n - x_n = 0$

利用式 $(3-14)$, 将这个方程化为方程

$$x_{n+3} - 2x_n = 0$$

因而这个方程是三阶方程.

例 3-12 求下列差分方程的解:

(1) $\Delta^2 x_n - 3\Delta x_n + 2x_n = 0$, $x_0 = 1$, $\Delta x_0 = -1$

设 $x_n \to X^*$, 由式 $(3-19)$ 得

$$\Delta x_n \to (\mathrm{e}^p - 1)X^* - \mathrm{e}^p, \quad \Delta^2 x_n \to (\mathrm{e}^p - 1)^2 X^* - \mathrm{e}^p(\mathrm{e}^p - 2)$$

得算子方程

$$(e^{2p} - 5e^p + 6)X^* = e^p(e^p - 5)$$

解得

$$X^* = \frac{e^p(e^p - 5)}{(e^p - 2)(e^p - 3)} = 3\frac{e^p}{e^p - 2} - 2\frac{e^p}{e^p - 3}$$

根据式(3-8)，当 $\alpha = 1$ 时得

$$x_n = 3 \cdot 2^n - 2 \cdot 3^n$$

（2） $x_{n+3} - 3x_{n+2} + 3x_{n+1} - x_n = n^2$, $x_0 = x_1 = x_2 = 0$

有

$$x_n \to X^*, \quad x_{n+1} \to e^p X^*, \quad x_{n+2} \to e^{2p} X^*, \quad x_{n+3} \to e^{3p} X^*$$

且

$$n^2 \to \frac{e^p(e^p + 1)}{(e^p - 1)^3}$$

则有

$$(e^{3p} - 3e^{2p} + 3e^p - 1)X^* = \frac{e^p(e^p + 1)}{(e^p - 1)^2}$$

解得

$$X^* = \frac{e^p(e^p + 1)}{(e^p - 1)^5}$$

由公式(3-31)得

$$x_n = \frac{1}{5!}\left(e^{p(n+1)} + e^{pn}\right)_{p=0}^{(5)}$$

$$= \frac{1}{5!}\left((n+1)n(n-1)(n-2)(n-3) + n(n-1)(n-2)(n-3)(n-4)\right)$$

或

$$x_n = \frac{1}{5!}\left(2n^5 - 15n^4 + 40n^3 - 45n^2 + 18n\right)$$

（3） $x_{n+4} + 2x_{n+3} + 3x_{n+2} + 2x_{n+1} + x_n = 0$, $x_0 = x_1 = x_3 = 0$, $x_2 = -1$

设 $x_n \to X^*$，由公式(3-12)得

$$x_{n+1} \to e^p X^*, x_{n+2} \to e^{2p} X^*, x_{n+3} \to e^{3p}(X^* + e^{-2p}), x_{n+4} \to e^{4p}(X^* + e^{-2p})$$

得算子方程

$$(e^{4p} + 2e^{3p} + 3e^{2p} + 2e^p + 1)X^* = -e^p(e^p + 2)$$

解得

$$X^* = -\frac{e^p(e^p + 2)}{(e^{2p} + e^p + 1)^2} = -\left(\frac{e^{2p}}{e^{2p} + e^p + 1}\right)' e^{-p}$$

由于

$$\frac{e^p}{e^{2p} + e^p + 1} \to \frac{2}{\sqrt{3}} \sin \frac{2}{3} \pi n$$

故由式(3-12)知，当 $k = 1$ 时得

$$\frac{e^{2p}}{e^{2p} + e^p + 1} \to \frac{2}{\sqrt{3}} \sin \frac{2}{3} \pi (n + 1)$$

由式(3-20)有

$$\left(\frac{e^{2p}}{e^{2p} + e^p + 1} \right)' \to - n \frac{2}{\sqrt{3}} \sin \frac{2}{3} \pi (n + 1)$$

利用式(3-9)，当 $k = 1$ 时求得

$$x_n = \frac{2}{\sqrt{3}} (n - 1) \sin \frac{2}{3} \pi n$$

（4）$2x_{n+2} - 5x_{n+1} + 2x_n = \cos \frac{\pi}{3} n$, $x_0 = x_1 = 0$

有

$$x_n \to X^*$$

$$x_{n+1} \to e^p X^*$$

$$x_{n+2} \to e^{2p} X^*$$

$$\cos \frac{\pi}{3} n \to \frac{e^p \left(e^p - \dfrac{1}{2} \right)}{e^{2p} - e^p + 1}$$

得算子方程

$$(2e^{2p} - 5e^p + 2) X^* = \frac{e^p \left(e^p - \dfrac{1}{2} \right)}{e^{2p} - e^p + 1}$$

解得

$$X^* = \frac{e^p}{2 (e^{2p} - e^p + 1) (e^p - 2)}$$

把它表为

$$X(z) = \frac{A}{z - 2} + \frac{Bz + C}{z^2 - z + 1}$$

求得

$$A = \frac{1}{3}, \ B = - \frac{1}{3}, \ C = \frac{1}{6}$$

从而

$$X^* = \frac{1}{3} \cdot \frac{1}{e^p - 2} - \frac{1}{3} \cdot \frac{e^p - \frac{1}{2}}{e^{2p} - e^p + 1}$$

由于

$$\frac{e^p - \frac{1}{2}}{e^{2p} - e^p + 1} \to \cos \frac{\pi}{3}(n-1)$$

且根据式(3-11)得

$$\frac{1}{e^p - 2} \to 2^{n-1}$$

故有

$$x_n = \frac{1}{6}\left(2^n - 2\cos\frac{\pi}{3}(n-1)\right)$$

（5） $x_{n+1} - ax_n = a^n \sin \alpha n$

记 $x_0 = c_1$，其中 c_1 是任意常数，则有

$$x_n \to X^*$$
$$x_{n+1} \to e^p(X^* - c_1)$$
$$a^n \sin \alpha n \to \frac{e^p a \sin \alpha}{e^{2p} - 2ae^p \cos \alpha + a^2}$$

得算子方程

$$(e^p - a)X^* = c_1 e^p + \frac{e^p a \sin \alpha}{e^{2p} - 2a \cos \alpha e^p + a^2}$$

解得

$$X^* = \frac{c_1 e^p}{e^p - a} + \frac{e^p a \sin \alpha}{(e^{2p} - 2a \cos \alpha e^p + a^2)(e^p - a)}$$

有

$$\frac{za \sin \alpha}{(z^2 - 2a \cos \alpha z + a^2)(z - a)} = \frac{A_1 z + A_2}{z^2 - 2a \cos \alpha z + a^2} + \frac{A_3}{z - a}$$

求得

$$A_1 = -\frac{\sin \alpha}{4\sin^2 \frac{\alpha}{2}}, \quad A_2 = \frac{a \sin \alpha}{4\sin^2 \frac{\alpha}{2}}, \quad A_3 = \frac{\sin \alpha}{4\sin^2 \frac{\alpha}{2}}$$

所以

$$\frac{e^p a \sin \alpha}{(e^{2p} - 2a \cos \alpha e^p + a^2)(e^p - a)} = \frac{1}{4\sin^2 \frac{\alpha}{2}}\left(\frac{\sin \alpha}{e^p - a} - \frac{e^p \sin \alpha - a \sin \alpha}{e^{2p} - 2a \cos \alpha e^p + a^2}\right)$$

从而

$$x_n = c_1 a^n + \frac{1}{4\sin^2\frac{\alpha}{2}}\left(a^{n-1}\sin\alpha - \frac{1}{a}a^n\sin\alpha n + a^{n-1}\sin\alpha(n-1)\right)$$

$$= \frac{a^{n-1}}{2\sin\frac{\alpha}{2}}\left(2ac_1\sin\frac{\alpha}{2} + \cos\frac{\alpha}{2} - \cos\frac{\alpha(2n-1)}{2}\right)$$

或

$$x_n = \frac{a^{n-1}}{2\sin\frac{\alpha}{2}}\left(c - \cos\frac{\alpha(2n-1)}{2}\right)$$

其中

$$c = 2ac_1\sin\frac{\alpha}{2} + \cos\frac{\alpha}{2}$$

（6）求菲波纳奇数列的通项：

$$0,1,1,2,3,5,8,\cdots$$

设 x_n 是通项，则有

$$x_{n+2} = x_{n+1} + x_n$$

且有 $x_0 = 0$，$x_1 = 1$

$$x_n \to X^*, \ x_{n+1} \to e^p X^*, \ x_{n+2} \to e^{2p}(X^* - e^{-p})$$

得算子方程

$$(e^{2p} - e^p - 1)X^* = e^p$$

解得

$$X^* = \frac{e^p}{e^{2p} - e^p - 1}$$

把算子方程表为

$$\frac{z}{z^2 - z - 1} = \frac{A}{z - \frac{1+\sqrt{5}}{2}} + \frac{B}{z - \frac{1-\sqrt{5}}{2}}$$

解得

$$A = \frac{1+\sqrt{5}}{2\sqrt{5}}, \ B = -\frac{1-\sqrt{5}}{2\sqrt{5}}$$

从而

$$X^* = \frac{1+\sqrt{5}}{2\sqrt{5}}\cdot\frac{1}{e^p - \frac{1+\sqrt{5}}{2}} - \frac{1-\sqrt{5}}{2\sqrt{5}}\cdot\frac{1}{e^p - \frac{1-\sqrt{5}}{2}}$$

所以

$$x_n = \frac{1}{\sqrt{5}}\left[\left(\frac{1+\sqrt{5}}{2}\right)^n - \left(\frac{1-\sqrt{5}}{2}\right)^n\right]$$

（7）求差分方程组的解：

$$\begin{cases} x_{n+2} + 2y_n = 0 \\ 2x_n - y_{n+2} = 0 \end{cases}, \text{且 } x_0 = y_0 = y_1 = 0, \ x_1 = 1$$

设 $x_n \to X^*$ 且 $y_n \to Y^*$. 由式（3-12）得

$$x_{n+2} \to e^{2p}(X^* - e^{-p}) \text{ 和 } y_{n+2} \to e^{2p}Y^*$$

得算子方程

$$\begin{cases} e^{2p}X^* + 2Y^* = e^p \\ -2X^* + e^{2p}Y^* = 0 \end{cases}$$

解得

$$X^* = \frac{e^{3p}}{e^{4p}+4} \text{ 和 } Y^* = \frac{2e^p}{e^{4p}+4}$$

根据等式

$$\frac{z^2}{z^4+4} = \frac{Az+B}{z^2-2z+2} + \frac{Cz+D}{z^2+2z+2}$$

求得

$$A = \frac{1}{4}, \ C = -\frac{1}{4}, \ B = D = 0$$

$$\frac{e^{2p}}{e^{4p}+4} = \frac{1}{4}\left(\frac{e^p}{e^{2p}-2e^p+2} - \frac{e^p}{e^{2p}+2e^p+2}\right)$$

由关系式 $(\sqrt{2})^n \sin \alpha n \to \dfrac{e^p\sqrt{2}\sin \alpha}{e^{2p} \pm 2\sqrt{2}e^p\cos \alpha + 2}$ 得

$$\pm\sqrt{2}\cos \alpha = 1, \ \alpha = \frac{\pi}{4} \text{和 } \alpha = \frac{3}{4}\pi$$

所以

$$(\sqrt{2})^n \sin \frac{\pi}{4}n \to \frac{e^p}{e^{2p}-2e^p+2} \text{ 和 } (\sqrt{2})^n \sin \frac{3}{4}\pi n \to \frac{e^p}{e^{2p}+2e^p+2} \tag{3-34}$$

因而

$$\frac{e^{2p}}{e^{4p}+4} \to \frac{(\sqrt{2})^n}{4}\left(\sin \frac{\pi}{4}n - \sin \frac{3}{4}\pi n\right)$$

由公式（3-12）得

$$X^* = e^p \frac{e^{2p}}{e^{4p}+4} \to \frac{(\sqrt{2})^{n+1}}{4}\left(\sin\pi(n+1) - \sin \frac{3}{4}\pi(n+1)\right)$$

有

$$y(z) = \frac{2z}{z^4+4} = \frac{1}{2}\left(\frac{1}{z^2-2z+2} - \frac{1}{z^2+2z+2}\right)$$

考虑到式（3-34）与式（3-9）得

$$y_n = \frac{(\sqrt{2})^{n-1}}{2}\left(\sin \frac{\pi}{4}(n-1) - \sin \frac{3}{4}\pi(n-1)\right)$$

因此

$$x_n = (\sqrt{2})^{n-1} \sin \frac{\pi}{2} n \cos \frac{\pi}{4} (n-1)$$

$$y_n = (\sqrt{2})^{n-1} \sin \frac{\pi}{2} n \cos \frac{\pi}{4} (n+1)$$

习　　题

求下列函数的象函数：

1. $(n-1) \sin \alpha n$

2. $(n+1) \sin \alpha n$

3. $n \cos \alpha n$

4. $\sin \alpha n - n \sin \alpha \cos \alpha (n-1)$

5. $\cos \alpha \sin \alpha n - n \sin \alpha \cos \alpha n$

6. $n \cdot n^{(m)}$

7. $a^{(n)} \cdot n^{(m)}$

求和：

8. $\displaystyle\sum_{k=1}^{n} k^2$

9. $\displaystyle\sum_{k=1}^{n} \frac{k}{a^k}$

求下列函数的象原函数：

10. $\dfrac{e^p}{e^{2p} + a^2}$

11. $\dfrac{e^{2p}}{e^{2p} - 2ae^p + 2a^2}$

12. $\dfrac{e^p}{e^{2p} + 2ae^p + 2a^2}$

13. $\dfrac{ae^p + b}{e^{2p} + 1}$

14. $\dfrac{1}{(e^p + 2)(e^{2p} - 9)}$

15. $\dfrac{e^{2p}}{e^{3p} - 1}$

16. $\dfrac{e^{2p}}{e^{4p} + 1}$

17. $\dfrac{e^p}{e^{3p} + 1}$

18. $\dfrac{e^p}{(e^p - a)^2 (e^p - b)}$

19. $\dfrac{1}{(e^p - 3)(e^p - 4)}$

求解下列差分方程与方程组：

20. $x_{n+2} - 2x_{n+1} + x_n = \sin \alpha n$, $x_0 = x_1 = 0$

21. $x_{n+1} - ax_n = \cos \alpha n$, $x_0 = 0$

22. $x_{n+1} - ax_n = a^n n^{(k)}$

23. $x_{n+2} + 3x_{n+1} + 2x_n = 0$, $x_0 = 1$, $x_1 = 0$

24. $x_{n+2} + x_{n+1} + x_n = 0$, $x_0 = 1$, $x_1 = -1$

25. $3x_{n+2} - 5x_{n+1} + 3x_n = 0$, $x_0 = 0$, $x_1 = 1$

26. $x_{n+4} + x_n = 0$, $x_0 = x_1 = x_2 = 0$, $x_3 = 1$

27. $x_{n+2} - 3x_{n+1} - 4x_n = (-1)^n$

28. $x_{n+2} - 3x_{n+1} + 2x_n = 2^n$, $x_0 = x_1 = 0$

29. $x_{n+3} - x_{n+2} - x_{n+1} + x_n = n^2$, $x_0 = x_1 = x_2 = 0$

30. $\begin{cases} x_{n+1} - 3x_n - y_n = 0 \\ y_{n+1} + 5x_n + y_n = 0 \end{cases}$, $x_0 = y_0 = 1$

31. $\begin{cases} x_{n+1} = z_n + y_n \\ y_{n+1} = x_n + z_n \\ z_{n+1} = x_n + y_n \end{cases}$, $x_0 = -1$, $y_0 = 1$, $z_0 = 0$

32. $\begin{cases} x_{n+1} - 2x_n - 2y_n = 3^n \\ y_{n+1} - x_n - 3y_n = 2^n \end{cases}$, $x_0 = y_0 = 0$

33. $\begin{cases} x_{n+1} = -x_n + y_n + z_n \\ y_{n+1} = x_n - y_n + z_n \\ z_{n+1} = x_n + y_n - z_n \end{cases}$, $x_0 = 1$, $y_0 = z_0 = 0$

34. $\begin{cases} x_{n+1} = x_n - 3y_n \\ y_{n+1} = 3x_n + y_n \end{cases}$

35. $\begin{cases} x_{n+1} = 4x_n - 3y_n + 1 \\ y_{n+1} = x_n + 2y_n \end{cases}$

36. $x_{n+2} - 5x_{n+1} + 6x_n = 1$, $x_0 = 0$, $x_1 = 0$

37. $x_{n+3} - 5x_{n+2} + 8x_{n+1} - 4x_n = 0$, $x_0 = 0$, $x_1 = 2$, $x_2 = 1$

38. $x_{n+2} + 2x_{n+1} + 4x_n = 0$

第 4 章

数学物理方程定解问题的运算微积解法

4.1 拉普拉斯变换在数学物理边值问题中的应用简介

利用拉普拉斯变换的方法也可用来求解偏微分方程,下面通过求解一维波动方程的例子来说明这一点.

例 4-1 试求出偏微分方程

$$\frac{\partial^2 u}{\partial t^2} - a^2 \frac{\partial^2 u}{\partial x^2} = f(x,t)(a \text{ 为常数})$$

满足初始条件

$$u(x,0) = \varphi_1(x), \frac{\partial u}{\partial t}\Big|_{t=0} = \varphi_2(x)$$

和边界条件

$$u\big|_{x=0} = \psi_1(t), u\big|_{x=1} = \psi_2(t)$$

的解.

假设在这里所有提到的依赖于 t 的函数都属于有界的函数类,并有对应的象函数

$$u(x,t) \rightarrow \int_0^\infty u(x,t) \mathrm{e}^{-pt} \mathrm{d}t = U(x,p)$$

$$\frac{\partial u}{\partial t} \rightarrow pU(x,p) - u(x,0) = pU(x,p) - \varphi_1(x)$$

$$\frac{\partial^2 u}{\partial t^2} \rightarrow p^2 U(x,p) - pu(x,0) - \frac{\partial u}{\partial t}\Big|_{t=0} = p^2 U(x,p) - p\varphi_1(x) - \varphi_2(x)$$

$$f(x,t) \rightarrow \int_0^\infty f(x,t) \mathrm{e}^{-pt} \mathrm{d}t = F(x,p)$$

$$\frac{\partial u}{\partial x} \rightarrow \int_0^\infty \frac{\partial u(x,t)}{\partial x} \mathrm{e}^{-pt} \mathrm{d}t = \frac{\partial}{\partial x} \int_0^\infty u(x,t) \mathrm{e}^{-pt} \mathrm{d}t = \frac{\partial U(x,p)}{\partial x}$$

$$\frac{\partial^2 u}{\partial x^2} \rightarrow \int_0^\infty \frac{\partial^2 U(x,t)}{\partial x^2} \mathrm{e}^{-pt} \mathrm{d}t = \frac{\partial^2 U(x,p)}{\partial x^2}$$

$$\psi_1(t) \rightarrow \int_0^\infty \psi_1(t) \mathrm{e}^{-pt} \mathrm{d}t = \psi_1(p)$$

$$\psi_2(t) \rightarrow \int_0^\infty \psi_2(t) \mathrm{e}^{-pt} \mathrm{d}t = \psi_2(p)$$

此时容易得到方程的象,即关于象函数的方程

$$p^2 U(x,p) - p\varphi_1(x) - \varphi_2(x) - a^2 \frac{\partial^2 U(x,p)}{\partial x^2} = F(x,p)$$

及在边界的条件

$$U(x,p)\big|_{x=0} = \psi_1(p), \ U(x,p)\big|_{x=1} = \psi_2(p)$$

得到的方程是常微分方程，解这个方程，得到未知函数的象函数，按此可求得原方程的解，即函数 $u(x,t)$.

例 4-2 求解下面半无限长的细杆热传导的定解问题：

$$\begin{cases} \dfrac{\partial u}{\partial t} = a^2 \dfrac{\partial^2 u}{\partial x^2}, 0 < x < \infty, t > 0 \\ u(x,0) = 0, u(0,t) = u_0 \end{cases}$$

解 利用拉普拉斯变换,有

$$u(x,t) \rightarrow U(x,p)$$

$$\frac{\partial u}{\partial t} \rightarrow pU(x,p)$$

$$\frac{\partial^2 u}{\partial x^2} \rightarrow \frac{\mathrm{d}^2 U(x,p)}{\mathrm{d}x^2}$$

得象函数的方程

$$\frac{\mathrm{d}^2 U(x,p)}{\mathrm{d}x^2} - \frac{p}{a^2} U(x,p) = 0$$

解得

$$U(x,p) = c_1 \mathrm{e}^{-\frac{x\sqrt{p}}{a}} + c_2 \mathrm{e}^{\frac{x\sqrt{p}}{a}}$$

根据条件知当 $x \rightarrow \infty$ 时, $u(x,t)$ 与 $U(x,p)$ 均有界,因而 $c_2 = 0$,且有 $U(0,p) = \dfrac{u_0}{p}$. 这样,得

$$U(x,p) = \frac{u_0}{p} \mathrm{e}^{-\frac{x\sqrt{p}}{a}}$$

利用 $\dfrac{1}{p}\mathrm{e}^{-\frac{x\sqrt{p}}{a}} \rightarrow \mathrm{erf}\,\dfrac{x}{2a\sqrt{t}}$ 得出定解问题的解

$$u(x,t) = u_0 \mathrm{erf}\,\frac{x}{2a\sqrt{t}}$$

4.2 傅里叶变换

由工科数学分析已经知道，称积分

$$F(\omega) = \frac{1}{\sqrt{2\pi}} \int_{-\infty}^{\infty} f(t) \mathrm{e}^{-\mathrm{i}\omega t} \mathrm{d}t \tag{4-1}$$

为函数 $f(t)$ 的傅里叶变换，而称积分

$$f(t) = \frac{1}{\sqrt{2\pi}} \int_{-\infty}^{\infty} F(\omega) \mathrm{e}^{\mathrm{i}\omega t} \mathrm{d}\omega \tag{4-2}$$

为函数 $F(\omega)$ 的傅里叶逆变换. 其中, $F(\omega)$ 叫作 $f(t)$ 的象函数, $f(t)$ 叫作 $F(\omega)$ 的象原函数.

为简单起见，我们将式(4-1)与式(4-2)分别记为

$$f(t) \rightarrow F(\omega) \quad 与 \quad F(\omega) \rightarrow f(t)$$

当 $f(t)$ 是奇函数时，有傅里叶正弦变换及其逆变换：

$$F_s(\omega) = \sqrt{\frac{2}{\pi}} \int_0^\infty f(t) \sin \omega t \ \mathrm{d}t, f(t) \rightarrow F_s(t) \tag{4-3}$$

$$f(t) = \sqrt{\frac{2}{\pi}} \int_0^\infty F_s(\omega) \sin \omega t \ \mathrm{d}\omega, F_s(\omega) \rightarrow f(t) \tag{4-4}$$

当 $f(t)$ 是偶函数时，有傅里叶余弦变换及其逆变换：

$$F_c(\omega) = \sqrt{\frac{2}{\pi}} \int_0^\infty f(t) \cos \omega t \ \mathrm{d}t, f(t) \rightarrow F_c(\omega) \tag{4-5}$$

$$f(t) = \sqrt{\frac{2}{\pi}} \int_0^\infty F_c(\omega) \cos \omega t \ \mathrm{d}\omega, F_c(\omega) \rightarrow f(t) \tag{4-6}$$

下面介绍有限傅里叶变换.

设分段光滑函数 $f(t)$ 在 $[0, \pi]$ 上可展成傅里叶正弦级数与余弦级数

$$f(t) = \sum_{n=1}^\infty b_n \sin nt, b_n = \frac{2}{\pi} \int_0^\pi f(t) \sin nt \ \mathrm{d}t, n \in \mathbf{N}$$

$$f(t) = \frac{a_0}{2} + \sum_{n=1}^\infty a_n \cos nt, a_n = \frac{2}{\pi} \int_0^\pi f(t) \cos nt \ \mathrm{d}t, n \in \mathbf{N}$$

把傅里叶系数 b_n 与 a_n 代入相应的级数得

$$f(t) = \frac{2}{\pi} \sum_{n=1}^\infty \left(\int_0^\pi f(\tau) \sin n\tau \ \mathrm{d}\tau \right) \sin nt$$

和

$$f(t) = \frac{1}{\pi} \int_0^\pi f(t) \mathrm{d}t + \frac{2}{\pi} \sum_{n=1}^\infty \left(\int_0^\pi f(\tau) \cos n\tau \ \mathrm{d}\tau \right) \cos nt$$

引入记法

$$F_s(n) = \int_0^\pi f(t) \sin nt \ \mathrm{d}t, f(t) \rightarrow F_s(n) \tag{4-7}$$

则

$$f(t) = \frac{2}{\pi} \sum_{n=1}^\infty F_s(n) \sin nt, \ F_s(n) \rightarrow f(t) \tag{4-8}$$

记

$$F_c(n) = \int_0^\pi f(t) \cos nt \ \mathrm{d}t, F_c(0) = \int_0^\pi f(t) \mathrm{d}t, f(t) \rightarrow F_c(n) \tag{4-9}$$

有

$$f(t) = \frac{1}{\pi} F_c(0) + \frac{2}{\pi} \sum_{n=1}^\infty F_c(n) \cos nt, F_c(n) \rightarrow f(t) \tag{4-10}$$

称式(4-7)与式(4-8)，式(4-9)与式(4-10)分别为有限区间 $[0, \pi]$ 上的傅里叶正弦 (余弦)变换及其逆变换.

利用变量代换 $\tau = \frac{a}{\pi} t$ 可考虑在任何区间 $[0, a]$ 上的变换.

在解决数学物理方程的边值问题时，要根据边界条件的形式来选择变换式(4-7)、式(4-8)或式(4-9)、式(4-10). 如果已知 $u(x, t)\big|_{x=0}$ 与 $u(x, t)\big|_{x=\pi}$ 时，则应利用傅里叶正弦变换；而若已知 $u_x(x, t)\big|_{x=0}$ 与 $u_x(x, t)\big|_{x=\pi}$ 时，要利用傅里叶余弦变换.

对于二元函数 $f(t, \tau)$，若它在区域 $D = \{(t, \tau): t, \tau \in \mathbf{R}\}$ 上对 t 和 τ 绝对可积，则可

运用傅里叶变换．按定义有

$$F(\omega,\sigma) = \frac{1}{(\sqrt{2\pi})^2}\int_{-\infty}^{\infty}\int_{-\infty}^{\infty}\mathrm{e}^{-\mathrm{i}(\omega t+\sigma\tau)}f(t,\tau)\,\mathrm{d}t\mathrm{d}\tau \tag{4-11}$$

$$f(t,\tau) = \frac{1}{(\sqrt{2\pi})^2}\int_{-\infty}^{\infty}\int_{-\infty}^{\infty}\mathrm{e}^{\mathrm{i}(\omega t+\sigma\tau)}F(\omega,\sigma)\,\mathrm{d}\omega\mathrm{d}\sigma \tag{4-12}$$

称函数 $F(\omega,\sigma)$ 与 $f(t,\tau)$ 分别为傅里叶变换的正变换与逆变换．

对于 n 元函数 $f(x_1,\cdots,x_n)$，若它在区域

$$D = \{(x_1,x_2,\cdots,x_n):x_i \in \mathbf{R},i = 1,2,\cdots,n\}$$

内绝对可积，则可运用对变量 x_1，x_2，$\cdots$，x_n 的 n 维傅里叶变换，其正变换与逆变换可记为

$$F(\omega_1,\omega_2,\cdots,\omega_n) = \frac{1}{(\sqrt{2\pi})^n}\int_{-\infty}^{\infty}\int_{-\infty}^{\infty}\cdots\int_{-\infty}^{\infty}\mathrm{e}^{-\mathrm{i}(\omega_1x_1+\omega_2x_2+\cdots+\omega_nx_n)}\cdot$$
$$f(x_1,x_2,\cdots,x_n)\,\mathrm{d}x_1\mathrm{d}x_2\cdots\mathrm{d}x_n \tag{4-13}$$

$$f(x_1,x_2,\cdots,x_n) = \frac{1}{(\sqrt{2\pi})^n}\int_{-\infty}^{\infty}\int_{-\infty}^{\infty}\cdots\int_{-\infty}^{\infty}\mathrm{e}^{-\mathrm{i}(\omega_1x_1+\omega_2x_2+\cdots+\omega_nx_n)}\cdot$$
$$F(\omega_1,\omega_2,\cdots,\omega_n)\,\mathrm{d}\omega_1\mathrm{d}\omega_2\cdots\mathrm{d}\omega_n \tag{4-14}$$

4.3　傅里叶变换的性质

定理 4.1　如果函数 $f(t)$ 是象原函数，有

$$f(t) \to F(\omega) = \frac{1}{\sqrt{2\pi}}\int_{-\infty}^{\infty}\mathrm{e}^{-\mathrm{i}\omega t}f(t)\,\mathrm{d}t$$

则函数 $F(\omega)$ 在 $\omega(\omega\in\mathbf{R})$ 轴上连续，且

$$\lim_{\omega\to\infty}F(\omega) = 0$$

证明从略．

性质 1　（线性性质）如果 $f_1(t)\to F_1(\omega)$，$f_2(t)\to F_2(\omega)$，α_1，$\alpha_2\in\mathbf{R}$，则

$$\alpha_1 f_1(t) + \alpha_2 f_2(t) \to \alpha_1 F_1(\omega) + \alpha_2 F_2(\omega)$$

这个性质的证明可由积分的线性性质直接得出．

性质 2　（共轭性质）若 $f(t)\to F(\omega)$，则

$$f(-t) \to \overline{F(\omega)}$$

证　根据定义，有

$$f(-t) \to \frac{1}{\sqrt{2\pi}}\int_{-\infty}^{\infty}\mathrm{e}^{-\mathrm{i}\omega t}f(-t)\,\mathrm{d}t$$

做变量代换

$$-t = u,\mathrm{d}t = -\mathrm{d}u$$

则

$$f(-t) \to \frac{1}{\sqrt{2\pi}}\int_{-\infty}^{\infty}\mathrm{e}^{\mathrm{i}\omega u}f(u)\,\mathrm{d}u = \overline{F(\omega)}$$

性质 3　（象原函数的位移性质）若 $f(t)\to F(\omega)$ 且 $t_0\in\mathbf{R}$，则

$$f(t\pm t_0) \to \mathrm{e}^{\pm\mathrm{i}t_0\omega}F(\omega)$$

证 由式(4-1)得

$$f(t \pm t_0) \to \frac{1}{\sqrt{2\pi}} \int_{-\infty}^{\infty} e^{-i\omega t} f(t \pm t_0) dt$$

做变量代换

$$t \pm t_0 = u, dt = du$$

得

$$f(t \pm t_0) \to \frac{1}{\sqrt{2\pi}} \int_{-\infty}^{\infty} e^{-i\omega(u \mp t_0)} f(u) du$$

$$= e^{\pm i t_0 \omega} \frac{1}{\sqrt{2\pi}} \int_{-\infty}^{\infty} e^{-i\omega u} f(u) du = e^{\pm i t_0 \omega} F(\omega)$$

性质 4 （象函数的位移性质）若 $f(t) \to F(\omega)$ 且 $\omega_0 \in \mathbf{R}$，则

$$f(t) e^{\pm i\omega_0 t} \to F(\omega \mp \omega_0)$$

证 由式(4-1)得

$$f(t) e^{\pm i\omega_0 t} \to \frac{1}{\sqrt{2\pi}} \int_{-\infty}^{\infty} e^{-i\omega t} f(t) e^{\pm i\omega_0 t} dt$$

$$= \frac{1}{\sqrt{2\pi}} \int_{-\infty}^{\infty} e^{-i(\omega \mp \omega_0) t} f(t) dt = F(\omega \mp \omega_0)$$

性质 5 （相似性质）若 $f(t) \to F(\omega)$ 且 $\alpha \in \mathbf{R}$，则

$$f(\alpha t) \to \frac{1}{\alpha} F\left(\frac{\omega}{\alpha}\right)$$

证 由式(4-1)得

$$f(\alpha t) \to \frac{1}{\sqrt{2\pi}} \int_{-\infty}^{\infty} e^{-i\omega t} f(\alpha t) dt$$

做变量代换 $\alpha t = u$，$t = \dfrac{u}{\alpha}$，$dt = \dfrac{1}{\alpha} du$，得

$$f(\alpha t) \to \frac{1}{\alpha} \cdot \frac{1}{\sqrt{2\pi}} \int_{-\infty}^{\infty} e^{-i\frac{\omega}{\alpha} u} f(u) du = \frac{1}{\alpha} F\left(\frac{\omega}{\alpha}\right)$$

性质 6 （象原函数的微分法）若 $f(t) \to F(\omega)$ 且函数 $f^{(k)}(t) (k = 1, 2, \cdots, n)$ 绝对可积，则

$$f'(t) \to i\omega F(\omega), f''(t) \to (i\omega)^2 F(\omega), \cdots, f^{(n)}(t) \to (i\omega)^n F(\omega)$$

证 根据条件，函数 $f(t)$ 与 $f'(t)$ 对所有的 $t \in \mathbf{R}$ 绝对可积且 $f'(t)$ 连续或分段连续，则函数 $f(t)$ 可记作

$$f(t) = f(0) + \int_0^t f'(\tau) d\tau \tag{4-15}$$

因 $f'(t)$ 是象原函数，故 $\int_{-\infty}^{\infty} |f'(t)| dt$ 收敛，因而积分 $\int_{-\infty}^{\infty} f'(t) dt$ 收敛，这意味着极限 $\lim\limits_{t \to \pm\infty} \int_0^t f'(\tau) d\tau$ 存在，下面证明 $\lim\limits_{t \to \infty} f(t) = 0$.

假若 $\lim\limits_{t \to \infty} |f(t)| = A \neq 0$，则由极限定义知：$\forall \varepsilon > 0$，$\varepsilon < A$，$\exists t_0 > 0$：$\forall t > t_0 \to ||f(t)| - A| < \varepsilon$，由此得 $|f(t)| > A - \varepsilon$，从而

$$\int_{t_0}^{t} |f(t)| \, \mathrm{d}t > (A - \varepsilon)(t - t_0), \ t \to \infty,$$

由此得出与条件

$$\int_{-\infty}^{\infty} |f(t)| \, \mathrm{d}t < \infty$$

矛盾，因而 $\lim\limits_{t \to \infty} f(t) = 0$，类似可证 $\lim\limits_{t \to -\infty} f(t) = 0$，因此由 $\int_{-\infty}^{\infty} |f(t)| \, \mathrm{d}t < \infty$ 得出

$$\lim_{t \to \infty} f(t) = 0 \ 或 f(\pm \infty) = 0.$$

对

$$f'(t) \to \frac{1}{\sqrt{2\pi}} \int_{-\infty}^{\infty} e^{-\mathrm{i}\omega t} f'(t) \, \mathrm{d}t$$

分部积分并考虑到 $f(\pm \infty) = 0$ 得

$$f'(t) \to \frac{1}{\sqrt{2\pi}} e^{-\mathrm{i}\omega t} f(t) \Big|_{-\infty}^{\infty} - \frac{1}{\sqrt{2\pi}} \int_{-\infty}^{\infty} e^{-\mathrm{i}\omega t} (-\mathrm{i}\omega) f(t) \, \mathrm{d}t$$

$$= \mathrm{i}\omega \frac{1}{\sqrt{2\pi}} \int_{-\infty}^{\infty} e^{-\mathrm{i}\omega t} f(t) \, \mathrm{d}t = \mathrm{i}\omega F(\omega)$$

由于根据条件

$$\int_{-\infty}^{\infty} |f^{(k)}(t)| \, \mathrm{d}t < \infty$$

得 $f^{(k)}(\pm \infty) = 0 (k = 1, 2, \cdots, n)$，故分部积分得

$$f''(t) \to (\mathrm{i}\omega)^2 F(\omega), f'''(t) \to (\mathrm{i}\omega)^3 F(\omega), \cdots, f^{(n)}(t) \to (\mathrm{i}\omega)^n F(\omega)$$

由于 $f^{(n)}(t) \to F_n(\omega) = (\mathrm{i}\omega)^n F(\omega)$，故有

$$|F(\omega)| = \frac{|F_n(\omega)|}{|\omega|^n}$$

由于 $F(\omega) \to 0$ 与 $F_n(\omega) \to 0$，$\omega \to \infty$，故在 $\omega = \infty$ 的邻域内函数 $F(\omega)$ 是较无穷小 $\frac{1}{|\omega|^n}$ 的高阶无穷小。因此，象原函数 $f(t)$ 的导数的阶数越大，它的象函数 $F(\omega)$ 递减（随 $\omega \to \infty$）得越快。

性质 7（象原函数的积分法）如果

$$f(t) \to F(\omega) \quad 且 \quad \int_{-\infty}^{\infty} f(t) \, \mathrm{d}t = 0$$

则

$$\int_{-\infty}^{t} f(\tau) \, \mathrm{d}\tau \to \frac{F(\omega)}{\mathrm{i}\omega}$$

证 由定义得

$$\int_{-\infty}^{t} f(\tau) \, \mathrm{d}\tau \to \frac{1}{\sqrt{2\pi}} \int_{-\infty}^{\infty} e^{-\mathrm{i}\omega t} \Big(\int_{-\infty}^{t} f(\tau) \, \mathrm{d}\tau \Big) \mathrm{d}t$$

分部积分 $\Big(\int_{-\infty}^{t} f(\tau) \, \mathrm{d}\tau = u, e^{-\mathrm{i}\omega t} \mathrm{d}t = \mathrm{d}v \Big)$，得

$$\int_{-\infty}^{t} f(\tau) \, \mathrm{d}\tau \to \frac{1}{\sqrt{2\pi}} \Big(-\frac{1}{\mathrm{i}\omega} e^{-\mathrm{i}\omega t} \int_{-\infty}^{t} f(\tau) \, \mathrm{d}\tau \Big|_{-\infty}^{\infty} + \frac{1}{\mathrm{i}\omega} \int_{-\infty}^{\infty} e^{-\mathrm{i}\omega t} f(t) \, \mathrm{d}t \Big)$$

$$= \frac{1}{\sqrt{2\pi}} \cdot \frac{1}{\mathrm{i}\omega} \int_{-\infty}^{\infty} e^{-\mathrm{i}\omega t} f(t) \, \mathrm{d}t$$

或

$$\int_{-\infty}^{t} f(\tau)\,\mathrm{d}\tau \rightarrow \frac{F(\omega)}{\mathrm{i}\,\omega}$$

性质 8　（象函数的微分法）若 $f(t) \rightarrow F(\omega)$ 且函数 $tf(t)$，$t^2f(t)$，$\cdots$，$t^nf(t)$ 在整个 t 轴上绝对可积，则

$$F^{(n)}(\omega) \rightarrow (-\mathrm{i}\,t)^n f(t)$$

证　由积分 $\displaystyle\int_{-\infty}^{\infty} |t^k f(t)|\,\mathrm{d}t\,(k = 0,1,2,\cdots,n)$ 的收敛性得知积分 $\displaystyle\int_{-\infty}^{\infty} \mathrm{e}^{-\mathrm{i}\,\omega t} t^k f(t)\,\mathrm{d}t$ 对参数 ω 一致收敛，所以

$$F^{(k)}(\omega) = \left(\frac{1}{\sqrt{2\pi}}\int_{-\infty}^{\infty} \mathrm{e}^{-\mathrm{i}\,\omega t} f(t)\,\mathrm{d}t\right)^{(k)} = \frac{1}{\sqrt{2\pi}}\int_{-\infty}^{\infty} (\mathrm{e}^{-\mathrm{i}\,\omega t} f(t))^{(k)}\,\mathrm{d}t$$

$$= \frac{1}{\sqrt{2\pi}}\int_{-\infty}^{\infty} \mathrm{e}^{-\mathrm{i}\,\omega t}(-\mathrm{i}\,t)^k f(t)\,\mathrm{d}t \quad (k = 0,1,2,\cdots,n) \tag{4-16}$$

根据积分式(4-16)的一致收敛性得出，函数 $F^{(k)}(\omega)$ 在 ω 轴上连续，而由函数 $t^k f(t)$ 绝对可积知

$$\lim_{\omega \to \infty} F^{(k)}(\omega) = 0 \quad (k = 0,1,2,\cdots,n)$$

因而，有

$$F^{(n)}(\omega) \rightarrow (-\mathrm{i}\,t)^n f(t)$$

由象原函数与象函数的微分法性质得出：①象原函数的导数的阶数越高，它的象函数在 $\omega = \infty$ 邻域内趋近于零越快；②象原函数在 $t = \infty$ 的邻域内递减得越快，则存在它的象函数的导数的阶数越高．

性质 9　（李雅普诺夫等式）若 $f(t) \rightarrow F(\omega)$ 且 $\varphi(t) \rightarrow \Phi(\omega)$，则

$$\int_{-\infty}^{\infty} f(t)\varphi(t)\,\mathrm{d}t = \int_{-\infty}^{\infty} F(\omega)\,\overline{\Phi(\omega)}\,\mathrm{d}\omega$$

或

$$\int_{-\infty}^{\infty} f(t)\varphi(t)\,\mathrm{d}t = \int_{-\infty}^{\infty} \Phi(\omega)\,\overline{F(\omega)}\,\mathrm{d}\omega$$

证　由式(4-2)得

$$\int_{-\infty}^{\infty} f(t)\varphi(t)\,\mathrm{d}t = \int_{-\infty}^{\infty} f(t)\left(\frac{1}{\sqrt{2\pi}}\int_{-\infty}^{\infty} \mathrm{e}^{\mathrm{i}\,\omega t}\Phi(\omega)\,\mathrm{d}\omega\right)\mathrm{d}t$$

$$= \int_{-\infty}^{\infty} \Phi(\omega)\,\mathrm{d}\omega\left(\frac{1}{\sqrt{2\pi}}\int_{-\infty}^{\infty} \mathrm{e}^{\mathrm{i}\,\omega t} f(t)\,\mathrm{d}t\right)$$

由此得李雅普诺夫等式

$$\int_{-\infty}^{\infty} f(t)\varphi(t)\,\mathrm{d}t = \int_{-\infty}^{\infty} \Phi(\omega)\,\overline{F(\omega)}\,\mathrm{d}\omega$$

类似地，有

$$\int_{-\infty}^{\infty} f(t)\varphi(t)\,\mathrm{d}t = \int_{-\infty}^{\infty} \varphi(t)\left(\frac{1}{\sqrt{2\pi}}\int_{-\infty}^{\infty} \mathrm{e}^{\mathrm{i}\,\omega t} F(\omega)\,\mathrm{d}\omega\right)\mathrm{d}t$$

$$= \int_{-\infty}^{\infty} F(\omega)\,\mathrm{d}\omega\left(\frac{1}{\sqrt{2\pi}}\int_{-\infty}^{\infty} \mathrm{e}^{\mathrm{i}\,\omega t}\varphi(t)\,\mathrm{d}t\right)$$

从而得

$$\int_{-\infty}^{\infty} f(t)\varphi(t)\mathrm{d}t = \int_{-\infty}^{\infty} F(\omega)\,\overline{\Phi(\omega)}\,\mathrm{d}\omega$$

性质 10 （巴尔塞瓦（Parseval）等式）在李雅普诺夫等式中，设 $f(t) = \varphi(t)$，则

$$F(p) = \Phi(p)\ \text{且}\ \overline{F(p)} = \overline{\Phi(p)}$$

证 有

$$\int_{-\infty}^{\infty} f^2(t)\mathrm{d}t = \int_{-\infty}^{\infty} |F(\omega)|^2 \mathrm{d}\omega$$

$$\int_{-\infty}^{\infty} f^2(t)\mathrm{d}t = \int_{-\infty}^{\infty} F(\omega)\,\overline{F(\omega)}\,\mathrm{d}\omega$$

由此考虑到

$$|F(\omega)| = \left(F(\omega)\overline{F(\omega)}\right)^{\frac{1}{2}}$$

从而得巴尔塞瓦等式

$$\int_{-\infty}^{\infty} f^2(t)\mathrm{d}t = \int_{-\infty}^{\infty} |F(\omega)|^2 \mathrm{d}\omega$$

定义 4-1 称函数

$$\frac{1}{\sqrt{2\pi}} \int_{-\infty}^{\infty} f(\tau)\varphi(t-\tau)\mathrm{d}\tau = f(t)*\varphi(t)$$

为函数 $f(t)$ 与 $\varphi(t)(t\in\mathbf{R})$ 的卷积.

性质 11 （象函数的乘法）如果 $f(t)\to F(\omega)$ 且 $\varphi(t)\to\Phi(\omega)$，则

$$f(t)*\varphi(t) \to F(\omega)\Phi(\omega)$$

证 按卷积的定义有

$$f(t)*\varphi(t) = \frac{1}{\sqrt{2\pi}} \int_{-\infty}^{\infty} f(\tau)\varphi(t-\tau)\mathrm{d}\tau$$

利用象函数的共轭性质与象原函数的位移性质，得

$$\varphi(-\tau) \to \overline{\Phi(\omega)}$$
$$\varphi(t-\tau) \to \mathrm{e}^{-\mathrm{i}\omega t}\,\overline{\Phi(\omega)}$$

由李雅普诺夫等式得

$$\frac{1}{\sqrt{2\pi}} \int_{-\infty}^{\infty} f(\tau)\varphi(t-\tau)\mathrm{d}\tau = \frac{1}{\sqrt{2\pi}} \int_{-\infty}^{\infty} F(\omega)\,\overline{\mathrm{e}^{-\mathrm{i}\omega t}\,\overline{\Phi(\omega)}}\,\mathrm{d}\omega$$

由此考虑到

$$\overline{\mathrm{e}^{-\mathrm{i}\omega t}\,\overline{\Phi(\omega)}} = \mathrm{e}^{\mathrm{i}\omega t}\Phi(\omega)$$

得

$$f(t)*\varphi(t) = \frac{1}{\sqrt{2\pi}} \int_{-\infty}^{\infty} F(\omega)\mathrm{e}^{\mathrm{i}\omega t}\Phi(\omega)\mathrm{d}\omega$$

或

$$f(t)*\varphi(t) \to F(\omega)\Phi(\omega)$$

性质 12 （象原函数的乘法）若 $F(\omega)\to f(t)$ 且 $\Phi(\omega)\to\varphi(t)$，则

$$F(\omega)*\Phi(\omega)\to f(t)\varphi(t)$$

证 有 $\Phi(\omega)\to\varphi(t)$，利用象函数的位移性质 $\Phi(\omega+q)\to\mathrm{e}^{-\mathrm{i}qt}\varphi(t)$ 与对于函数 $F(\omega)$ 与 $\Phi(\omega+q)$ 的李雅普诺夫等式得

$$\int_{-\infty}^{\infty} F(\omega)\,\overline{\Phi(\omega+q)}\,\mathrm{d}\omega = \int_{-\infty}^{\infty} \mathrm{e}^{-\mathrm{i}qt}f(t)\varphi(t)\mathrm{d}t$$

由此考虑到 $\overline{\Phi(\omega+q)} = \Phi(-\omega+q)$，并乘以 $\dfrac{1}{\sqrt{2\pi}}$，得

$$\frac{1}{\sqrt{2\pi}} \int_{-\infty}^{\infty} F(\omega) \Phi(q-\omega)\mathrm{d}\omega = \frac{1}{\sqrt{2\pi}} \int_{-\infty}^{\infty} \mathrm{e}^{-\mathrm{i}\,qt} f(t)\varphi(t)\mathrm{d}t$$

上面得到的等式的左端由定义知是卷积 $F(\omega)*\Phi(\omega)$，因而

$$F(\omega)*\Phi(\omega) = \frac{1}{\sqrt{2\pi}} \int_{-\infty}^{\infty} \mathrm{e}^{-\mathrm{i}\,qt} f(t)\varphi(t)\mathrm{d}t$$

或

$$F(\omega)*\Phi(\omega) \to f(t)\varphi(t)$$

说明 傅里叶变换与拉普拉斯变换的联系：当 $L(p)$ 在虚轴右侧与虚轴上没有奇点时，利用代换 $p=\mathrm{i}\,\omega$ 可将拉普拉斯变换 $L(p) \to f(t)$ 化为傅里叶变换 $F(\omega)=L(\mathrm{i}\,\omega) \to f(t)$

$$\left(p = s + \mathrm{i}\,\omega; \lim_{\substack{p\to\infty \\ s\to 0}} L(p) = \lim_{\omega\to\infty} F(\omega)\right)$$

例 4-3 求下列函数的傅里叶变换：

1. $f(t) = \begin{cases} \mathrm{e}^{-\alpha t} & t \geqslant 0 \\ 0 & t < 0 \end{cases}$

解 当 $f(t)=\mathrm{e}^{-\alpha t}$，即 $t \geqslant 0$ 时，$f(t) \to L(p)=\dfrac{1}{p+\alpha}$，$\operatorname{Re}\alpha>0$，$L(p)$ 有极点 $p=-\alpha$，而在虚轴及其右侧是解析的，所以

$$F(\omega) = \frac{1}{\mathrm{i}\,\omega+\alpha} = \frac{\alpha}{\omega^2+\alpha^2} - \mathrm{i}\,\frac{\omega}{\omega^2+\alpha^2}$$

当 $f(t)=0$，即 $t<0$ 时，$\operatorname{Re} F(\omega)=F_c(\omega)$ 且 $\operatorname{Re} \mathrm{i}F(\omega)=F_s(\omega)$，即

$$F_c(\omega) = \frac{\alpha}{\omega^2+\alpha^2}, \quad F_s(\omega) = \frac{\omega}{\omega^2+\alpha^2}$$

2. $f(t) = \mathrm{e}^{-t^2}$

解 由拉普拉斯变换知

$$\mathrm{e}^{-t^2} \to L(p) = \frac{\sqrt{\pi}}{2}\,\mathrm{e}^{\frac{p^2}{4}}\left(1 - \operatorname{erf}\frac{p}{2}\right)$$

$L(p)$ 在 p 平面上没有奇点，则 $f(t)=\mathrm{e}^{-t^2}$ 有傅里叶变换

$$f(t) \to F(\omega) = L_1(\mathrm{i}\,\omega) + L_2(-\mathrm{i}\,\omega)$$

即

$$\mathrm{e}^{-t^2} \to F(\omega) = \frac{\sqrt{\pi}}{2}\,\mathrm{e}^{-\frac{\omega^2}{4}}\left(1 - \operatorname{erf}\frac{\mathrm{i}\,\omega}{2}\right) + \frac{\sqrt{\pi}}{2}\,\mathrm{e}^{-\frac{\omega^2}{4}}\left(1 - \operatorname{erf}\left(-\frac{\mathrm{i}\,\omega}{2}\right)\right) = \sqrt{\pi}\,\mathrm{e}^{-\frac{\omega^2}{4}}$$

需指出

$$\mathrm{e}^{-\frac{t^2}{2}} \to \sqrt{2\pi}\,\mathrm{e}^{-\frac{\omega^2}{2}}$$

3. $f(t) = \sin \alpha t$

解
$$f(t) \to L(p) = \frac{\alpha}{p^2+\alpha^2}$$

由于 $L(p)$ 在虚轴上有极点 $\pm \mathrm{i}\,\alpha$，所以函数 $\sin \alpha t$ 不是傅里叶变换的象原函数，它在 $(0, +\infty)$ 上不绝对可积.

4. $f(t) = e^{\beta t}\sin \alpha t,\ \alpha > 0,\ \beta > 0$

解
$$f(t) \to L(p) = \frac{\alpha}{(p-\beta)^2 + \alpha^2}$$

由于 $L(p)$ 的极点 $p = \beta \pm \alpha\,\mathrm{i}$ 位于虚轴的右侧，因而，$f(t)$ 不是傅里叶变换的象原函数.

5. 求由函数 $f(t) = e^{-at}(a > 0,\ t \geqslant 0)$ 在 t 轴上延拓而成的奇函数与偶函数的傅里叶变换.

解 （1）设 $f(t) = f(-t)$（图 4.1），则利用傅里叶余弦变换得

$$e^{-at} \to F_c(\omega) = \sqrt{\frac{2}{\pi}}\int_0^\infty e^{-at}\cos \omega t\, \mathrm{d}t$$

$$= \sqrt{\frac{2}{\pi}}\frac{e^{-at}}{a^2 + \omega^2}(-a\cos \omega t + \omega\sin \omega t)\ \Big|_0^\infty = \sqrt{\frac{2}{\pi}}\frac{a}{a^2 + \omega^2}$$

则

$$e^{-at} = \sqrt{\frac{2}{\pi}}\int_0^\infty F_c(\omega)\cos \omega t\, \mathrm{d}\omega$$

$$= \sqrt{\frac{2}{\pi}}\int_0^\infty \sqrt{\frac{2}{\pi}}\frac{a}{a^2 + \omega^2}\cos \omega t\, \mathrm{d}\omega$$

由此得

$$\int_0^\infty \frac{\cos \omega t}{a^2 + \omega^2}\, \mathrm{d}\omega = \frac{\pi}{2a}\, e^{-at}\ (a > 0, t \geqslant 0) \tag{4-17}$$

（2）设 $f(-t) = -f(t)$（图 4.2），则利用傅里叶正弦变换得

$$e^{-at} \to F_s(\omega) = \sqrt{\frac{2}{\pi}}\int_0^\infty e^{-at}\sin \omega t\, \mathrm{d}t$$

$$= \sqrt{\frac{2}{\pi}}\frac{e^{-at}}{a^2 + \omega^2}(-a\sin \omega t - \omega\cos \omega t)\ \Big|_0^\infty$$

$$= \sqrt{\frac{2}{\pi}}\frac{\omega}{a^2 + \omega^2}$$

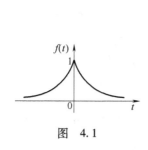

图 4.1

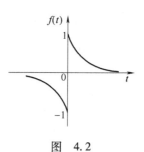

图 4.2

则

$$e^{-at} = \sqrt{\frac{2}{\pi}}\int_0^\infty F_s(\omega)\sin \omega t\, \mathrm{d}\omega$$

$$= \sqrt{\frac{2}{\pi}}\int_0^\infty \sqrt{\frac{2}{\pi}}\frac{\omega}{a^2 + \omega^2}\sin \omega t\, \mathrm{d}\omega$$

由此得

$$\int_0^\infty \frac{\omega \sin \omega t}{a^2 + \omega^2} \, \mathrm{d}\omega = \frac{\pi}{2} \mathrm{e}^{-at} \, (a > 0, t > 0) \tag{4-18}$$

称式(4-17)与式(4-18)为拉普拉斯积分.

6. 求函数 $f(t) = t^{-\alpha} (0 < \alpha < 1)$ 的傅里叶变换的象函数.

解　首先有

$$F_c(\omega) = \sqrt{\frac{2}{\pi}} \int_0^\infty t^{-\alpha} \cos \omega t \, \mathrm{d}t$$

下面用积分表示函数 $t^{-\alpha}$，在 $\Gamma(\alpha) = \int_0^\infty \mathrm{e}^{-t} t^{\alpha-1} \mathrm{d}t$ 中做变量代换 $t = u\tau$，$\mathrm{d}t = u \mathrm{d}\tau$，得

$$\Gamma(\alpha) = \int_0^\infty \mathrm{e}^{-u\tau} (u\tau)^{\alpha-1} u \mathrm{d}\tau = u^\alpha \int_0^\infty \mathrm{e}^{-u\tau} \tau^{\alpha-1} \mathrm{d}\tau$$

由此得

$$t^{-\alpha} = \frac{1}{\Gamma(\alpha)} \int_0^\infty \mathrm{e}^{-t\tau} \tau^{\alpha-1} \mathrm{d}\tau$$

因而有

$$F_c(\omega) = \sqrt{\frac{2}{\pi}} \frac{1}{\Gamma(\alpha)} \int_0^\infty \int_0^\infty \tau^{\alpha-1} \mathrm{e}^{-t\tau} \cos \omega t \, \mathrm{d}t \mathrm{d}\tau$$

$$= \sqrt{\frac{2}{\pi}} \frac{1}{\Gamma(\alpha)} \int_0^\infty \tau^{\alpha-1} \mathrm{d}\tau \int_0^\infty \mathrm{e}^{-t\tau} \cos \omega t \, \mathrm{d}t$$

由于

$$\int_0^\infty \mathrm{e}^{-t\tau} \cos \omega t \, \mathrm{d}t = \frac{\mathrm{e}^{-t\tau}}{\tau^2 + \omega^2} (-\tau \cos \omega t + \omega \sin \omega t) \Big|_0^\infty = \frac{\tau}{\tau^2 + \omega^2}$$

故做代换 $\dfrac{\tau}{\omega} = v$，求得

$$F_c(\omega) = \sqrt{\frac{2}{\pi}} \frac{1}{\Gamma(\alpha)} \int_0^\infty \frac{\tau^\alpha}{\tau^2 + \omega^2} \, \mathrm{d}\tau$$

$$= \sqrt{\frac{2}{\pi}} \frac{\omega^{\alpha-1}}{\Gamma(\alpha)} \int_0^\infty \frac{v^\alpha}{1 + v^2} \, \mathrm{d}v$$

为了计算积分，设

$$v^2 = \frac{u}{1-u}, 0 \leqslant u \leqslant 1, v^\alpha = \left(\frac{u}{1-u} \right)^{\frac{\alpha}{2}}$$

$$\mathrm{d}v = \frac{\mathrm{d}u}{2u^{\frac{1}{2}} (1-u)^{\frac{3}{2}}}$$

故有

$$\int_0^\infty \frac{v^\alpha}{1 + v^2} \, \mathrm{d}v = \frac{1}{2} \int_0^1 u^{\frac{\alpha-1}{2}} (1-u)^{-\frac{\alpha+1}{2}} \, \mathrm{d}u$$

这里确定了 B 函数，并可用 Γ 函数表示，即

$$\int_0^1 u^{\frac{\alpha-1}{2}} (1-u)^{-\frac{\alpha+1}{2}} \, \mathrm{d}u = \mathrm{B}\left(\frac{\alpha+1}{2}, 1 - \frac{\alpha+1}{2} \right)$$

$$= \frac{\Gamma\left(\dfrac{\alpha+1}{2} \right) \Gamma\left(1 - \dfrac{\alpha+1}{2} \right)}{\Gamma(1)}$$

根据 Γ 函数性质得

$$\Gamma\left(\frac{\alpha+1}{2}\right)\Gamma\left(1-\frac{\alpha+1}{2}\right) = \frac{\pi}{\sin\frac{\alpha+1}{2}\pi} = \frac{\pi}{\cos\frac{\pi\alpha}{2}}$$

因而

$$\int_0^1 u^{\frac{\alpha-1}{2}}(1-u)^{-\frac{\alpha+1}{2}}\mathrm{d}u = \frac{\pi}{\cos\frac{\pi\alpha}{2}}$$

这样，

$$F_c(\omega) = \sqrt{\frac{\pi}{2}}\,\frac{\omega^{\alpha-1}}{\Gamma(\alpha)\cos\frac{\pi\alpha}{2}}\quad(0<\alpha<1)$$

特别地，当 $\alpha=\frac{1}{2}$ 时，得

$$t^{-\frac{1}{2}} \to F_c(\omega) = \sqrt{\frac{\pi}{2}}\,\frac{\omega^{-\frac{1}{2}}}{\Gamma\left(\frac{1}{2}\right)\cos\frac{\pi}{4}}$$

其中

$$\Gamma\left(\frac{1}{2}\right) = \sqrt{\pi}$$

则

$$f(t) = \frac{1}{\sqrt{t}} \to F_c(\omega) = \frac{1}{\sqrt{\omega}}$$

7. 求函数 $f(t)=\dfrac{1}{\mathrm{e}^{2\pi t}+1}$ 的傅里叶正弦变换.

解
$$F_s(\omega) = \sqrt{\frac{2}{\pi}}\int_0^\infty \frac{1}{\mathrm{e}^{2\pi t}+1}\sin\omega t\,\mathrm{d}t$$

为了计算积分把已知函数 $f(t)$ 展成级数

$$\frac{1}{\mathrm{e}^{2\pi t}+1} = \frac{1}{\mathrm{e}^{2\pi t}}\cdot\frac{1}{1+\dfrac{1}{\mathrm{e}^{2\pi t}}}$$

$$= \frac{1}{\mathrm{e}^{2\pi t}}\sum_{n=0}^\infty (-1)^n \mathrm{e}^{-2\pi tn} = \sum_{n=0}^\infty (-1)^n \mathrm{e}^{-2\pi(n+1)t}$$

则

$$F_s(\omega) = \sqrt{\frac{2}{\pi}}\sum_{n=0}^\infty (-1)^n \int_0^\infty \mathrm{e}^{-2\pi(n+1)t}\sin\omega t\,\mathrm{d}t$$

$$= \sqrt{\frac{2}{\pi}}\sum_{n=0}^\infty (-1)^n \left.\frac{\mathrm{e}^{-2\pi(n+1)t}}{4\pi^2(n+1)^2+\omega^2}\left[-2\pi(n+1)\sin t-\omega\cos\omega t\right]\right|_0^\infty$$

$$= \sqrt{\frac{2}{\pi}}\sum_{n=0}^\infty (-1)^n \frac{\omega}{4\pi^2(n+1)^2+\omega^2}$$

$$= \frac{1}{2\sqrt{2\pi}}\sum_{n=0}^\infty (-1)^n \frac{2\left(\dfrac{\omega}{2}\right)}{\pi^2(n+1)^2+\left(\dfrac{\omega}{2}\right)^2}$$

利用级数

$$\frac{1}{\sin t} = \frac{1}{t} - \sum_{n=0}^{\infty} (-1)^n \frac{2t}{\pi^2(n+1)^2 + t^2}$$

得

$$\sum_{n=0}^{\infty} (-1)^n \frac{2\left(\frac{\omega}{2}\right)}{\pi^2(n+1)^2 + \left(\frac{\omega}{2}\right)^2} = \frac{2}{\omega} - \frac{1}{\sin\frac{\omega}{2}}$$

因而

$$F_s(\omega) = \frac{1}{\sqrt{2\pi}} \left(\frac{1}{\omega} - \frac{1}{2\sin\frac{\omega}{2}} \right)$$

8. 求函数 $f(t) = \dfrac{1 - e^{-\alpha t}}{t}$ $(\alpha \geq 0)$ 的傅里叶余弦变换.

解　有

$$F_c(\omega) = \sqrt{\frac{2}{\pi}} \int_0^{\infty} \frac{1 - e^{-\alpha t}}{t} \cos\omega t \, dt$$

为了便于计算积分把函数 $F_c(\omega)$ 看作含参数 α 的关于变量 ω 的函数, 对它关于 α 求导得

$$\begin{aligned}
\frac{\partial F_c}{\partial \alpha} &= \sqrt{\frac{2}{\pi}} \left(\int_0^{\infty} \frac{1 - e^{-\alpha t}}{t} \cos\omega t \, dt \right)' \\
&= \sqrt{\frac{2}{\pi}} \int_0^{\infty} e^{-\alpha t} \cos\omega t \, dt \\
&= \sqrt{\frac{2}{\pi}} \frac{e^{-\alpha t}}{\alpha^2 + \omega^2} (-\alpha\cos\omega t + \omega\sin\omega t) \Big|_0^{\infty} = \sqrt{\frac{2}{\pi}} \frac{\alpha}{\alpha^2 + \omega^2}
\end{aligned}$$

对函数 $\dfrac{\partial F_c}{\partial \alpha}$ 关于 α 积分, 求得

$$\begin{aligned}
F_c(\omega) &= \sqrt{\frac{2}{\pi}} \int \frac{\alpha}{\alpha^2 + \omega^2} \, d\alpha + c(\omega) \\
&= \frac{1}{\sqrt{2\pi}} \ln(\alpha^2 + \omega^2) + c(\omega)
\end{aligned}$$

由于 $F_c(\omega) \big|_{\alpha=0} = 0$ 且 $f(t) \big|_{\alpha=0} = 0$, 故任意函数 $c(\omega)$ 由等式

$$0 = \sqrt{\frac{2}{\pi}} \ln\omega + c(\omega)$$

确定, 因而

$$F_c(\omega) = \sqrt{\frac{2}{\pi}} \ln\frac{\sqrt{\alpha^2 + \omega^2}}{\omega}$$

9. 求函数 $f(t) = e^{-t^2}$ 的傅里叶余弦变换.

解　有 $F_c(\omega) = \sqrt{\dfrac{2}{\pi}} \displaystyle\int_0^{\infty} e^{-t^2} \cos\omega t \, dt$

对 $F_c(\omega)$ 关于 ω 求导, 得

$$F_c'(\omega) = -\sqrt{\frac{2}{\pi}} \int_0^{\infty} e^{-t^2} \sin\omega t \, dt$$

利用分部积分($u = \sin \omega t$，$-\mathrm{e}^{-t^2} t \, \mathrm{d}t = \mathrm{d}v$)法，求得

$$F_c'(\omega) = \sqrt{\frac{2}{\pi}} \left(\frac{1}{2} \mathrm{e}^{-t^2} \sin \omega t \, \Big|_0^\infty - \frac{\omega}{2} \int_0^\infty \mathrm{e}^{-t^2} \cos \omega t \, \mathrm{d}t \right)$$

$$F_c' = -\frac{\omega}{2} F_c, \quad F_c = c\mathrm{e}^{-\frac{\omega^2}{4}}$$

由于

$$F_c(0) = \sqrt{\frac{2}{\pi}} \int_0^\infty \mathrm{e}^{-t^2} \mathrm{d}t = \frac{1}{\sqrt{2}}$$

故任意常数 $c = \dfrac{1}{\sqrt{2}}$，因而

$$F_c(\omega) = \frac{1}{\sqrt{2}} \mathrm{e}^{-\frac{\omega^2}{4}}$$

4.4　傅里叶变换在数学物理边值问题中的应用

傅里叶积分变换是求解数学物理边值问题的有效方法之一，利用这一方法可把边值问题化为对于未知解函数的象函数的算子方程问题. 求解这样的算子方程问题比求解已知边值问题的方程的解更为简单. 在下面讲述的典型定解问题中，将考虑这样的数学模型，其中的未知函数是在不同的时空区域内给定且具有不同的初始条件与边界条件.

典型定解问题 1

$$u_t(x,t) = a^2 u_{xx}(x,t), D = \{(x,t) : 0 < x < \infty, t > 0\} \tag{1}$$

初始条件

$$u(x,0) = 0 \tag{2}$$

边界条件

$$u(0,t) = u_0 \tag{3}$$

这个定解问题是下述物理问题的数学模型：求在半无限长细杆上温度 $u(x, t)$ 的分布，其初始条件表示细杆的初始温度等于 0，而边界条件表示在细杆端点 $x = 0$ 处温度保持常数 u_0.

由热传导的物理性质知，函数 $u(x, t)$，$u_x(x, t)$，$u_{xx}(x, t)$ 在区域 D 内连续，而 $u(x, t)$，$u_x(x, t)$ 当 $x \to \infty$ 时趋于零.

利用关于 x 的傅里叶正弦变换，来解典型定解问题 1.

解　首先有

$$U(\omega,t) = \sqrt{\frac{2}{\pi}} \int_0^\infty u(x,t) \sin \omega x \, \mathrm{d}x$$

对变换 $u(x, t) \to U(\omega, t)$ 关于 t 求导得

$$u_t(x,t) \to U_t(\omega,t)$$

关于 x 二次求导得

$$u_{xx}(x,t) \to \sqrt{\frac{2}{\pi}} \int_0^\infty u_{xx}(x,t) \sin \omega x \, \mathrm{d}x \tag{4}$$

对变换式(4)两次分部积分且考虑到 $u(\infty, t) = 0$，$u_x(\infty, t) = 0$，$u(0, t) = u_0$ 得

$$u_{xx}(x,t) \rightarrow \sqrt{\frac{2}{\pi}} \left(u_x \sin \omega x \Big|_0^\infty - \omega \int_0^\infty u_x \cos \omega x \, \mathrm{d}x \right)$$

$$= - \omega \sqrt{\frac{2}{\pi}} \left(u(x,t) \cos \omega x \Big|_0^\infty + \omega \int_0^\infty u(x,t) \sin \omega x \, \mathrm{d}x \right)$$

$$= - \omega \sqrt{\frac{2}{\pi}} \left(- u(0,t) + \omega \int_0^\infty u(x,t) \sin \omega x \, \mathrm{d}x \right)$$

由此得

$$u_{xx}(x,t) \rightarrow \sqrt{\frac{2}{\pi}} \omega u_0 - \omega^2 U(\omega,t)$$

因而有

$$U_t(\omega,t) + a^2 \omega^2 U(\omega,t) = \sqrt{\frac{2}{\pi}} a^2 u_0 \omega \tag{5}$$

$$U(\omega,0) = 0 \tag{6}$$

在傅里叶正弦变换空间内，典型定解问题 1 可归结为柯西问题式(5)、式(6)．方程(5)的解为

$$U(\omega,t) = \mathrm{e}^{-\int a^2 \omega^2 \mathrm{d}t} \left(\int a^2 \omega u_0 \sqrt{\frac{2}{\pi}} \mathrm{e}^{\int a^2 \omega^2 \mathrm{d}t} \mathrm{d}t + c(\omega) \right)$$

或

$$U(\omega,t) = \mathrm{e}^{-a^2 \omega^2 t} \left(\frac{u_0}{\omega} \sqrt{\frac{2}{\pi}} \mathrm{e}^{a^2 \omega^2 t} + c(\omega) \right)$$

利用式(6)可求得

$$c(\omega) = - \frac{u_0}{\omega} \sqrt{\frac{2}{\pi}}$$

因而柯西问题式(5)、式(6)的解为

$$U(\omega,t) = \sqrt{\frac{2}{\pi}} \frac{u_0}{\omega} (1 - \mathrm{e}^{-a^2 \omega^2 t})$$

下面利用傅里叶正弦变换的逆变换求问题式(1)～式(3)的解 $u(x,\ t)$：

$$u(x,t) = \sqrt{\frac{2}{\pi}} \int_0^\infty U(\omega,t) \sin \omega x \, \mathrm{d}\omega$$

有

$$u(x,t) = \frac{2}{\pi} u_0 \int_0^\infty (1 - \mathrm{e}^{-a^2 \omega^2 t}) \frac{\sin \omega x}{\omega} \, \mathrm{d}\omega$$

或

$$u(x,t) = u_0 \left(\frac{2}{\pi} \int_0^\infty \frac{\sin \omega x}{\omega} \, \mathrm{d}\omega - \frac{2}{\pi} \int_0^\infty \mathrm{e}^{-a^2 \omega^2 t} \frac{\sin \omega x}{\omega} \, \mathrm{d}\omega \right)$$

由于

$$\int_0^\infty \frac{\sin \omega x}{\omega} \, \mathrm{d}\omega = \frac{\pi}{2}$$

所以

$$u(x,t) = u_0 \left(1 - \frac{2}{\pi} \int_0^\infty \mathrm{e}^{-a^2 \omega^2 t} \frac{\sin \omega x}{\omega} \, \mathrm{d}\omega \right) \tag{7}$$

为了计算这个积分，利用积分

$$\int_0^\infty e^{-a^2\omega^2 t} \cos \omega x \, d\omega = \frac{1}{2}\left(\int_{-\infty}^\infty e^{-a^2\omega^2 t}\cos \omega x \, d\omega + i\int_{-\infty}^\infty e^{-a^2\omega^2 t}\sin \omega x \, d\omega\right)$$

$$= \frac{1}{2}\int_{-\infty}^\infty e^{-a^2\omega^2 t + i\,\omega x}d\omega \tag{8}$$

需指出，完成变换

$$-a^2\omega^2 t + i\,\omega x = -\left(\omega a\sqrt{t} - i\frac{x}{2a\sqrt{t}}\right)^2 - \frac{x^2}{4a^2 t}$$

且做代换

$$\omega a\sqrt{t} - i\frac{x}{2a\sqrt{t}} = \tau, \quad d\omega = \frac{1}{a\sqrt{t}}d\tau$$

得

$$\int_0^\infty e^{-a^2\omega^2 t}\cos \omega x \, d\omega = \frac{1}{2a\sqrt{t}}e^{-\frac{x^2}{4a^2 t}}\int_0^\infty e^{-\tau^2}d\tau$$

或

$$\int_0^\infty e^{-a^2\omega^2 t}\cos \omega x \, d\omega = \frac{\sqrt{\pi}}{2a\sqrt{t}}e^{-\frac{x^2}{4a^2 t}} \tag{9}$$

对式(9)关于 x 积分，得

$$\int_0^\infty e^{-a^2\omega^2 t}\frac{\sin \omega x}{\omega}\, d\omega = \frac{\sqrt{\pi}}{2a\sqrt{t}}\int_0^x e^{-\frac{\xi^2}{4a^2 t}}\, d\xi \tag{10}$$

在式(10)中做代换

$$\frac{\xi}{2a\sqrt{t}} = \eta, \quad d\xi = 2a\sqrt{t}\, d\eta$$

则

$$\int_0^\infty e^{-a^2\omega^2 t}\frac{\sin \omega x}{\omega}\, d\omega = \sqrt{\pi}\int_0^{\frac{x}{2a\sqrt{t}}} e^{-\eta^2}d\eta \tag{11}$$

把式(11)代入式(7)，得所求解

$$u(x,t) = u_0\left(1 - \frac{2}{\sqrt{\pi}}\int_0^{\frac{x}{2a\sqrt{t}}} e^{-\eta^2}d\eta\right)$$

或

$$u(x,t) = u_0\,\mathrm{erf}\frac{x}{2a\sqrt{t}}$$

典型定解问题 2

$$u_{tt}(x,t) = a^2 u_{xx}(x,t), \quad D = \{(x,t): -\infty < x < \infty, t > 0\} \tag{1}$$

初始条件

$$u(x,0) = \varphi(x), \quad u_t(x,0) = \psi(x) \tag{2}$$

解　运用对函数 $u(x,t)$ 关于 x 的傅里叶变换，得

$$u(x,t) \to U(\omega,t) = \frac{1}{\sqrt{2\pi}}\int_{-\infty}^\infty e^{-i\,\omega x}u(x,t)\,dx$$

考虑到 $u(\pm\infty, t) = 0$，$u_x(\pm\infty, t) = 0$，根据象原函数的微分性质得

$$u_{xx} \to -\omega^2 U(\omega,t)$$

对变换 $u(x,t) \to U(\omega,t)$ 关于 t 二次求导，得 $u_{tt}(x,t) \to U_{tt}(\omega,t)$，则方程(1)在象函数

空间有方程

$$U_{tt}(\omega,t) + a^2\omega^2 U(\omega,t) = 0 \tag{3}$$

方程(3)是关于变量 t 的二阶线性齐次方程,它的特征方程为

$$k^2 + a^2\omega^2 = 0$$

它有根 $k_{1,2} = \pm i\, a\omega$,方程(3)的通解可表为

$$U(\omega,t) = c_1(\omega)e^{-i\,a\omega t} + c_2(\omega)e^{i\,a\omega t}$$

其中 $c_1(\omega)$ 与 $c_2(\omega)$ 为任意函数.

利用傅里叶逆变换求得

$$u(x,t) = \frac{1}{\sqrt{2\pi}}\int_{-\infty}^{\infty} e^{i\,\omega x}(c_1(\omega)e^{-i\,a\omega t} + c_2(\omega)e^{i\,a\omega t})\,\mathrm{d}\omega$$

或

$$u(x,t) = \frac{1}{\sqrt{2\pi}}\int_{-\infty}^{\infty} e^{i(x-at)\omega}c_1(\omega)\,\mathrm{d}\omega + \frac{1}{\sqrt{2\pi}}\int_{-\infty}^{\infty} e^{i(x+at)\omega}c_2(\omega)\,\mathrm{d}\omega \tag{4}$$

求 $c_1(\omega)$ 与 $c_2(\omega)$ 的傅里叶逆变换得

$$c_1(\omega) \rightarrow A(x) = \frac{1}{\sqrt{2\pi}}\int_{-\infty}^{\infty} e^{i\,\omega x}c_1(\omega)\,\mathrm{d}\omega$$

$$c_1(\omega) \rightarrow B(x) = \frac{1}{\sqrt{2\pi}}\int_{-\infty}^{\infty} e^{i\,\omega x}c_2(\omega)\,\mathrm{d}\omega$$

其中 $A(x)$ 与 $B(x)$ 是傅里叶变换象原函数空间中的任意函数,所以由式(4)得到方程(1)的通积分

$$u(x,t) = A(x - at) + B(x + at) \tag{5}$$

对式(5)关于 t 求导,得

$$u_t(x,t) = -aA_t(x - at) + aB_t(x + at) \tag{6}$$

利用初始条件(2)与等式(5)、等式(6)得到关于未知函数 $A(x)$ 与 $B(x)$ 的方程组:

$$\begin{cases} A(x) + B(x) = \varphi(x) \\ -A(x) + B(x) = \dfrac{1}{a}\displaystyle\int_0^x \psi(\tau)\,\mathrm{d}\tau \end{cases}$$

由此得

$$A(x) = \frac{1}{2}\varphi(x) - \frac{1}{2a}\int_0^x \psi(\tau)\,\mathrm{d}\tau$$

$$B(x) = \frac{1}{2}\varphi(x) + \frac{1}{2a}\int_0^x \psi(\tau)\,\mathrm{d}\tau$$

从而有

$$A(x - at) = \frac{1}{2}\varphi(x - at) - \frac{1}{2a}\int_0^{x-at} \psi(\tau)\,\mathrm{d}\tau \tag{7}$$

$$B(x + at) = \frac{1}{2}\varphi(x + at) + \frac{1}{2a}\int_0^{x+at} \psi(\tau)\,\mathrm{d}\tau \tag{8}$$

把式(7)、式(8)代入式(5),得到典型定解问题2的形如达朗贝尔公式的解:

$$u(x,t) = \frac{\varphi(x - at) + \varphi(x + at)}{2} + \frac{1}{2a}\int_{x-at}^{x+at}\psi(\tau)\mathrm{d}\tau$$

典型定解问题 3

$$u_{tt}(x,t) = a^2 u_{xx}(x,t) + f(x,t)$$
$$D = \{(x,t): -\infty < x < \infty, t > 0\} \tag{1}$$

初始条件

$$u(x,0) = 0, \quad u_t(x,0) = 0 \tag{2}$$

解 函数 $u(x, t)$ 关于变量 x 满足傅里叶变换 $u(x, t)\rightarrow U(\omega, t)$ 的条件，有

$$f(x,t) \rightarrow F(\omega,t), \quad u(x,0) \rightarrow U(\omega,0), \quad u_t(x,0) \rightarrow U_t(\omega,0)$$

对变换 $u(x, t)\rightarrow U(\omega, t)$ 关于 t 二次求导，得 $u_{tt}(x, t)\rightarrow U_{tt}(\omega, t)$，根据象原函数的微分性质，并考虑条件 $u(\pm\infty, t) = 0$ 与 $u_x(\pm\infty, t) = 0$ 可求得

$$u_{xx}(x,t) \rightarrow -\omega^2 U(\omega,t)$$

则问题式(1)、式(2)在象函数空间有

$$U_{tt}(\omega,t) + a^2\omega^2 U(\omega,t) = F(\omega,t) \tag{3}$$
$$U(\omega,0) = 0, \quad U_t(\omega,0) = 0 \tag{4}$$

方程(3)是关于自变量 t 的线性非齐次二阶方程，它的通解为

$$U(\omega,t) = \overline{U}(\omega,t) + U^*(\omega,t) \tag{5}$$

对应的齐次方程的通解为

$$\overline{U}(\omega,t) = c_1(\omega)\mathrm{e}^{-\mathrm{i}\,a\omega t} + c_2(\omega)\mathrm{e}^{\mathrm{i}\,a\omega t} \tag{6}$$

方程(3)的特解为

$$U^*(\omega,t) = c_1(\omega,t)\mathrm{e}^{-\mathrm{i}\,a\omega t} + c_2(\omega,t)\mathrm{e}^{\mathrm{i}\,a\omega t}$$

根据常数变易法，可由下述方程组求得任意函数 $c_1(\omega, t)$ 与 $c_2(\omega, t)$：

$$\begin{cases} c_{1t}(\omega,t)\mathrm{e}^{-\mathrm{i}\,a\omega t} + c_{2t}(\omega,t)\mathrm{e}^{\mathrm{i}\,a\omega t} = 0 \\ -c_{1t}(\omega,t)\mathrm{e}^{-\mathrm{i}\,a\omega t} + c_{2t}(\omega,t)\mathrm{e}^{\mathrm{i}\,a\omega t} = -\frac{\mathrm{i}}{a\omega}F(\omega,t) \end{cases}$$

由此得

$$c_1(\omega,t) = \frac{\mathrm{i}}{2a\omega}\int_0^t \mathrm{e}^{\mathrm{i}\,a\omega\tau}F(\omega,\tau)\mathrm{d}\tau$$

$$c_2(\omega,t) = -\frac{\mathrm{i}}{2a\omega}\int_0^t \mathrm{e}^{-\mathrm{i}\,a\omega\tau}F(\omega,\tau)\mathrm{d}\tau$$

从而特解

$$U^*(\omega,t) = \frac{\mathrm{i}}{2a\omega}\int_0^t \mathrm{e}^{-\mathrm{i}\,a\omega(t-\tau)}F(\omega,\tau)\mathrm{d}\tau - \frac{\mathrm{i}}{2a\omega}\int_0^t \mathrm{e}^{\mathrm{i}\,a\omega(t-\tau)}F(\omega,\tau)\mathrm{d}\tau$$

则

$$U^*(\omega,t) = \frac{1}{a\omega}\int_0^t \sin a\omega(t - \tau)F(\omega,\tau)\mathrm{d}\tau \tag{7}$$

把式(6)与式(7)代入式(5)中，得方程(3)的通解

$$U(\omega,t) = c_1(\omega)\mathrm{e}^{-\mathrm{i}\,a\omega t} + c_2(\omega)\mathrm{e}^{\mathrm{i}\,a\omega t} + \frac{1}{a\omega}\int_0^t \sin a\omega(t - \tau)F(\omega,\tau)\mathrm{d}\tau \tag{8}$$

由此可把问题式(3)、式(4)的通解表为

$$U(\omega,t) = \frac{1}{a\omega}\int_0^t \sin a\omega(t-\tau)F(\omega,\tau)\mathrm{d}\tau \tag{9}$$

再利用傅里叶变换的逆变换，得

$$u(x,t) = \frac{1}{\sqrt{2\pi}}\int_{-\infty}^{\infty} \mathrm{e}^{\mathrm{i}\omega x}\left(\frac{1}{a\omega}\int_0^t \sin a\omega(t-\tau)F(\omega,\tau)\right)\mathrm{d}\omega\mathrm{d}\tau \tag{10}$$

或

$$u(x,t) = \frac{1}{2a}\frac{1}{\sqrt{2\pi}}\int_0^t \mathrm{d}\tau\int_{-\infty}^{\infty}\frac{1}{\mathrm{i}\omega}(\mathrm{e}^{\mathrm{i}\omega(x+a(t-\tau))} - \mathrm{e}^{\mathrm{i}\omega(x-a(t-\tau))})F(\omega,\tau)\mathrm{d}\omega \tag{11}$$

考虑积分

$$\int_{x-a(t-\tau)}^{x+a(t-\tau)} \mathrm{e}^{\mathrm{i}\omega\xi}\mathrm{d}\xi = \frac{1}{\mathrm{i}\omega}\mathrm{e}^{\mathrm{i}\omega\xi}\Big|_{x-a(t-\tau)}^{x+a(t-\tau)} = \frac{1}{\omega\mathrm{i}}(\mathrm{e}^{\mathrm{i}\omega(x+a(t-\tau))} - \mathrm{e}^{\mathrm{i}\omega(x-a(t-\tau))}) \tag{12}$$

把式（12）代入式（11）得

$$u(x,t) = \frac{1}{2a}\int_0^t \mathrm{d}\tau\int_{x-a(t-\tau)}^{x+a(t-\tau)}\mathrm{d}\xi\left(\frac{1}{\sqrt{2\pi}}\int_{-\infty}^{\infty}\mathrm{e}^{\mathrm{i}\omega\xi}F(\omega,\tau)\mathrm{d}\omega\right) \tag{13}$$

由于

$$F(\omega,\tau) \to f(\xi,\tau) = \frac{1}{\sqrt{2\pi}}\int_{-\infty}^{\infty}\mathrm{e}^{\mathrm{i}\omega\xi}F(\omega,\tau)\mathrm{d}\omega$$

故问题式（1）、式（2）的解

$$u(x,t) = \frac{1}{2a}\int_0^t \mathrm{d}\tau\int_{x-a(t-\tau)}^{x+a(t-\tau)}f(\xi,\tau)\mathrm{d}\xi$$

典型定解问题 4

$$u_t(x,t) = a^2 u_{xx}(x,t), D = \{(x,t): -\infty < x < \infty, t > 0\} \tag{1}$$

初始条件
$$u(x,0) = \varphi(x) \tag{2}$$

解　对函数 $u(x,t)$ 关于变量 x 运用傅里叶变换 $u(x,t) \to U(\omega,t)$，利用象原函数的微分性质，且考虑到条件 $u(\pm\infty,t) = 0$，$u_x(\pm\infty,t) = 0$ 得
$u_{xx}(x,t) \to -\omega^2 U(\omega,t)$
并有

$$u_t(x,t) \to U_t(\omega,t) \quad \text{且} \quad u(x,0) = \varphi(x) \to \Phi(\omega)$$

在傅里叶变换空间中问题式（1）、式（2）化为
$$U_t(\omega,t) + a^2\omega^2 U(\omega,t) = 0 \tag{3}$$
$$U(\omega,0) = \Phi(\omega) \tag{4}$$

方程（3）有通解
$$U(\omega,t) = c_1(\omega)\mathrm{e}^{-a^2\omega^2 t}$$

任意函数 $c_1(\omega)$ 由初始条件（4）确定 $c_1(\omega) = \Phi(\omega)$，从而
$$U(\omega,t) = \Phi(\omega)\mathrm{e}^{-a^2\omega^2 t}$$

运用傅里叶逆变换得

$$u(x,t) = \frac{1}{\sqrt{2\pi}}\int_{-\infty}^{\infty}\mathrm{e}^{\mathrm{i}\omega x}\Phi(\omega)\mathrm{e}^{-a^2\omega^2 t}\mathrm{d}\omega$$

利用

$$\Phi(\omega) = \frac{1}{\sqrt{2\pi}}\int_{-\infty}^{\infty}\mathrm{e}^{-\mathrm{i}\omega x}\varphi(x)\mathrm{d}x$$

得

$$u(x,t) = \frac{1}{\sqrt{2\pi}}\int_{-\infty}^{\infty} e^{-a^2\omega^2 t} e^{i\,\omega x}\left(\frac{1}{\sqrt{2\pi}}\int_{-\infty}^{\infty} e^{-i\,\omega\xi}\varphi(\xi)\,d\xi\right)d\omega$$

或

$$u(x,t) = \frac{1}{2\pi}\int_{-\infty}^{\infty}\varphi(\xi)\,d\xi\int_{-\infty}^{\infty} e^{-a^2\omega^2 t} e^{i\,\omega(x-\xi)}\,d\omega$$

由于

$$\int_{-\infty}^{\infty} e^{-a^2\omega^2 t}\sin\omega(\xi-x)\,d\omega = 0$$

故有

$$u(x,t) = \frac{1}{\pi}\int_{-\infty}^{\infty}\varphi(\xi)\,d\xi\int_{0}^{\infty} e^{-a^2\omega^2 t}\cos\omega(\xi-x)\,d\omega$$

注意到

$$\int_{0}^{\infty} e^{-a^2\omega^2 t}\cos\omega(\xi-x)\,d\omega = \frac{\sqrt{\pi}}{2a\sqrt{t}}\,e^{-\frac{(x-\xi)^2}{4a^2 t}}$$

因而问题式(1)、式(2)的解

$$u(x,t) = \frac{1}{2a\sqrt{\pi t}}\int_{-\infty}^{\infty} e^{-\frac{(x-\xi)^2}{4a^2 t}}\varphi(\xi)\,d\xi$$

习　题

1. 求下列函数的傅里叶变换的象函数.

$(1)\ f(t) = \begin{cases} e^{-t} & t \geqslant 0 \\ 0 & t < 0 \end{cases}$
　
$(2)\ f(t) = \begin{cases} \dfrac{t}{2} & |t| \leqslant 1 \\ \dfrac{1}{2} & 1 < |t| \leqslant 2 \end{cases}$

$(3)\ f(t) = t e^{-|t|}$
　
$(4)\ f(t) = e^{-|t|}\cos t$

$(5)\ f(t) = e^{-at^2},\ a > 0$
　
$(6)\ f(t) = e^{-a|t|},\ a > 0$

$(7)\ f(t) = \mathrm{sgn}(t-a) - \mathrm{sgn}(t-b),\ b > a$
　
$(8)\ f(t) = \begin{cases} \mathrm{sgn}(t) & |t| \leqslant 1 \\ 0 & |t| > 1 \end{cases}$

$(9)\ f(t) = \begin{cases} 1-t^2 & t^2 < 1 \\ 0 & t^2 \geqslant 1 \end{cases}$
　
$(10)\ f(t) = \begin{cases} 0 & t < 0 \\ e^{-t}\sin 2t & t \geqslant 0 \end{cases}$

2. 求下列函数的有限傅里叶余弦变换的象函数 $F_c(\omega)$.

$(1)\ f(t) = a^{-t},\ t \geqslant 0,\ a > 0$
　
$(2)\ f(t) = \begin{cases} 4t-1 & 0 \leqslant t \leqslant \dfrac{1}{4} \\ 0 & t > \dfrac{1}{4} \end{cases}$

$(3)\ f(t) = \begin{cases} 1 & 0 \leqslant t < a \\ \dfrac{1}{2} & t = a \\ 0 & t > a \end{cases}$
　
$(4)\ f(t) = e^{-t^2}$

$(5)\ f(t) = \dfrac{1}{a^2+t^2}$
　
$(6)\ f(t) = e^{-a|t|}\cos bt,\ a > 0$

3. 求下列函数的傅里叶正弦变换的象函数 $F_s(\omega)$.

$(1) f(t) = t^{-a}, 0 < a < 1$

$(2) f(t) = \begin{cases} 1 & 0 \leqslant t < a \\ \dfrac{1}{2} & t = a \\ 0 & t > a \end{cases}$

$(3) f(t) = \dfrac{e^{-t}}{t}$

$(4) f(t) = te^{-t^2}$

$(5) f(t) = \dfrac{1}{e^{2\pi t} + 1}$

$(6) f(t) = \dfrac{t}{a^2 + t^2}$

$(7) f(t) = \dfrac{1}{t(a^2 + t^2)}$

$(8) f(t) = \dfrac{1}{t(a^2 + t^2)^2}$

4. 用傅里叶变换法求解下列边值问题.

$(1) u_{xx} = a^2 u_{xx}, D = \{(x, t): x \geqslant 0, y \geqslant 0\}$

初始条件

$$u(x, 0) = 0, u_t(x, 0) = 0$$

边界条件

$$u(0, t) = \sin \omega t$$

$(2) u_{xx} + u_{yy} = 0, D = \{(x, y): x \geqslant 0, 0 \leqslant y \leqslant a\}$

边界条件

$$u_x(0, y) = 0, u_y(x, 0) = u_0, u_y(x, a) = 0$$

$(3) u_{xx} + u_{yy} = 0, D = \{(x, y): x \geqslant 0, y \geqslant 0\}$

边界条件

$$u(x, 0) = 0, u_x(0, y) = \begin{cases} -\dfrac{q}{k} & 0 \leqslant y \leqslant b \\ 0 & y > b \end{cases}$$

$(4) u_{tt} = a^2 u_{xx} + xt, D = \{(x, t): t \geqslant 0, x \in \mathbf{R}\}$

初始条件

$$u(x, 0) = 0, u_t(x, 0) = 0$$

5. 利用拉普拉斯变换求解下列定期问题.

$(1) \dfrac{\partial^2 u}{\partial t^2} = a^2 \dfrac{\partial^2 u}{\partial x^2}, 0 \leqslant x \leqslant l, t > 0$

$$u(x, 0) = A \sin \dfrac{\pi x}{l}, \dfrac{\partial u(x, 0)}{\partial t} = 0$$

$$u(0, t) = u(l, t) = 0$$

$(2) \dfrac{\partial^2 u}{\partial t^2} = a^2 \dfrac{\partial^2 u}{\partial x^2}, 0 \leqslant x \leqslant l, t > 0$

$$u(x, 0) = A \cos \dfrac{n\pi x}{l}, \dfrac{\partial u(x, 0)}{\partial t} = 0$$

$$\dfrac{\partial u(0, t)}{\partial x} = \dfrac{\partial u(l, t)}{\partial x} = 0$$

$(3) \dfrac{\partial^2 u}{\partial t^2} = a^2 \dfrac{\partial^2 u}{\partial x^2}, x \in [0, l], t > 0$

$$u(x, 0) = 0, \dfrac{\partial u(x, 0)}{\partial t} = B \sin \dfrac{n\pi x}{l} \quad u(0, t) = u(l, t) = 0$$

$(4) \dfrac{\partial u}{\partial t} = a^2 \dfrac{\partial^2 u}{\partial x^2}, 0 < x < \infty, t > 0$

$$u(x, 0) = 0, u(0, t) = u_0$$

(5) $\dfrac{\partial u}{\partial t} = a^2 \dfrac{\partial^2 u}{\partial x^2}, 0 \leqslant x \leqslant l, t > 0$

$$u(x,0) = A\sin\frac{n\pi x}{l}$$

$$u(0,t) = u(l,t) = 0$$

(6) $\dfrac{\partial u}{\partial t} = a^2 \dfrac{\partial^2 u}{\partial x^2}, 0 \leqslant x \leqslant h, t > 0$

$$u(x,0) = 0$$

$$u(0,t) = 0, u(h,t) = u_0$$

附 录

附录 I 双向拉普拉斯变换用表

原 象 函 数	象 函 数
$\eta(t)$	$\dfrac{1}{p}$
$\eta(t-t_0)$	$\dfrac{1}{p}\mathrm{e}^{-t_0 p}$
$\mathrm{e}^{\alpha t}$	$\dfrac{1}{p-\alpha}$
t^{α}	$\dfrac{\Gamma(\alpha+1)}{p^{\alpha+1}}\ (\alpha>-1)$
t^n	$\dfrac{n!}{p^{n+1}}$
$\dfrac{t^n}{n!}\mathrm{e}^{\alpha t}$	$\dfrac{1}{(p-\alpha)^{n+1}}$
$\dfrac{1}{\sqrt{\pi t}}$	$\dfrac{1}{\sqrt{p}}$
$\sin\alpha t$	$\dfrac{\alpha}{p^2+\alpha^2}$
$\cos\alpha t$	$\dfrac{p}{p^2+\alpha^2}$
$\mathrm{sh}\,\alpha t$	$\dfrac{\alpha}{p^2-\alpha^2}$
$\mathrm{ch}\,\alpha t$	$\dfrac{p}{p^2-\alpha^2}$
$\sin^2\alpha t$	$\dfrac{2\alpha^2}{p(p^2+4\alpha^2)}$
$\cos^2\alpha t$	$\dfrac{p^2+2\alpha^2}{p(p^2+4\alpha^2)}$
$\mathrm{sh}^2\alpha t$	$\dfrac{2\alpha^2}{p(p^2-4\alpha^2)}$
$\mathrm{ch}^2\alpha t$	$\dfrac{p^2-2\alpha^2}{p(p^2-4\alpha^2)}$
$\sin\alpha t\cos\beta t$	$\dfrac{\alpha(p^2+\alpha^2-\beta^2)}{(p^2+(\alpha-\beta)^2)(p^2+(\alpha+\beta)^2)}$
$\mathrm{sh}\,\alpha t\,\mathrm{ch}\,\beta t$	$\dfrac{\alpha(p^2-\alpha^2+\beta^2)}{(p^2-(\alpha-\beta)^2)(p^2-(\alpha+\beta)^2)}$
$\cos\alpha t\cos\beta t$	$\dfrac{p(p^2+\alpha^2+\beta^2)}{(p^2+(\alpha-\beta)^2)(p^2+(\alpha+\beta)^2)}$

（续）

原 象 函 数	象 函 数
$\operatorname{ch}\alpha t\operatorname{ch}\beta t$	$\dfrac{p(p^2-\alpha^2-\beta^2)}{(p^2-(\alpha-\beta)^2)(p^2-(\alpha+\beta)^2)}$
$\sin\alpha t\sin\beta t$	$\dfrac{2\alpha\beta p}{(p^2+(\alpha-\beta)^2)(p^2+(\alpha+\beta)^2)}$
$\sin\alpha t\operatorname{ch}\beta t$	$\dfrac{\alpha(p^2+\alpha^2+\beta^2)}{(p^2+\alpha^2-\beta^2)^2+4\alpha^2\beta^2}$
$\operatorname{sh}\alpha t\operatorname{sh}\beta t$	$\dfrac{2\alpha\beta p}{(p^2-(\alpha-\beta)^2)(p^2-(\alpha+\beta)^2)}$
$\cos\alpha t\operatorname{sh}\beta t$	$\dfrac{\beta(p^2-\alpha^2-\beta^2)}{(p^2-\alpha^2-\beta^2)^2+4\alpha^2\beta^2}$
$\cos\alpha t\operatorname{ch}\beta t$	$\dfrac{p(p^2+\alpha^2-\beta^2)}{(p^2+\alpha^2-\beta^2)^2+4\alpha^2\beta^2}$
$\sin\alpha t\operatorname{sh}\beta t$	$\dfrac{2\alpha\beta p}{(p^2+\alpha^2-\beta^2)^2+4\alpha^2\beta^2}$
$\sin(\omega t-\varphi_0)$	$\mathrm{e}^{\frac{-\varphi_0}{\omega}p}\dfrac{\omega}{p^2+\omega^2}$
$\cos(\omega t-\varphi_0)$	$\mathrm{e}^{\frac{-\varphi_0}{\omega}p}\dfrac{p}{p^2+\omega^2}$
$\operatorname{sh}(\omega t-\varphi_0)$	$\mathrm{e}^{\frac{-\varphi_0}{\omega}p}\dfrac{\omega}{p^2-\omega^2}$
$\operatorname{ch}(\omega t-\varphi_0)$	$\mathrm{e}^{\frac{-\varphi_0}{\omega}p}\dfrac{p}{p^2-\omega^2}$
$\sin t\,\eta(\sin t)$	$\dfrac{1}{p^2+1}\cdot\dfrac{1}{1-\mathrm{e}^{-\pi p}}$
$|\sin\alpha t|$	$\dfrac{\alpha}{p^2+\alpha^2}\operatorname{cth}\dfrac{p\pi}{2\alpha}$
$\dfrac{\sin t}{|\sin t|}$	$\dfrac{1}{p}\operatorname{th}\dfrac{p\pi}{2}$
$\mathrm{e}^{-\alpha t}\sin\omega t$	$\dfrac{\omega}{(p+\alpha)^2+\omega^2}$
$\mathrm{e}^{-\alpha t}\cos\omega t$	$\dfrac{p+\alpha}{(p+\alpha)^2+\omega^2}$
$\mathrm{e}^{-\alpha t}\operatorname{sh}\omega t$	$\dfrac{\omega}{(p+\alpha)^2-\omega^2}$
$\mathrm{e}^{-\alpha t}\operatorname{ch}\omega t$	$\dfrac{p+\alpha}{(p+\alpha)^2-\omega^2}$
$\dfrac{t^n}{n!}\sin\alpha t$	$\dfrac{1}{2\mathrm{i}}\cdot\dfrac{(p+\alpha\mathrm{i})^{n+1}-(p-\alpha\mathrm{i})^{n+1}}{(p^2+\alpha^2)^{n+1}}$
$\dfrac{t^n}{n!}\operatorname{sh}\alpha t$	$\dfrac{(p+\alpha)^{n+1}-(p-\alpha)^{n+1}}{2(p^2-\alpha^2)^{n+1}}$
$\dfrac{t^n}{n!}\cos\alpha t$	$\dfrac{1}{2}\cdot\dfrac{(p+\alpha)^{n+1}+(p-\alpha)^{n+1}}{(p^2+\alpha^2)^{n+1}}$
$\dfrac{t^n}{n!}\operatorname{ch}\alpha t$	$\dfrac{1}{2}\cdot\dfrac{(p+\alpha)^{n+1}-(p-\alpha)^{n+1}}{(p^2-\alpha^2)^{n+1}}$

（续）

原 象 函 数	象 函 数
$S(t) = \int_0^t \dfrac{\sin u}{\sqrt{2\pi u}}\,\mathrm{d}u$	$\dfrac{\sqrt{\sqrt{p^2+1}-p}}{2p\sqrt{p^2+1}}$
$C(t) = \int_0^t \dfrac{\cos u}{\sqrt{2\pi u}}\,\mathrm{d}u$	$\dfrac{\sqrt{\sqrt{p^2+1}+p}}{2p\sqrt{p^2+1}}$
$\mathrm{si}(t) = \int_0^t \dfrac{\sin \tau}{\tau}\,\mathrm{d}\tau$	$\dfrac{1}{p}\,\mathrm{arccot}\,\dfrac{1}{p}$
$\mathrm{si}(t) = -\int_t^\infty \dfrac{\sin u}{u}\,\mathrm{d}u$	$-\dfrac{1}{p}\,\mathrm{arccot}\,p$
$\mathrm{shi}(t) = \int_0^t \dfrac{\mathrm{sh}\,u}{u}\,\mathrm{d}u$	$\dfrac{1}{2}\ln\dfrac{p+1}{p-1}$
$\mathrm{Ci}(t) = \ln(\gamma t) + \int_0^t \dfrac{\cos u - 1}{u}\,\mathrm{d}u$	$\dfrac{1}{p}\ln\dfrac{1}{\sqrt{p^2+1}}$
$\mathrm{chi}(t) = \ln(\gamma t) + \int_0^t \dfrac{\mathrm{ch}\,u - 1}{u}\,\mathrm{d}u$	$\dfrac{1}{p}\ln\dfrac{1}{\sqrt{p^2-1}}$
$\ln t$	$-\dfrac{1}{p}\ln(\gamma\rho)$
$\mathrm{Ei}(-t) = -\int_t^\infty \dfrac{\mathrm{e}^{-u}}{u}\,\mathrm{d}u$	$-\dfrac{1}{p}\ln(p+1)$
$\mathrm{Ei}(t) = -\int_t^\infty \dfrac{\mathrm{e}^{u}}{u}\,\mathrm{d}u$	$-\dfrac{1}{p}\ln(p-1)$
$\mathrm{li}(\mathrm{e}^t) = \ln(\gamma t) + \int_0^t \dfrac{\mathrm{e}^u - 1}{u}\,\mathrm{d}u = \mathrm{Ei}(t)$	$-\dfrac{1}{p}\ln(p-1)$
$\mathrm{li}(\mathrm{e}^{-t}) = \mathrm{Ei}(-t)$	$-\dfrac{1}{p}\ln(p+1)$
$\mathrm{erf}\sqrt{t}$	$\dfrac{1}{p\sqrt{p+1}}$
$\mathrm{Erf}\sqrt{t} = 1 - \mathrm{erf}\sqrt{t}$	$\dfrac{1}{p+1+\sqrt{p+1}}$
e^{-t^3}	$\dfrac{\sqrt{\pi}}{2}\,\mathrm{e}^{\frac{p^2}{4}}\,\mathrm{Erf}\,\dfrac{p}{2}$
$\mathrm{erf}t = \dfrac{2}{\sqrt{11}}\int_0^t \mathrm{e}^{-S^2}\,\mathrm{d}S$	$\dfrac{1}{p}\,\mathrm{e}^{\frac{p^2}{4}}\,\mathrm{Erf}\,\dfrac{p}{2}$
$\dfrac{\mathrm{e}^{-\alpha\sqrt{t}}}{\sqrt{t}}$	$\dfrac{\mathrm{e}^{-\frac{\alpha^2}{4p}}}{\sqrt{\pi p}}$
$\mathrm{e}^{-\alpha\sqrt{t}}$	$\dfrac{\alpha}{2\sqrt{\pi p^3}}\,\mathrm{e}^{-\frac{\alpha^3}{4p}}$
$\dfrac{1}{p}\mathrm{e}^{-\alpha\sqrt{t}}$	$\mathrm{Erf}\,\dfrac{\alpha}{2\sqrt{p}}$
$\sin 2\sqrt{t}$	$\dfrac{1}{p}\sqrt{\dfrac{\pi}{p}}\,\mathrm{e}^{-\frac{1}{p}}$

（续）

原 象 函 数	象 函 数
$\dfrac{\cos 2\sqrt{t}}{\sqrt{\pi t}}$	$\dfrac{1}{\sqrt{p}}\,e^{-\frac{1}{p}}$
$J_n(t)$	$\dfrac{(\sqrt{p^2+1}-p)^n}{\sqrt{p^2+1}}$
$t^{\frac{n}{2}}J_n(2\sqrt{t})$	$\dfrac{1}{p^{n+1}}e^{-\frac{1}{p}}$
$\mathrm{ber}\,t$	$\sqrt{\dfrac{\sqrt{p^4+1}+p^2}{2(p^4+1)}}$
$\mathrm{bei}\,t$	$\sqrt{\dfrac{\sqrt{p^4+1}-p^2}{2(p^4+1)}}$
$\mathrm{ber}\,2\sqrt{t}$	$\dfrac{1}{p}\cos\dfrac{1}{p}$
$\mathrm{bei}\,2\sqrt{t}$	$\dfrac{1}{p}\sin\dfrac{1}{p}$
$L_n(t)$	$\dfrac{n!}{p}\left(1-\dfrac{1}{p}\right)^n$
$\delta(t)$	1
$\delta'(t)$	p
$\delta^{(n)}(t)$	p^n
$\delta(t-\tau)$	$e^{-p\tau}$
$\delta'(t-\tau)$	$pe^{-p\tau}$
$\delta^{(n)}(t-\tau)$	$p^n e^{-p\tau}$
$\eta_n=1$	$\dfrac{e^p}{e^p-1}$
$(-1)^n$	$\dfrac{e^p}{e^p+1}$
$e^{\alpha n}$	$\dfrac{e^p}{e^p-e^{\alpha}}$

注：$\mathrm{ber}_n t = \mathrm{Re}J_n\ (\mathrm{i}\sqrt{\mathrm{i}t})$，$\mathrm{bei}_n t = \mathrm{Im}J_n\ (\mathrm{i}\sqrt{\mathrm{i}t})$

其中
$$J_n(t) = \sum_{k=0}^{\infty}(-1)^k\frac{1}{k!(n+k)!}\left(\frac{t}{2}\right)^{n+2k}\ (n\in\mathbf{N})$$

称为 n 阶汤姆孙（1824～1907）函数. 汤姆孙是英国物理学家、数学家. 记 ber 与 bei 分别称贝赛尔实部与贝赛尔虚部，称 ber t 与 bei t 为零阶汤姆孙函数.

记
$$\mathrm{ber}\,t = \sum_{k=0}^{+\infty}\frac{(-1)^k}{2^{4k}((2k)!)^2}\cdot\left(\frac{t}{2}\right)^{4k}$$
$$\mathrm{bei}\,t = \sum_{k=0}^{+\infty}\frac{(-1)^k}{2^{4k+1}((2k+1)!)^2}\cdot\left(\frac{t}{2}\right)^{4k+2}$$

附录 Ⅱ　双向离散的拉普拉斯变换用表

原　象　函　数	象　函　数
$a^{\alpha n}$	$\dfrac{e^p}{e^p - a^\alpha}$
$\sin \alpha n$	$\dfrac{e^p \sin \alpha}{e^{2p} - 2e^p \cos \alpha + 1}$
$\mathrm{sh}\ \alpha n$	$\dfrac{e^p \mathrm{sh}\ \alpha}{e^{2p} - 2e^p \mathrm{ch}\ \alpha + 1}$
$\cos \alpha n$	$\dfrac{e^p (e^p - \cos \alpha)}{e^{2p} - 2e^p \cos \alpha + 1}$
$\mathrm{ch}\ \alpha n$	$\dfrac{e^p (e^p - \mathrm{ch}\ \alpha)}{e^{2p} - 2e^p \mathrm{ch}\ \alpha + 1}$
$e^{\pm p_0 n} \sin \alpha n$	$\dfrac{e^p e^{\pm p_0} \sin \alpha}{e^{2p} - 2e^p e^{\pm p_0} \cos \alpha + e^{\pm 2p_0}}$
$e^{\pm p_0 n} \mathrm{sh}\ \alpha n$	$\dfrac{e^p e^{\pm p_0} \mathrm{sh}\ \alpha}{e^{2p} - 2e^p e^{\pm p_0} \mathrm{ch}\ \alpha + e^{\pm 2p_0}}$
$e^{\pm p_0 n} \cos \alpha n$	$\dfrac{e^p (e^p - e^{\pm p_0} \cos \alpha)}{e^{2p} - 2e^p e^{\pm p_0} \cos \alpha + e^{\pm 2p_0}}$
$e^{\pm p_0 n} \mathrm{ch}\ \alpha n$	$\dfrac{e^p (e^p - e^{\pm p_0} \mathrm{ch}\ \alpha)}{e^{2p} - 2e^p e^{\pm p_0} \mathrm{ch}\ \alpha + e^{\pm 2p_0}}$
$n^{(m)}$	$\dfrac{m!\ e^p}{(e^p - 1)^{m+1}}$
n	$\dfrac{e^p}{(e^p - 1)^2}$
n^2	$\dfrac{e^p (e^p + 1)}{(e^p - 1)^3}$
n^3	$\dfrac{e^p}{(e^p - 1)^4} (e^{2p} + 4e^p + 1)$
n^4	$\dfrac{e^p}{(e^p - 1)^5} (e^{3p} + 11e^{2p} + 11e^p + 1)$

部分习题参考答案

第 1 章

习 题 1

1. (1) 1　(2) $5\sqrt{26}$　(3) $\dfrac{5\sqrt{5}}{2}$　(4) $-\dfrac{\pi}{6}$

2. (1) $\dfrac{\sqrt{2}}{2}+\dfrac{\sqrt{2}}{2}\mathrm{i}$, $-\dfrac{\sqrt{2}}{2}-\dfrac{\sqrt{2}}{2}\mathrm{i}$　(2) $\dfrac{1}{2}+\dfrac{\sqrt{3}}{2}\mathrm{i}$, $-\dfrac{1}{2}-\dfrac{\sqrt{3}}{2}\mathrm{i}$

(3) 3, $-\dfrac{3}{2}+\dfrac{3\sqrt{3}}{2}\mathrm{i}$, $-\dfrac{3}{2}-\dfrac{3\sqrt{3}}{2}\mathrm{i}$

(4) $2\left(\cos\dfrac{4}{9}\pi+\mathrm{i}\sin\dfrac{4}{9}\pi\right)$, $2\left(\cos\dfrac{10}{9}\pi+\mathrm{i}\sin\dfrac{10}{9}\pi\right)$, $2\left(\cos\dfrac{16}{9}\pi+\mathrm{i}\sin\dfrac{16}{9}\pi\right)$

(5) $\sqrt{2}+\sqrt{2}\mathrm{i}$, $-\sqrt{2}+\sqrt{2}\mathrm{i}$, $-\sqrt{2}-\sqrt{2}\mathrm{i}$, $\sqrt{2}-\sqrt{2}\mathrm{i}$

(6) $2^{\frac{1}{8}}\left(\cos\dfrac{\dfrac{\pi}{4}+2k\pi}{4}+\mathrm{i}\sin\dfrac{\dfrac{\pi}{4}+2k\pi}{4}\right)(k=0,1,2,3)$

3. $\cos(19\theta)+\mathrm{i}\sin(19\theta)$, $\mathrm{e}^{\mathrm{i}19\theta}$

4. $z_1=2-i$, $z_2=1-i$

习 题 3

1. (1) 不存在　(2) 0　(3) $-\dfrac{1}{2}$　(4) $\dfrac{3}{2}$

习 题 4

1. (1) 处处不可导　(2) 仅在 0 处可导　(3) 处处解析

(4) 仅在 0 处可导,处处不解析　(5) 仅在 0 处可导　(6) 仅在 0 处可导

2. (1) $f(z)=z^2+z$　(2) $f(z)=z^3+1$　(3) $f(z)=z\mathrm{e}^z$　(4) $f(z)=\mathrm{e}^z+\mathrm{e}^{-z}$

(5) $f(z)=\dfrac{1}{z}+\mathrm{i}$　(6) $f(z)=z+\mathrm{e}^{\mathrm{i}z}$

习 题 5

1. (1) $\dfrac{14}{15}-\dfrac{\mathrm{i}}{3}$　(2) $2\mathrm{i}\cos 1$　(3) $\ln(1+\sqrt{2})+\dfrac{\sqrt{2}}{2}+\dfrac{\sqrt{2}}{2}\mathrm{i}$　(4) $\dfrac{1}{3}$

(5) $\dfrac{1+\mathrm{i}}{4}(1-\mathrm{e}^2)$　(6) $-2\sqrt{2}\mathrm{i}$　(7) 0　(8) 0

2. (1) $-\dfrac{\pi i}{\sqrt{2}}$ (2) 3   (3) $25\pi i$ (4) $2\pi i$ (5) $\dfrac{\pi i}{4} e^{\frac{-i}{2}}$

习 题 6

1. (1) $3(1-i)$ (2) -1

2. (1) 发散   (2) 收敛   (3) 发散   (4) 发散

3. (1) $R=\dfrac{1}{\sqrt{10}}$ (2) $R=\dfrac{1}{\sqrt{2}}$ (3) $R=1$

4. (1) $\left(3+\dfrac{z^2}{2}\right)\sin z = 3z - \dfrac{7}{5!}z^5 + \cdots,\ R=+\infty$

(2) $\sum\limits_{n=0}^{\infty} \dfrac{z^{2n+1}}{(2n+1)n!}$, $R=+\infty$

(3) $\sqrt{z+i} = \sqrt{i}\left(1 - \dfrac{i}{2}z + \dfrac{1}{8}z^2 + \cdots\right),\ R=1$

(4) $\sum\limits_{n=0}^{\infty}(-1)^{n+1}\dfrac{(z-2)^n}{3^{n+1}} + \sum\limits_{n=0}^{\infty}(-1)^n\dfrac{(z-2)^n}{2\cdot4^n}$, $R=3$

习 题 7

1. (1) $\ln6 + 2k\pi i$ (2) $\dfrac{\sqrt{3}}{2}\mathrm{ch}1 + \dfrac{i}{2}\mathrm{sh}1$ (3) $\dfrac{\sqrt{2}}{2}\mathrm{ch}1 - i\dfrac{\sqrt{2}}{2}\mathrm{sh}1$

(4) $\ln2 + i\left(2k\pi + \dfrac{\pi}{6}\right)$ (5) $e^{8k\pi+3\pi}\left[\cos(2\ln2) + i\sin(2\ln2)\right]$ (6) $-\mathrm{ch}1$

(7) $\dfrac{\sqrt{3}}{2}\mathrm{sh}3 + \dfrac{i}{2}\mathrm{ch}3$ (8) $e^{6k\pi+2\pi}\left[\cos(3\ln2) - i\sin(3\ln2)\right]$ (9) $-i\,\mathrm{ch}1$

(10) $(2k+1)\pi - i\ln(5\pm2\sqrt{6})$ (11) $\left(k+\dfrac{1}{4}\right)\pi - \dfrac{i}{2}\ln2$ (12) $-ie$

2. $z=\begin{cases}2n\pi + i \\ (2n+1)\pi - i\end{cases}$ $(n=0,\pm1,\pm2,\cdots)$

习 题 8

1. 原式 $=\dfrac{1}{z}\left(\dfrac{1}{1-2z} + \dfrac{1}{1+z}\right)$，奇点为 $0,\ \dfrac{1}{2},\ -1$

(1) 当 $0<|z|<\dfrac{1}{2}$ 时，$\sum\limits_{n=0}^{\infty}2^n\cdot z^{n-1} + \sum\limits_{n=0}^{\infty}(-1)^n\cdot z^{n-1}$

(2) 当 $\dfrac{1}{2}<|z|<1$ 时，$\sum\limits_{n=0}^{\infty}(-1)^n\cdot z^{n-1} - \sum\limits_{n=0}^{\infty}\left(\dfrac{1}{2}\right)^{n+1}\cdot z^{-n-2}$

(3) 当 $1<|z|<+\infty$ 时，$\sum\limits_{n=0}^{\infty}(-1)^n\cdot z^{-n-2} - \sum\limits_{n=0}^{\infty}\left(\dfrac{1}{2}\right)^{n+1}\cdot z^{-n-2}$

2. 原式 $=\dfrac{1}{z^2}\left(\dfrac{2}{z+2} - \dfrac{1}{z-1}\right)$，奇点为 $0,\ 1,\ -2$

(1) 当 $0<|z|<1$ 时，$\sum\limits_{n=0}^{\infty}z^{n-2} + \sum\limits_{n=0}^{\infty}(-1)^n\left(\dfrac{1}{2}\right)^n\cdot z^{n-2}$

(2) 当 $1 < |z| < 2$ 时，$-\sum_{n=0}^{\infty} z^{-n-3} + \sum_{n=0}^{\infty} (-1)^n \left(\frac{1}{2}\right)^n \cdot z^{n-2}$

(3) 当 $2 < |z| < +\infty$ 时，$-\sum_{n=0}^{\infty} z^{-n-3} + \sum_{n=0}^{\infty} (-1)^n \cdot 2^{n+1} \cdot z^{-n-3}$

3. 原式 $= \frac{3}{z}\left(\frac{1}{z+3} - \frac{1}{2z-3}\right)$，奇点为 $0, \frac{3}{2}, -3$

(1) 当 $0 < |z| < \frac{3}{2}$ 时，$\sum_{n=0}^{\infty} \left[\left(\frac{2}{3}\right)^n + (-1)^n \cdot \frac{1}{3^n}\right] \cdot z^{n-1}$

(2) 当 $\frac{3}{2} < |z| < 3$ 时，$\sum_{n=0}^{\infty} (-1)^n \cdot \frac{1}{3^n} \cdot z^{n-1} - \sum_{n=0}^{\infty} \left(\frac{3}{2}\right)^{n+1} \cdot z^{-n-2}$

(3) 当 $3 < |z| < +\infty$ 时，$\sum_{n=0}^{\infty} \left[(-1)^n \cdot 3^{n+1} - \left(\frac{3}{2}\right)^{n+1}\right] \cdot z^{-n-2}$

4. 原式 $= \frac{2}{z^2}\left(\frac{2}{z+4} - \frac{1}{z-2}\right)$，奇点为 $0, 2, -4$

(1) 当 $0 < |z| < 2$ 时，$\sum_{n=0}^{\infty} \left[\frac{1}{2^n} + (-1)^n \cdot \frac{1}{4^n}\right] \cdot z^{n-2}$

(2) 当 $2 < |z| < 4$ 时，$\sum_{n=0}^{\infty} (-1)^n \cdot \frac{1}{4^n} \cdot z^{n-2} - \sum_{n=0}^{\infty} 2^{n+1} \cdot z^{-n-3}$

(3) 当 $4 < |z| < +\infty$ 时，$\sum_{n=0}^{\infty} \left[(-1)^n \cdot 4^{n+1} - 2^{n+1}\right] \cdot z^{-n-3}$

5. 原式 $= \frac{5}{z}\left(\frac{1}{z+5} - \frac{1}{2z-5}\right)$，奇点为 $0, \frac{5}{2}, -5$

(1) 当 $0 < |z| < \frac{5}{2}$ 时，$\sum_{n=0}^{\infty} \left[\left(\frac{2}{5}\right)^n + (-1)^n \cdot \frac{1}{5^n}\right] \cdot z^{n-1}$

(2) 当 $\frac{5}{2} < |z| < 5$ 时，$\sum_{n=0}^{\infty} (-1)^n \cdot \frac{1}{5^n} \cdot z^{n-1} - \sum_{n=0}^{\infty} \left(\frac{5}{2}\right)^{n+1} \cdot z^{-n-2}$

(3) 当 $5 < |z| < +\infty$ 时，$\sum_{n=0}^{\infty} \left[(-1)^n \cdot 5^{n+1} - \left(\frac{5}{2}\right)^{n+1}\right] \cdot z^{-n-2}$

6. 原式 $= \frac{3}{z^2}\left(\frac{2}{z+6} - \frac{1}{z-3}\right)$，奇点为 $0, 3, -6$

(1) 当 $0 < |z| < 3$ 时，$\sum_{n=0}^{\infty} \left[\left(\frac{1}{3}\right)^n + (-1)^n \cdot \frac{1}{6^n}\right] \cdot z^{n-2}$

(2) 当 $3 < |z| < 6$ 时，$\sum_{n=0}^{\infty} (-1)^n \cdot \frac{1}{6^n} \cdot z^{n-2} - \sum_{n=0}^{\infty} 3^{n+1} \cdot z^{-n-3}$

(3) 当 $6 < |z| < +\infty$ 时，$\sum_{n=0}^{\infty} (-1)^n \cdot 6^{n+1} \cdot z^{-n-3} - \sum_{n=0}^{\infty} 3^{n+1} \cdot z^{-n-3}$

习 题 9

1. 原式 $= \frac{2}{z-1} - \frac{1}{z}$，奇点为 $0, 1, z_0 = 1 + 2\mathrm{i}$

(1) 当 $|z - 1 - 2\mathrm{i}| < 2$ 时，

$$\sum_{n=0}^{\infty} (-1)^n \left[\frac{2}{(2i)^{n+1}} - \frac{1}{(1+2i)^n} \right] \cdot (z-1-2i)^n$$

(2) 当 $2 < |z-1-2i| < \sqrt{5}$ 时，

$$2 \sum_{n=0}^{\infty} (-1)^n \frac{(2i)^n}{(z-1-2i)^{n+1}} - \sum_{n=0}^{\infty} (-1)^n \frac{(z-1-2i)^n}{(1+2i)^{n+1}}$$

(3) 当 $\sqrt{5} < |z-1-2i| < +\infty$ 时，

$$2 \sum_{n=0}^{\infty} (-1)^n \frac{(2i)^n}{(z-1-2i)^{n+1}} - \sum_{n=0}^{\infty} (-1)^n \frac{(1+2i)^n}{(z-1-2i)^{n+1}}$$

2. 原式 $= \dfrac{2}{z-1} - \dfrac{1}{z}$，奇点为 0，1，$z_0 = 2-3i$

(1) 当 $|z-2+3i| < \sqrt{10}$ 时，

$$2 \sum_{n=0}^{\infty} (-1)^n \frac{(z-1+3i)^n}{(1-3i)^{n+1}} - \sum_{n=0}^{\infty} (-1)^n \frac{(z-2+3i)^n}{(2-3i)^{n+1}}$$

(2) 当 $\sqrt{10} < |z-2+3i| < \sqrt{13}$ 时，

$$2 \sum_{n=0}^{\infty} (-1)^n \frac{(1-3i)^n}{(z-2+3i)^{n+1}} - \sum_{n=0}^{\infty} (-1)^n \frac{(z-2+3i)^n}{(2-3i)^{n+1}}$$

(3) 当 $\sqrt{13} < |z-2+3i| < +\infty$ 时，

$$2 \sum_{n=0}^{\infty} (-1)^n \frac{(1-3i)^n}{(z-2+3i)^{n+1}} - \sum_{n=0}^{\infty} (-1)^n \frac{(2-3i)^n}{(z-2+3i)^{n+1}}$$

3. 原式 $= \dfrac{2}{z-1} - \dfrac{1}{z}$，奇点为 0，1，$z_0 = -3-2i$

(1) 当 $|z+3+2i| < \sqrt{13}$ 时，

$$-2 \sum_{n=0}^{\infty} \frac{(z+2+3i)^n}{(4+2i)^{n+1}} + \sum_{n=0}^{\infty} \frac{(z+2+3i)^n}{(3+2i)^{n+1}}$$

(2) 当 $\sqrt{13} < |z+3+2i| < 2\sqrt{5}$ 时，

$$-2 \sum_{n=0}^{\infty} \frac{(z+2+3i)^n}{(4+2i)^{n+1}} - \sum_{n=0}^{\infty} \frac{(3+2i)^n}{(z+3+3i)^{n+1}}$$

(3) 当 $2\sqrt{5} < |z+3+2i| < +\infty$ 时，

$$\sum_{n=0}^{\infty} \left[2(4+2i)^n - (3+2i)^n \right] \cdot (z+3+2i)^{-n-1}$$

4. 原式 $= \dfrac{2}{z-1} - \dfrac{1}{z}$，奇点为 0，1，$z_0 = -2+i$

(1) 当 $|z+2-i| < \sqrt{5}$ 时，

$$\sum_{n=0}^{\infty} \left[\frac{1}{(2-i)^{n+1}} - \frac{2}{(3-i)^{n+1}} \right] \cdot (z+2-i)^n$$

(2) 当 $\sqrt{5} < |z+2-i| < \sqrt{10}$ 时，

$$-2 \sum_{n=0}^{\infty} \frac{(z+2-i)^n}{(3-i)^{n+1}} - \sum_{n=0}^{\infty} \frac{(2-i)^n}{(z+2-i)^{n+1}}$$

(3) 当 $\sqrt{10} < |z + 2 - i| < +\infty$ 时,

$$2\sum_{n=0}^{\infty} \frac{(3 - i)^n}{(z + 2 - i)^{n+1}} - \sum_{n=0}^{\infty} \frac{(2 - i)^n}{(z + 2 - i)^{n+1}}$$

5. 原式 $= \dfrac{2}{z+1} - \dfrac{1}{z}$, 奇点为 $0, -1, z_0 = 1 + 3i$

(1) 当 $|z - 1 - 3i| < \sqrt{10}$ 时,

$$2\sum_{n=0}^{\infty} (-1)^n \frac{(z - 1 - 3i)^n}{(2 + 3i)^{n+1}} - \sum_{n=0}^{\infty} (-1)^n \cdot \frac{(z - 1 - 3i)^n}{(1 + 3i)^{n+1}}$$

(2) 当 $\sqrt{10} < |z - 1 - 3i| < \sqrt{13}$ 时,

$$2\sum_{n=0}^{\infty} (-1)^n \frac{(z - 1 - 3i)^n}{(2 + 3i)^{n+1}} - \sum_{n=0}^{\infty} (-1)^n \cdot \frac{(1 + 3i)^n}{(z - 1 - 3i)^{n+1}}$$

(3) 当 $\sqrt{13} < |z - 1 - 3i| < +\infty$ 时,

$$\sum_{n=0}^{\infty} \left[2(-1)^n (2 + 3i)^n - (-1)^n \cdot (1 + 3i)^n \right] \cdot (z - 1 - 3i)^{-n-1}$$

6. 原式 $= \dfrac{2}{z+1} - \dfrac{1}{z}$, 奇点为 $0, -1, z_0 = 2 - i$

(1) 当 $|z - 2 + i| < \sqrt{5}$ 时,

$$2\sum_{n=0}^{\infty} (-1)^n \frac{(z - 2 + i)^n}{(3 - i)^{n+1}} - \sum_{n=0}^{\infty} (-1)^n \frac{(z - 2 + 2i)^n}{(2 - i)^{n+1}}$$

(2) 当 $\sqrt{5} < |z - 2 + i| < \sqrt{10}$ 时,

$$2\sum_{n=0}^{\infty} (-1)^n \frac{(z - 2 + i)^n}{(3 - i)^{n+1}} - \sum_{n=0}^{\infty} (-1)^n \frac{(2 - i)^n}{(z - 2 + i)^{n+1}}$$

(3) 当 $\sqrt{10} < |z - 2 + i| < +\infty$ 时,

$$2\sum_{n=0}^{\infty} (-1)^n \frac{(3 - i)^n}{(z - 2 + i)^{n+1}} - \sum_{n=0}^{\infty} (-1)^n \frac{(2 - i)^n}{(z - 2 + i)^{n+1}}$$

7. 原式 $= \dfrac{2}{z+1} - \dfrac{1}{z}$, 奇点为 $0, -1, z_0 = -1 + 2i$

(1) 当 $|z + 1 - 2i| < 2$ 时,

$$\sum_{n=0}^{\infty} \left[\frac{2}{(2i)^{n+1}} + \frac{1}{(1 - 2i)^{n+1}} \right] \cdot (z + 1 - 2i)^n$$

(2) 当 $2 < |z + 1 - 2i| < \sqrt{5}$ 时,

$$2\sum_{n=0}^{\infty} (-1)^n \cdot (2i)^n \cdot (z + 1 - 2i)^{-n-1} + \sum_{n=0}^{\infty} (1 - 2i)^{-n-1} (z + 1 - 2i)^n$$

(3) 当 $\sqrt{5} < |z + 1 - 2i| < +\infty$ 时,

$$\sum_{n=0}^{\infty} \left[2(-1)^n \cdot (2i)^n - (1 - 2i)^n \right] \cdot (z + 1 - 2i)^{-n-1}$$

8. 原式 $= \dfrac{2}{z+1} - \dfrac{1}{z}$, 奇点为 $0, -1, z_0 = -2 - 3i$

(1) 当 $|z + 2 + 3i| < \sqrt{10}$ 时,

$$\sum_{n=0}^{\infty} \left[\frac{1}{(2+3\mathrm{i})^{n+1}} - 2 \cdot \frac{1}{(1+3\mathrm{i})^{n+1}} \right] \cdot (z+2+3\mathrm{i})^n$$

(2) 当 $\sqrt{10} < |z+2+3\mathrm{i}| < \sqrt{13}$ 时,

$$2\sum_{n=0}^{\infty} (1+3\mathrm{i})^n (z+2+3\mathrm{i})^{-n-1} + \sum_{n=0}^{\infty} (2+3\mathrm{i})^{-n-1} \cdot (z+2+3\mathrm{i})^n$$

(3) 当 $\sqrt{13} < |z+2+3\mathrm{i}| < +\infty$ 时,

$$\sum_{n=0}^{\infty} \left[2(1+3\mathrm{i})^n - (2+3\mathrm{i})^n \right] (z+2+3\mathrm{i})^{-n-1}$$

习 题 10

1. $\cdots - \dfrac{1}{(z-2)^2} - \dfrac{1}{2} \cdot \dfrac{1}{z-2} + 2 + (z-2)$

2. $\cdots - \dfrac{1}{2}\sin 1 \cdot \dfrac{1}{(z-1)^2} + \cos 1 \cdot \dfrac{1}{z-1} + \sin 1$

3. $\cdots + \dfrac{75}{2}\mathrm{e} \cdot \dfrac{1}{z-5} + 10\mathrm{e} + \mathrm{e} \cdot (z-5)$

4. $\cdots - 18\sin 2 \cdot \dfrac{1}{(z+2)^2} - 6\cos 2 \cdot \dfrac{1}{z+2} + \sin 2$

5. $\cdots \dfrac{9}{2}\cos 3 \cdot \dfrac{1}{(z-\mathrm{i})^2} - 3\mathrm{i}\sin 3 \cdot \dfrac{1}{z-\mathrm{i}} + \cos 3$

6. $\cdots 50\sin 5 \cdot \dfrac{1}{(z-2\mathrm{i})^2} + 10\mathrm{i}\cos 5 \cdot \dfrac{1}{z-2\mathrm{i}} + \sin 5$

习 题 11

1. 四阶极点　　2. 本性奇点　　3. 三阶极点
4. 本性奇点　　5. 四阶极点　　6. 可去奇点

习 题 12

1. $\dfrac{1}{k\pi}(k = \pm 1,\ \pm 2,\ \cdots)$ 是原函数的一阶极点, 需要注意的是, 0 虽然是奇点, 但它不孤立.

2. $k\pi + \dfrac{1}{2}\pi(k = \pm 1,\ \pm 2,\ \cdots)$ 是 $\dfrac{1}{\cos z}$ 的一阶极点.

3. $k\pi + \dfrac{1}{2}\pi(k = \pm 1,\ \pm 2,\ \cdots)$ 为 $\tan^2 z$ 的二阶极点.

4. $k\pi + \dfrac{1}{2}\pi(k = \pm 1,\ \pm 2,\ \cdots)$ 是一阶极点, 而 0 是本性奇点.

5. 0 是二阶极点, -1 是原函数的二阶极点.

6. $\mathrm{i}, 2\mathrm{i}, -2\mathrm{i}$ 是原函数的一阶极点.

习 题 13

1. $2\pi\mathrm{i}$　　　　　2. $4\pi\mathrm{i}$　　　　　3. $\dfrac{\pi\mathrm{i}}{4}$

4. 2π　　　　　5. $-2\pi\mathrm{i}\mathrm{e}^{\pi}$　　　6. $-4\pi^2\mathrm{i}$

7. $-2\pi^2\mathrm{e}^{\pi}\mathrm{i}$　　8. $4\pi^2(1-\pi)\mathrm{i}$

习 题 14

1. 0

2. $-\dfrac{\pi i}{2}$

3. $4\pi i$

4. 0

5. $-2\pi i$

6. 0

习 题 15

1. $-2\pi i$

2. $-13\pi i$

3. $-4\pi i$

4. 0

习 题 16

1. 2π

2. 2π

3. $\dfrac{2}{5}\sqrt{5}\pi$

4. 7π

5. 2π

6. $\dfrac{2\pi}{3}$

习 题 17

1. $22\sqrt{11}\pi$

2. $\dfrac{\sqrt{5}}{4}\pi$

3. $14\sqrt{7}\pi$

4. $4\sqrt{3}\pi$

5. $\dfrac{\sqrt{3}}{3}\pi$

6. $\dfrac{8\sqrt{15}}{225}\pi$

习 题 18

1. $\dfrac{5\pi}{12}$

2. $-\dfrac{\pi}{8}$

3. $\dfrac{3\sqrt{2}\pi}{8}$

4. $\dfrac{\pi}{288}$

5. $\dfrac{4\sqrt{3}}{9}\pi$

6. $\dfrac{\pi}{48}$

习 题 19

1. $\dfrac{3}{8}\pi e^{-6}$

2. $\dfrac{\pi}{6}e^{-3}$

3. $\dfrac{3}{2}\pi e^{-2}$

4. 0

5. $\left(\dfrac{\sqrt{2}}{2}e^{-\sqrt{2}}-\dfrac{\sqrt{3}}{3}e^{-\sqrt{3}}\right)\pi$

6. $\dfrac{\pi}{8}\left(e^{-\frac{1}{2}}-e^{-\frac{3}{2}}\right)$

第 2 章

习 题 1

1. (1) 不存在　(2) 存在　(3) 不存在

2. (1) $\dfrac{6a^3}{(p^2+a^2)(p^2+9a^2)}$　(2) $\dfrac{\beta(p^2-\alpha^2+\beta^2)}{p^4+2(\alpha^2+\beta^2)p^2+(\alpha^2-\beta^2)^2}$

(3) $\dfrac{2a^3}{p^4+4a^4}$

习 题 2

1. (1) $\dfrac{1}{p^2+4}+\dfrac{p}{p^2+9}$　(2) $\dfrac{5}{(p+2)(p-3)}$

(3) $\dfrac{1}{b^2-a^2}\left(\dfrac{p}{p^2+a^2}-\dfrac{b}{p^2+b^2}\right)$　(4) $\dfrac{1}{p^2(p^2+a^2)}$

(5) $\dfrac{2}{(p-1)^3}$

(6) $\dfrac{5}{(p+3)^2+5^2}$

(7) $\dfrac{2p(p^2-3a^2)}{(p^2+a^2)^3}$

(8) $\dfrac{1}{4}\ln\dfrac{p^2+4\alpha^2}{p^2}$

(9) $\mathrm{e}^{-p\varphi}\dfrac{p}{p^2+a^2}$

(10) $\mathrm{e}^{-2p\varphi}\dfrac{p\cos a\varphi-a\sin a\varphi}{p^2+a^2}$

2. (1) $\dfrac{1}{1-\mathrm{e}^{-2pb}}\dfrac{(1-\mathrm{e}^{-pb})^2}{p^2}$

(2) $\left(\dfrac{3}{p^2}+\dfrac{10}{p}\right)\mathrm{e}^{-2p}-\left(\dfrac{3}{p^2}+\dfrac{19}{p}\right)\mathrm{e}^{-5p}$

习 题 3

(1) $-2+(2-t)\mathrm{e}^t$

(2) $\dfrac{1}{6}\mathrm{e}^{-t}+\dfrac{2}{15}\mathrm{e}^{2t}-\dfrac{3}{10}\mathrm{e}^{-3t}$

(3) $\dfrac{100}{3}-20\mathrm{e}^{-t}-\dfrac{10}{3}\mathrm{e}^{-3t}$

(4) $\dfrac{1}{3}\mathrm{e}^{-t}(\sin t+\sin 2t)$

(5) $\mathrm{e}^{-t}(\cos t+2\sin t)$

(6) $\mathrm{e}^t-\mathrm{e}^{-t}\left(\cos 2t+\dfrac{1}{2}\sin 2t\right)$

(7) $t\mathrm{e}^{-t}$

(8) $\dfrac{1}{6}\mathrm{e}^{-2t}(\sin 3t-3t\cos 3t)$

(9) $\cos\dfrac{a}{\sqrt{2}}t\cdot\mathrm{ch}\dfrac{a}{\sqrt{2}}t$

(10) $\sin\dfrac{a}{\sqrt{2}}t\cdot\mathrm{sh}\dfrac{a}{\sqrt{2}}t$

(11) $\dfrac{t}{2}\mathrm{e}^t\sin t$

(12) $\left(3\cos at+\dfrac{4}{a}\sin at\right)\mathrm{e}^{-t}$

习 题 4

(1) $y(t)=t-1+\mathrm{e}^{-t}$

(2) $y(t)=1-\mathrm{e}^t+t\mathrm{e}^t$

(3) $y(t)=\dfrac{1}{6}t^2\mathrm{e}^t$

(4) $y(t)=-\cos 2t-2\sin t$

(5) $\begin{cases} x(t)=\dfrac{2}{3}\sin t+\dfrac{1}{3}(1-\cos t)\\[2mm] y(t)=\dfrac{1}{3}(\sin t+\cos t)+\dfrac{2}{3}\end{cases}$

第 3 章

习 题

1. $\dfrac{\mathrm{e}^{2p}\sin 2\alpha-2\mathrm{e}^p\sin\alpha}{(\mathrm{e}^{2p}-2\mathrm{e}^p\cos\alpha+1)^2}$

2. $\dfrac{2\mathrm{e}^{3p}\sin\alpha-\mathrm{e}^{2p}\sin 2\alpha}{(\mathrm{e}^{2p}-2\mathrm{e}^p\cos\alpha+1)^2}$

3. $\dfrac{(\mathrm{e}^{3p}+\mathrm{e}^p)\cos\alpha-2\mathrm{e}^{2p}}{(\mathrm{e}^{2p}-2\mathrm{e}^p\cos\alpha+1)^2}$

4. $\dfrac{2\mathrm{e}^p\sin^3\alpha}{(\mathrm{e}^{2p}-2\mathrm{e}^p\cos\alpha+1)^2}$

5. $\dfrac{2\mathrm{e}^{2p}\sin^3\alpha}{(\mathrm{e}^{2p}-2\mathrm{e}^p\cos\alpha+1)^2}$

6. $\dfrac{m!\ \mathrm{e}^p(1+m\mathrm{e}^p)}{(\mathrm{e}^p-1)^{m+2}}$

7. $\dfrac{m!\ a^m\mathrm{e}^p}{(\mathrm{e}^p-a)^{m+1}}$

8. $\dfrac{n(n+1)(2n+1)}{6}$

9. $\dfrac{a^n-1}{a^{n-1}(a-1)^2}-\dfrac{n}{a^n(a-1)}$

10. $a^{n-1}\sin\dfrac{\pi}{2}n$

11. $\sqrt{2}(a\sqrt{2})^n\sin\dfrac{\pi}{4}(n+1)$

12. $\dfrac{1}{a}(a\sqrt{2})^n\sin\dfrac{3\pi}{4}n$

13. $a\sin\dfrac{\pi n}{2}+b\sin\dfrac{\pi(n-1)}{2}$

14. $\dfrac{1}{30}3^{n-1}+\dfrac{1}{6}(-3)^{n-1}-\dfrac{1}{5}(-2)^{n-1}$

15. $\dfrac{1}{3}\left(1-\cos\dfrac{2\pi n}{3}+\sqrt{3}\,\sin\dfrac{2\pi n}{3}\right)$

16. $\sin\dfrac{\pi n}{2}\sin\dfrac{\pi(1-n)}{4}$

17. $\dfrac{1}{3}\left((-1)^n-\cos\dfrac{\pi n}{3}+\sqrt{3}\,\sin\dfrac{\pi n}{3}\right)$

18. $\dfrac{na^n}{a(a-b)}+\dfrac{b^n-a^n}{(a-b)^2}$

19. $4^{n-1}-3^{n-1}$

20. $\dfrac{1}{4\sin^2\dfrac{\alpha}{2}}\left[(n-1)\sin\alpha-\sin(n-1)\alpha\right]$

21. $\dfrac{\cos(n-1)\alpha-a\cos\alpha n+(a+\cos\alpha)a^n}{a^2-2a\cos\alpha+1}$

22. $a^n\left(a+\dfrac{n^{(k+1)}}{a(k+1)}\right)$

23. $(-1)^n(2-2^n)$

24. $\dfrac{2}{\sqrt{3}}\sin\dfrac{2}{3}\pi(n+1)$

25. $\dfrac{6}{\sqrt{11}}\sin\left(\arcsin\dfrac{\sqrt{11}}{6}\right)n$

26. $\sin\dfrac{\pi}{2}n\sin\dfrac{\pi}{4}(1-n)$

27. $c_1 4^n+(-1)^n\left(c_2+\dfrac{n}{5}\right)$

28. $1+(n-2)2^{2n-1}$

29. $\dfrac{n^{(4)}}{24}$

30. $x_n=\sqrt{2^n}\left(\cos\dfrac{\pi}{4}n+3\sin\dfrac{\pi}{4}n\right)$

$y_n=\sqrt{2^n}\left(\cos\dfrac{\pi}{4}n-7\sin\dfrac{\pi}{4}n\right)$

31. $x_n=(-1)^{n+1}$, $y_n=(-1)^n$, $z_n=0$

32. $x_n=\dfrac{1}{3}(2^{2n+1}-3\cdot2^n+1)$, $y_n=\dfrac{1}{6}(2^{2n+2}-3^{n+1}+1)$

33. $x_n=\dfrac{1}{3}(1-(-2)^{n+1})$, $y_n=z_n=\dfrac{1}{3}(1-(-2)^n)$

34. $x_n=\sqrt{3}\cdot2^n\left(c_1\cos\dfrac{\pi n}{3}-c_2\sin\dfrac{\pi n}{3}\right)$

$y_n=2^n\left(c_1\sin\dfrac{\pi n}{3}+c_2\cos\dfrac{\pi n}{3}\right)$

35. $x_n=c_1 3^n-\dfrac{1}{3}(c_2-c_1)n3^n-\dfrac{1}{4}$

$y_n=c_2 3^n-\dfrac{1}{3}(c_2-c_1)n3^n+\dfrac{1}{4}$

36. $x_n = \dfrac{1}{2} - 2^n + \dfrac{1}{2} 3^n$ 　　　　　　　**37.** $-7 + 7 \cdot 2^n - \dfrac{5}{2} n \cdot 2^n$

38. $c_1 2^n \cos \dfrac{5}{3} \pi n + c_2 2^n \sin \dfrac{5}{3} \pi n$

第 4 章

习　题

1. (1) $\dfrac{1}{\sqrt{2\pi}} \dfrac{1}{1 + \mathrm{i}\omega}$

(2) $\dfrac{1}{\sqrt{2\pi}} \left(\dfrac{\sin 2\omega - \sin \omega}{\omega} + \mathrm{i} \dfrac{\omega \cos \omega - \sin \omega}{\omega^2} \right)$

(3) $\dfrac{4 \sqrt{2\pi} \omega}{(\omega^2 + 1)^2}$

(4) $\sqrt{2\pi} \left(\dfrac{1}{1 + (\omega + 1)^2} + \dfrac{1}{1 + (\omega - 1)^2} \right)$

(5) $\dfrac{1}{\sqrt{2a}} \mathrm{e}^{-\frac{\omega^2}{4a}}$

(6) $\dfrac{2a}{a^2 + 4\pi^2 \omega^2}$

(7) $\dfrac{2\sin \pi\omega (b - a)}{\pi\omega} \mathrm{e}^{-\mathrm{i}\,\pi\omega(a + b)}$

(8) $\dfrac{2\sin^2 \pi\omega}{\pi\mathrm{i}\, \omega}$

(9) $\dfrac{4(\sin \omega - \omega \cos \omega)}{\omega^3}$

(10) $\dfrac{2}{(5 - \omega^2) + 2\omega\,\mathrm{i}}$

2. (1) $\sqrt{\dfrac{2}{\pi}} \cdot \dfrac{\ln a}{\ln^2 a + \omega^2}$

(2) $\sqrt{\dfrac{2}{\pi}} \left(\dfrac{1}{\omega} - \dfrac{4\sin \dfrac{\omega}{4}}{\omega^2} \right)$

(3) $\sqrt{\dfrac{2}{\pi}} \cdot \dfrac{\sin a\omega}{\omega}$

(4) $\dfrac{1}{\sqrt{2}} \mathrm{e}^{-\frac{\omega^2}{4}}$

(5) $\sqrt{\dfrac{\pi}{2}} \mathrm{e}^{-a\omega} \dfrac{1}{a}$

(6) $\sqrt{\dfrac{2}{\pi}} \cdot \dfrac{a(a^2 + b^2 + \omega^2)}{[a^2 + (b + \omega)^2][a^2 + (b - \omega)^2]}$

3. (1) $\sqrt{\dfrac{\pi}{2}} \cdot \dfrac{\omega^{a-1}}{\Gamma(a)\sin\dfrac{\pi a}{2}}$

(2) $\sqrt{\dfrac{2}{\pi}} \cdot \dfrac{1-\cos a\omega}{\omega}$

(3) $\sqrt{\dfrac{2}{\pi}} \ln(\omega^2+1)$

(4) $\dfrac{\omega}{2\sqrt{2}} e^{-\frac{\omega^2}{4}}$

(5) $\dfrac{1}{\sqrt{2\pi}}\left(\dfrac{1}{\omega} - \dfrac{1}{2\sinh\dfrac{\omega}{2}}\right)$

(6) $\sqrt{\dfrac{\pi}{2}} e^{-a\omega}$

(7) $\sqrt{\dfrac{\pi}{2}} \cdot \dfrac{1-e^{-\omega}}{a^2}$

(8) $\dfrac{\sqrt{2}\pi}{4a^2}(2 - (2+|\omega a|)e^{-|\omega a|}\operatorname{sgn}\omega$

4. (1) $u(x,t) = \dfrac{2}{\pi}\displaystyle\int_0^\infty \dfrac{1}{\omega^2 - a^2\xi^2}(a\xi\sin\omega t - \omega\sin at\xi)\sin x\xi\,\mathrm{d}\xi$

(2) $u(x,y) = \dfrac{2u_0}{\pi}\displaystyle\int_0^\infty \dfrac{\cos x\xi}{\xi^2}(\sinh y\xi - \cosh y\xi\coth a\xi)\mathrm{d}\xi$

(3) $u(x,y) = \dfrac{2q}{\pi k}\displaystyle\int_0^\infty \dfrac{1-\cos b\xi}{\xi^2}e^{-x\xi}\sin y\xi\,\mathrm{d}\xi$

(4) $u(x,t) = \dfrac{xt^3}{6}$

$$u(x,t) = \begin{cases} 0 & 0 < t < \dfrac{x}{a} \\[2mm] \left(t - \dfrac{x}{a}\right)^2 & t > \dfrac{x}{a} \end{cases}$$

5. (1) $u(x,t) = A\cos\dfrac{\pi at}{l}\sin\dfrac{\pi x}{l}$

(2) $u(x,t) = A\cos\dfrac{n\pi at}{l}\cos\dfrac{n\pi x}{l}$

(3) $u(x,t) = B\sin\left(\dfrac{n\pi at}{l}\right)\sin\dfrac{n\pi x}{l}$

(4) $u(x,t) = u_0\left(1 - \Phi\left(\dfrac{x}{2a\sqrt{t}}\right)\right)$

(5) $u(x,t) = Ae^{-\frac{n^2\pi^2 a^2 t}{l^2}}\sin\dfrac{n\pi x}{l}$

(6) $u(x,t) = \left[\dfrac{x}{h} + \dfrac{2}{\pi}\displaystyle\sum_{k=1}^\infty (-1)^k e^{-\frac{k^2\pi^2 a^2 t}{h^2}} \cdot \dfrac{\sin\dfrac{k\pi x}{h}}{k}\right]$

参 考 文 献

[1] ОВЧИННИКОВА П Ф. Высшая матема тика：Сборник задач［М］. Киев：Виша школа,1991.

[2] МАНТУРОВ О В. Курс высшей математики［М］. Москва：Высшая школа,1991.

[3] ЪУГРОВ Я. С,Никольский С М. Высшая Математика［М］. Москва：Наука. 2004.

[4] КРИВОЙ А Ф,и др. Высшая математика：сборник задач［М］. Киев：Виша школа,1991.

[5] БИЦАДЗЕ А В,КАЛИНИЧЕНКО Д Ф. Сборник задач по уравнениям математической физики［М］. Москва：Наука,1985.

[6] ЧУДЕСЕНКОВ Ф. Сборник заданий по специальным курсам высшей математики［М］. Москва：Высшая школа,1983.